低渗致密油藏表面活性剂驱油理论与技术

王成俊　倪军　著

中国石化出版社

图书在版编目(CIP)数据

低渗致密油藏表面活性剂驱油理论与技术 / 王成俊，倪军著. —北京：中国石化出版社，2022.4
ISBN 978-7-5114-6628-0

Ⅰ. ①低… Ⅱ. ①王… ②倪… Ⅲ. ①低渗透油气藏
-化学驱油-注表面活性剂 Ⅳ. ①TE357.46

中国版本图书馆 CIP 数据核字(2022)第 048184 号

中国石化出版社出版发行

地址:北京市东城区安定门外大街 58 号
邮编:100011　电话:(010)57512500
发行部电话:(010)57512575
http://www.sinopec-press.com
E-mail:press@ sinopec.com
北京艾普海德印刷有限公司印刷
全国各地新华书店经销
*
787×1092 毫米 16 开本 18.5 印张 396 千字
2022 年 5 月第 1 版　2022 年 5 月第 1 次印刷
定价:102.00 元

前　言

我国石油对外依存度由 2001 年的 27% 提高至 2021 年的约 72%，面临的能源安全形势严峻。随着我国油气开采的不断深化，低渗致密油藏已成为我国油气资源的重要接替力量。

鄂尔多斯盆地是中国第二大含油气盆地，对保障国家能源安全具有重要的战略意义。延长油田位于鄂尔多斯盆地东南部，是典型的低渗致密油田，原油产量占盆地总产量的 1/3，对降低石油对外依存度和加快陕北革命老区乃至整个陕西省经济发展做出了重大贡献。但是，该类低渗透油藏具有低渗、低丰度和裂缝发育的特点，开发过程中单井产量低、产量递减快，常规水驱水窜严重，水驱波及系数小、驱油效率低等问题凸出，平均水驱采收率不足 20%，采收率提高潜力巨大。

研究和生产实践证实，表面活性剂驱油技术能够有效提高低渗致密油藏采收率。但囿于低渗致密储层具有沉积矿物成熟度低、黏土含量高、颗粒细、成岩压实作用强、孔隙度低、渗透率小、溶蚀孔和微裂缝发育、孔隙喉道细小(且小孔喉所占比例很大)、非均质性强等特点，油水渗流机理不同于常规储层：基质中流体呈现出渗吸作用和低速非达西渗流的特征，微裂缝中流体以达西渗流为主导，压敏效应严重。尤其，储层基质致密、喉道狭窄、界面效应和毛细管效应凸显等会导致渗吸作用显著。因此，与普通油藏的表面活性剂单纯追求超低界面张力不同，低渗透油藏的表面活性剂需要协同优化渗吸效应、乳化能力、界面张力、润湿性能等指标。

本书针对低渗致密油藏特征、流体性质及复杂的油水渗吸−驱替渗流关系，并结合表面活性剂驱油机理，建立了 BP 神经网络模型与模糊层次分析方法相结合的表面活性剂驱油藏筛选评价体系，研发了超低油水界面张力、乳化能力较强、吸附量低的表面活性剂驱油体系，开发了适应低油水界面张力、改善岩石润湿性强的鼠李糖脂生物表面活性剂，并考虑低渗、特低渗油藏渗流特征，构建了适应于低渗致密油藏的表面活性剂驱提高采收率数学评价方法，初步形成了一套低渗致密油藏表面活性剂驱油理论与评价技术。

本书共分8章。第1章主要阐述了油田地质特征及渗流机理，由倪军、王成俊编写；第2章深入阐述了致密砂岩岩心静态渗吸规律和驱替过程中的动态渗吸规律，由王成俊编写；第3章论述了适合低渗致密油藏表面活性剂驱优选评价方法和表面活性剂性能指标评价方法，由王成俊编写；第4章以高分子表面活性剂为主剂，并与小分子表面活性剂复合，制备得到高性能驱油体系，体系兼顾了小分子表面活性剂所具备的超低表面/界面张力性能和高分子表面活性剂对乳化油滴的稳定作用，由王成俊编写；第5章解析了油藏内源微生物的多样性，为生物表面活性剂的研发提供了物质基础，由王成俊编写；第6章筛选出高产鼠李糖脂的铜绿假单胞菌并优化了其发酵工艺，建立了鼠李糖脂检测、提取、纯化方法，评价了鼠李糖脂在提高采收率方面的性能，由王成俊编写；第7章建立了特低渗油藏表面活性剂驱提高采收率潜力评价方法，由倪军、王成俊编写；第8章选取了不同油藏区块进行了表面活性剂驱矿场实践，由王成俊编写。全书由王成俊统稿。

本书所涉及的内容主要来自笔者及研究团队的研究成果，部分内容参考了近年来国内外同行、专家公开出版或发表的相关资料。所参阅资料已尽量在参考文献中列出，若由于疏忽而未列出的，敬请见谅。特此说明，并致以诚挚的谢意。

本书由西安石油大学优秀学术著作出版基金资助出版。在编写过程中得到了陕西延长石油(集团)有限责任公司王香增教授级高级工程师、高瑞民教授级高级工程师、赵习森教授级高级工程师、中国石油大学(北京)廖新维教授、赵晓亮副教授，陕西科技大学沈一丁教授、李小瑞教授、费贵强教授，中国石油大学(华东)蒲春生教授，西安石油大学陈明强教授的指导，也得到了研究团队江绍静、高怡文、薛媛、王维波、赵利、金志、党海龙、展转盈等同志的帮助，本书部分实例、图件和排版由李塱怡协助完成，在此一并表示感谢。

本书所论述的低渗致密油藏表面活性剂驱油理论与技术涉及面较广，有些技术仍在不断完善中，加之笔者水平有限和经验不足，书中难免有不妥之处，敬请读者多提宝贵意见。

目 录

第1章 延长油田地质特征及渗流机理

鄂尔多斯盆地是中国第二大含油气盆地，对保证国家能源安全具有重要战略意义。延长油田位于盆地东南部，是典型的低渗致密油藏，原油产量占盆地的三分之一，对降低石油对外依存度和陕北革命老区乃至整个陕西省经济发展做出重大贡献。该油田集低孔（6%～12%）、低渗[（0.25～2.48）×$10^{-3}\mu m^2$]、低温（24～65℃）、低压（平均压力系数 0.7）、低饱（38%～53%）和强非均质性等不利因素于一体，开发过程中单井产量低、产量递减快，常规水驱水窜严重，水驱波及系数小、驱油效率低等问题突出，平均水驱采收率不足 20%，采收率提高潜力巨大。本章从延长油田地质特征和渗流机理两个方面进行了阐述。

1.1 延长油田地质特征概述

延长油田是我国开发最早的油田，自 1907 年至今已有一百一十多年的开发历史。油区横跨鄂尔多斯盆地陕北斜坡、渭北隆起和天环坳陷三大地质构造单元，其中，陕北斜坡带为延长油田的主要勘探开发区域。油藏发育有侏罗系延安组及三叠系延长组，其中延长组属特低渗岩性油藏。行政界限主要位于延安、榆林和咸阳 3 市 20 个县（区）辖区内，西到定边、靖边，北至横山、子洲，东到黄河，南至宜君一线，区域总面积 58728.2km²（延安市总面积 36768.2km²，榆林市总面积 18380km²，咸阳市旬邑县、彬县、长武面积 3580km²）。下设 13 个采油厂以及 2 个指挥部。地形多属黄土丘陵，形态复杂，沟壑纵横，为沟、梁、茆、塬地貌。气候为中温带干旱大陆性季风气候，而又属西风带，日照充足，四季分明，气候多变，温差较大，雨少不匀，春季多风沙，夏季多雨，冬季干燥而寒冷（图 1-1）。

图 1-1 延长油田陕北黄土高原地形地貌

1. 区域构造背景

鄂尔多斯盆地是在华北克拉通古老基底之上，经历了中晚元古代拗拉谷演化阶段、古生代克拉通坳陷盆地演化阶段(早古生代浅海台地、晚古生代近海平原)、中生代内陆盆地演化阶段、新生代周边断陷演化阶段。现今的鄂尔多斯盆地构造形态总体显示为一东翼宽缓、西翼陡窄的不对称大向斜的南北向矩形盆地。盆地边缘断裂褶皱较为发育,而盆地内部构造相对简单,地层平缓。盆地内无二级构造,三级构造以鼻状褶曲为主,很少见幅度较大、圈闭较好的背斜构造。根据盆地现今构造形态、基底性质及构造特征,鄂尔多斯盆地可划分出6个一级构造单元,分别为伊盟隆起、渭北隆起、晋西挠褶带、陕北斜坡、天环坳陷及西缘冲断构造带。

2. 构造特征及油层分布

延长油田主要位于鄂尔多斯盆地陕北斜坡。由于鄂尔多斯盆地坚硬的基底,导致中部的陕北斜坡带中生界地层缺乏断层及其他大型应力构造,呈一向西缓倾的单斜构造。地层平缓,平均坡降 8~10m/km,倾角不足 1°。内部仅发育一些低幅度鼻状隆起,幅度一般小于 20m。

延长油田含油层系主要集中在三叠系上统延长组和侏罗系延安组。油层埋深一般小于 2800m,大部分地区油层埋深在 2000m 以内。油层分布总体上具有纵向上含油层位多、埋藏浅、平面上复合连片、纵向上叠合性差的特点。延长油田西部开发层系最多,从延 6—延 10、长 1—长 10 均有开发;东部以长 2—长 6 油层为主要开发层位;南部开发层位主要集中在延长组长 2、长 6—长 9 油层组。

3. 储层特征

延长油田储层为三叠系延长组和侏罗系延安组。储层主要受沉积相和成岩作用的影响,沉积相控制了储层砂体的宏观展布,进而影响了储层物性,成岩作用主要控制了储层孔隙结构特征,进而导致不同成岩相带中储层物性的差异。

三叠系延长组储层沉积相主要为三角洲相的分流河道、砂坝与席状砂和河流相的河道、边滩。延长组中下部(长 4+5—长 10)储层主要受三角洲前缘相和深湖相控制,长 4+5—长 10 油层组储层物性最差,其平均孔隙度<10%,平均渗透率$(0.1~1)\times10^{-3}\mu m^2$,属特低孔、特低渗透储层;延长组长 2 储层受控于河流相沉积,长 2 油层组储层物性相对较好,平均孔隙度 10%~15%,渗透率$(1~10)\times10^{-3}\mu m^2$,属低孔、低渗透储层。侏罗系延安组储层受控于河流-三角洲相沉积,主要为河流相的河道、边滩、河心沙滩和三角洲相的分支河道、砂坝与席状等沉积微相,物性相对较好,平均孔隙度 14.5%~18.2%,平均渗透率主$(48.4~188)\times10^{-3}\mu m^2$,属低—中渗储层。

延长油田横向区域上储层特征也存在较大差异。延长油田西部含油层系多(从侏罗系延安组延 6 到三叠系延长组长 10)、油藏埋深较大(750~2880m)、储层物性较好,侏罗系平均孔隙度 12%~19.3%,渗透率主要为$(15~300)\times10^{-3}\mu m^2$,部分油区的延 9、延 10 段孔隙度达到 20%以上,渗透率在$100\times10^{-3}\mu m^2$以上,油井产能较高;长 2 储层物性较好,孔隙度为 13.51%~16.07%,渗透率为$(10~18.42)\times10^{-3}\mu m^2$;长 4+5、长 6 储层物性较差,孔隙度 9.98%~12.67%,渗透率为$(0.76~2.74)\times10^{-3}\mu m^2$;长 8—长 10 储层物性更差,孔隙度 7.94%~9.9%,渗透率为$(0.63~1.58)\times10^{-3}\mu m^2$。延长油田东部油区含油层位单一(主要为延长组长 6,次为长 2、长 4+5),油层埋深浅(通常小于 1000m),物性较差,主力油层长 6 渗透率一般低于$1\times10^{-3}\mu m^2$,油井产能较低。延长油田南部油区延长组中上部和东部油区类似,开采层位为长 2—长 6 油层,以长 6 为主,埋藏浅、物性差、油井产能低;南部油区延长组下组合长 7、长 8 油层也是主要的生产层位，长 7 孔隙度 3%~13%，渗透率为 $(0.01~1)\times10^{-3}\mu m^2$，长 8 孔隙度 3%~12%，渗透率为 $(0.01~0.80)\times10^{-3}\mu m^2$，物性皆差，属于特低孔特低渗储层。

4. 原油性质

原油性质整体较好，属于低密度、低黏度、低含硫、中等凝固点的普通原油。延安组油藏地面原油密度在 $0.85~0.864g/cm^3$，地面原油黏度在 6.8~10.3mPa·s，含硫量为 0.11% 左右。长 2 油层油藏地面原油密度在 $0.839~0.88g/cm^3$，地面原油黏度为 5.2~15mPa·s，含硫量为 0.06%~0.32%。长 6 油层地面原油密度在 $0.824~0.848g/cm^3$，地面原油黏度在 3.37~6.75mPa·s，含硫量为 0.04%~0.15%。长 8 地面原油密度一般为 $0.82~0.846g/cm^3$，平均为 $0.83g/cm^3$，地面原油黏度为 4.147~7.99mPa·s(50℃)。

5. 温压系统

长 8 油藏油水分异较差，油藏一般不具有边水或底水，为溶解气弹性驱动岩性油藏。地层压力为 1.46~26.45MPa，饱和压力为 0.48~16.88MPa，原始气油比 $8.74~102m^3/m^3$，地层温度 30~83℃之间，地温梯度 3.1~3.8℃/100m。长 6、长 4+5 油藏油水分异差，无统一的油水界面，表现为无纯含油层，为油水混储，天然气大部分溶解在石油里。有层内水、层间水、边、底水不发育。在自然能量开采状态下，驱动类型为弹性–溶解气驱。地层压力为 2.27~15.10MPa，压力系数在 0.65~0.9 之间，平均为 0.78，饱和压力为 0.23~11.7MPa，平均饱和压力为 3.06MPa。原始气油比 $3.67~70m^3/m^3$。地层温度在 30.1~73.8℃。

长 2 油藏油水有一定分异，但界面不统一，油水关系复杂。油藏驱动类型为弹性–溶解气驱动、弹性边底水驱动。地层压力为 2.341~5.50MPa，饱和压力为 0.89~1.20MPa，原始气油比 $2.2~68m^3/m^3$，地层温度在 31~63.3℃。

侏罗系延安组油藏类型为构造–岩性油藏，边水、底水活跃，油水分异较好，为弹性–水压驱动。地层压力为 4.92~10.68MPa，地层压力平均为 9.06MPa，压力系数 0.77。饱和压力为 1.36~3.28MPa，平均 2.64MPa，地层温度 31~59℃，原始气油比平均为 $2.62m^3/m^3$。

6. 油藏类型

由于构造平缓、油层物性较差，非均质性较强，致使油层油水分异不明显，油水混储、原始含油饱和度低、储量丰度低。纵向上油水层交互存在，大多数油田不仅纵向上无统一油水界面，就是同一油层也无一致油水界面，常常表现出波状起伏或向下倾方向倾斜的油水界面，油水关系复杂，油藏类型复杂，包含岩性–构造复合油藏、构造–岩性复合油藏、岩性油藏。

1.2　储层的岩石孔隙结构特征

1.2.1　储层微观孔隙结构的理论研究

储层微观孔隙结构的研究包括对孔隙大小、形态特征以及孔隙分布的不均一性的表征和描述。孔隙结构理论研究方面的进展主要体现在两个方面：一方面是孔隙结构模拟理论的进展；另一方面是孔隙结构描述理论的进展。

1. 孔隙结构模拟

在孔隙结构模拟方面，前人建立了一些计算机网络模型及模拟方法，并相继提出通过建立毛细管模型、基于过程模型、随机堆积模型、孔隙网络模型以及统计模型来描述孔隙结构。根据所建模型的拓扑性质，可将模型分为两大类，即规则拓扑孔隙网络模型和真实拓扑孔隙网络模型。Fatt 在 1956 年引入了具有规则拓扑结构的孔隙网络模型，由初期仅允许单相流体存在的圆柱形毛细管来表征孔喉，发展到后期学者们提出的可解释两相、多相流及润湿性影响等问题的其他形状的孔喉，如球形、星形及正方形等。网络模型中孔喉尺寸的赋值方法也由最初的随机法，发展到利用更加符合地质实际的分布函数来表征，如对数正态分布、Rayleigh 分布及威布尔概率分布等。

采用规则网络模型已经能够对单相、两相、多相流动规律及润湿性的影响等问题进行计算机模拟，然而该模型对孔喉的表征过于简化，这与真实岩心中错综复杂的孔隙结构相比完全失去了真实性，所以，规则拓扑孔隙网络模型在渗流理论研究中有很大的局限性。相比而言，以真实岩心为基础建立的孔隙网络模型的拓扑结构与真实岩心的拓扑结构更加接近，较规则网络模型有较大改进。建立此类模型的方法有多种，包括多向扫描法、居中轴线法及最大球体法等。真实拓扑孔隙网络模型以真实多孔介质的三维图像为基础提取，其孔隙空间的拓扑性质几乎完全等价于真实情形，这类模型对开展渗流理论基础研究意义较大。

2. 孔隙结构描述

孔隙结构特征的描述目前主要有两种方式：一是基于传统的欧几里得几何学并借助正态分布等数理统计方法，用均质、分选性及歪度等统计参数说明孔隙结构的复杂程度；二是基于 Mandelbrot 的分形几何学，对孔喉分布、毛管压力曲线、J 函数等进行分形几何处理，得到孔隙结构的分形维数描述储层不规则的孔隙结构。针对低渗，超低渗致密油藏，目前研究较多的是孔隙结构的分形几何描述理论和方法。分形(Fractal)理论是 20 世纪 70 年代法国数学家 Mandelbrot 提出的，用来解释自然界中那些不规则、不稳定和具有高度复杂结构的现象，可以得到显著的效果，这为研究多孔材料的结构和性能提供了一种新的行之有效的手段。国内外已有众多学者进行了深入的研究。根据在三维欧式空间中孔隙结构的分形维数是介于 2~3 的分数，可对储层的非均质性、孔喉分布及孔隙表面的粗糙程度等进行分析。Katz 等在 1985 年较早地研究了储层孔隙结构的分形特征，发现砂岩的孔隙空间在一定的长度范围内具有分形性质。国内的李克文和屈世显较早地介绍了分形几何学在石油地质学领域的应用，并对储层孔隙度的分形特性进行了相关研究；随后贺承祖等根据分形理论，推导出了孔隙结构特征参数的分形几何公式；此后师永民等对储层孔隙结构参数的分形表征进行了进一步的研究与应用。

1.2.2 延长油藏储层微观孔隙结构的实验研究

孔隙结构的实验室方法比较多，一类为直接观察法，包括铸体薄片、图像分析、扫描电镜等，另一类为间接测定法，即毛细管压力法，也就是常说的压汞法。本次研究针对长 6 储层孔隙结构的特点主要采用通过高压压汞法和 CT 扫描法。

1. 高压压汞实验

压汞法以毛管束模型为基础，假设多孔介质是由直径大小不相等的毛管束组成。汞不润湿岩石表面，是非润湿相，相对来说，岩石孔隙中的空气或汞蒸气就是润湿相。往岩石孔隙中压注汞就是用非润湿相驱替润湿相。当注入压力高于孔隙喉道对应的毛管压力时，汞即进入孔隙之中，此时注入压力就相当于毛细管压力，所对应的毛细管半径为孔隙喉道半径，进入孔隙中的汞体积即该喉道所连通的孔隙体积。不断改变注入压力，就可以得到孔隙分布曲线和毛管压力曲线。

实验过程严格按照石油天然气行业标准 SY/T 5346—2005《岩石毛管压力曲线的测定》执行。使用美国康塔仪器有限公司 Pore Master 系列全自动孔径分析仪(图1-2)，依据实验目的获得储层孔隙结构特征参数。具体步骤如下：

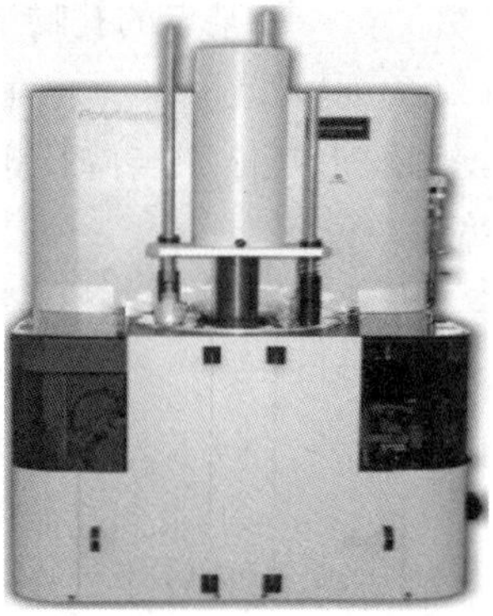

(1) 样品制备：去除样品表面，敲为尺寸均匀的小块，浸入无水乙醇中，在短时间内进行测试。测试前将样品在90℃以下烘箱内烘 4~5h 以上，如有真空加热干燥箱则更佳。同一批实验样品应保持同一烘干时间，以有可比性。

(2) 低压操作：选择膨胀计。预估的样品孔体积不应超过

图 1-2 Pore Master 系列压汞仪

90%或低于 25%的毛细管体积；称重样品。最终测试完毕后，"毛细孔使用率"参数应在 25%~90%，则测试结果较为可靠；装样并密封膨胀计，安装膨胀计；低压微机操作。

(3) 高压操作：安装膨胀计→高压微机操作→选高压头内样品文件→输入"膨胀节+样品+汞"质量→旋紧高压头有机玻璃腔→点击 OK，开始高压测试。

(4) 导出数据进行分析。

压汞实验结果可定量描述孔喉大小分布定量指标，主要有以下参数：排驱压力、中值压力、最大连通孔隙半径、孔隙半径中值、平均孔隙半径、半径均值、最大汞饱和度、最终剩余汞饱和度、仪器最大退出效率、分选系数、结构系数、孔隙度峰位、渗透率峰位、歪度、相对分选系数、特征结构参数、均质系数等，其定义如下：

(1) 排驱压力(P_d，MPa)：指非润湿相开始进入岩样最大喉道的压力，也就是非润湿相刚开始进入岩样的压力。

(2) 最大孔喉半径(r_{max}，μm)：压力为排驱压力时非润湿相进入岩石的孔喉半径为最大孔喉半径，与 P_d 一起是表示岩石渗透性好坏的重要参数。

$$r_{max} = \frac{0.7354}{P_d} \tag{1-1}$$

(3) 饱和度中值压力(P_{50}，MPa)：非润湿相饱和度 50%时相应的毛管压力为 P_{50}，它越小反映岩石渗滤性越好，产能越高。

(4) 孔喉半径中值(r_{50}，μm)：非润湿相饱和度为 50%时相应的孔喉半径为 r_{50}，它可近似地代表样品的平均孔喉半径。

$$r_{50} = \frac{0.7354}{P_{50}} \tag{1-2}$$

(5) 平均孔喉半径(μm)计算方法：它是表示岩石平均孔喉半径大小的参数。采用半径对汞饱和度的权衡求出。

$$\bar{r} = \sqrt{\frac{\sum \left[\frac{(r_{i-1} + r_i)}{2}\right]^2 (S_i - S_{i-1})}{\sum (S_i - S_{i-1})}} \tag{1-3}$$

式中 ΔS_i——对应于 r_i 的某一区间的汞饱和度,%;

S_i——某点的汞饱和度,%;

r_i——某点的孔喉半径,μm。

（6）退汞效率(%)：在限定的压力范围内,从最大注入压力降到起始压力时,从岩样内退出的水银体积与降压前注入的水银总体积的百分数。它反映了非湿相毛细管效应采收率。

$$W_e = \frac{S_{max} - S_{min}}{S_{max}} \times 100\% \qquad (1-4)$$

式中 S_{max}——实验最高压力时的累计汞饱和度,%;

S_{min}——退汞到起始压力时残留在孔隙中汞饱和度,%。

（7）均质系数(无因次量)：均质系数表征储油岩石孔隙介质中每一个孔喉(r_i)与最大孔喉半径的偏离程度, α 在 $0\sim1$ 之间变化, α 愈大,孔喉分布愈均匀。

$$\alpha = \frac{\sum\limits_{i=1}^{n}\left(\dfrac{\overline{r}_i}{r_{max}} \times \Delta S_i\right)}{\sum\limits_{i=1}^{n}\Delta S_i} = \frac{1}{r_{max} \times S_{max}}\int_0^{S_{max}} r(S) \times dS \qquad (1-5)$$

式中 $r(S)$——孔喉半径分布函数中某一孔喉半径,μm;

$\overline{r}_i$——区间半径,μm;

dS——对应于的某一区间汞饱和度%。

（8）渗透率贡献值(K_i,%)：以某孔喉半径所能提供的渗透率百分数。

$$K_i = \frac{\int_{S_i}^{S_{i+1}} r^2(S)dS}{\int_0^{S_{max}} r^2(S)dS} = \frac{\overline{r}_i^2 \times \Delta S_i}{\sum\limits_{i=1}^{n}\overline{r}_i^2 \times \Delta S_i} \times 100\% \qquad (1-6)$$

（9）$J(S_w)$ 函数：又称为毛管力函数,是基于因次分析推论出的一个半经验关系的无因次函数,它是毛管力曲线的一个很好的综合处理方法,并可用来鉴别岩石的物性特征。

$$J(S_w) = \frac{P_c}{\sigma}\left(\frac{K}{\phi}\right)^{0.5} \qquad (1-7)$$

式中 K——空气渗透率,μm^2;

ϕ——孔隙度,%;

P_c——毛管压力,MPa;

σ——界面张力,dyn/cm。

（10）S_{kp} 偏态(又称歪度,无因次量)：表示孔喉大小分布对称性的参数,当 $S_{kp}=0$ 时为对称分布; $S_{kp}>0$ 时为正偏(粗歪度); $S_{kp}<0$ 时为负偏(细歪度)。

$$\overline{X} = \sum\limits_{i=1}^{n}\Delta S_i r_i / 100 \qquad (1-8)$$

$$S_p = \sqrt{\frac{\sum(r_i - \overline{X})^2 \times \Delta S_i}{\sum \Delta S_i}} \qquad (1-9)$$

$$S_{kp} = \frac{S_p^{-3} \times \sum (r_i - \overline{X})^3 \times \Delta S_i}{\sum \Delta S_i} \tag{1-10}$$

式中　$\overline{X}$——喉道半径均值。

（11）结构系数（无因次量）：它表征了真实岩石孔隙特征与假想的长度相等、粗细不同的圆柱形平行毛管束模型之间的差别，它的数值是影响这种差别的各种综合因素的度量。

$$\phi_p = \frac{\phi}{8K}(\overline{r})^2 \tag{1-11}$$

式中　ϕ——孔隙度，%。

（12）变异系数（无因次量）：D_r 变异系数又称相对分选系数，能更好反映孔喉大小分布均匀程度的参数。数值越小，孔喉分布越均匀。

$$D_r = \frac{S_p}{\overline{X}} \tag{1-12}$$

（13）特征结构系数 $[1/(D_r\phi_p)$，无因次量$]$：它是相对分选系数 D_r 与结构系数 ϕ_p 乘积的倒数，既反映孔喉分选程度，又反映孔喉连通程度，此值愈小，岩样孔隙结构愈差。表 1-1、表 1-2 是实验岩心孔喉结构参数。

表 1-1　实验岩心孔喉结构参数（A）

序号	岩心	岩心编号	孔隙度/%	渗透率/10⁻³μm²	排驱压力/MPa	最大连通孔喉半径/μm	中值压力/MPa	中值半径/μm	孔喉平均半径/μm	退汞效率/%
1	Y5130-2	1501H	3.113	0.003	2.766	0.266	20.585	0.036	0.075	32.000
2	009-1	1601H	12.356	0.028	2.560	0.287	9.058	0.081	0.122	29.883
3	6642-1	1602H	2.328	0.001	2.629	0.280	41.106	0.018	0.058	27.900
4	006	1603H	13.893	4.928	4.760	0.154	5.384	0.137	0.091	36.960
5	002	1701H	9.787	0.026	2.013	0.365	68.486	0.011	0.071	29.206
6	T01B	1702H	8.652	0.017	2.021	0.364	16.070	0.046	0.096	26.479
7	T03B	1703H	4.899	0.01	2.680	0.274	42.099	0.018	0.058	29.200
8	005-3	1704H	11.851	0.028	2.300	0.317	6.556	0.112	0.132	44.276

表 1-2　实验岩心孔喉结构参数（B）

序号	岩心	岩心编号	均质系数	歪度	结构系数	变异系数	特征结构参数	分选系数	分形维数
1	Y5130-2	1501H	0.213	2.246	0.728	0.810	1.695	0.038	2.783
2	009-1	1601H	0.333	0.823	0.824	0.761	1.594	0.058	2.326
3	6642-1	1602H	0.124	2.773	0.992	1.179	0.856	0.034	2.676
4	006	1603H	0.536	0.044	0.003	0.454	748.4	0.031	2.17
5	002	1701H	0.127	2.648	0.235	0.956	4.459	0.036	2.846
6	T01B	1702H	0.189	2.165	0.583	0.904	1.898	0.050	2.86
7	T03B	1703H	0.149	2.407	0.207	0.880	5.485	0.030	2.857
8	005-3	1704H	0.328	0.730	0.915	0.667	1.638	0.053	2.328

当使用压汞法测定岩样的毛细管压力时，水银是一种非润湿相，它必须在加压之后才能进入孔隙，并且一直随压力增大而占据较小的空间。此时所测得的称之为水银注入毛细管压力曲线。如果在压力达到最大值后，再降低压力，则注入岩样孔隙中的水银会逐步退出岩样。对于每一个压力降落间隔所退出的水银体积，可以表示成水银退出曲线。在实际所测的岩样中，有时可以发现两块注入曲线很相似的岩样，可以得出差异很大的退出曲线。显然，这反映着两种不同类型的孔隙结构。

低渗透、特低渗透油层的孔隙系统，孔隙很小，喉道很细，孔喉比也增大。孔隙结构上的这种特征对其中的多相流体的分布及渗流规律产生极强的影响作用，具体反映为压汞实验中，退汞效率低，细小孔隙占总孔隙体积的比例大。退汞效率低，表示原油量中难开采的部分占的比例大，并且大都表现为早期无退汞或退汞很少，当压力降到很低时，即压力梯度很大时，方开始退汞。这表明其渗流阻力很大，且有启动压力梯度。

图 1-3 ~ 图 1-10 为实验岩心的毛管压力曲线及孔喉半径分布直方图。

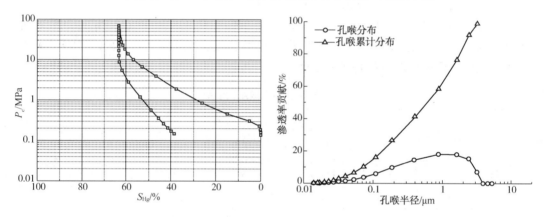

图 1-3　1603H 毛管压力曲线及孔喉半径分布直方图

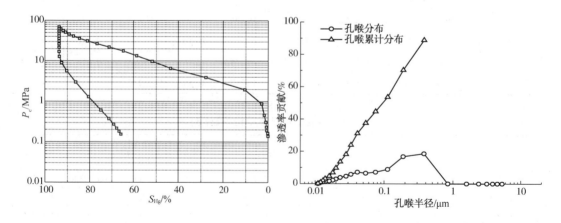

图 1-4　1601H 毛管压力曲线及孔喉半径分布直方图

根据毛管压力曲线的形态特征及其特征参数，将毛管曲线可以分为三类：

Ⅰ类：渗透率大于 $1.0 \times 10^{-3} \, \mu m^2$ 的样品 1 块。毛管压力曲线偏向于中间，平台不明显，孔喉分选不好，排驱压力 0.205MPa，中值压力低，退汞效率高。注入曲线与退出曲线之间

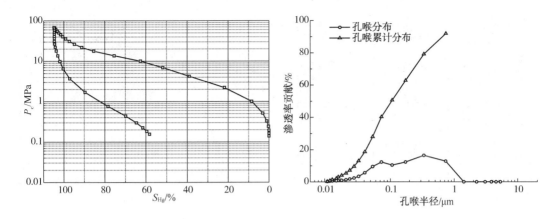

图 1-5　1704H 毛管压力曲线及孔喉半径分布直方图

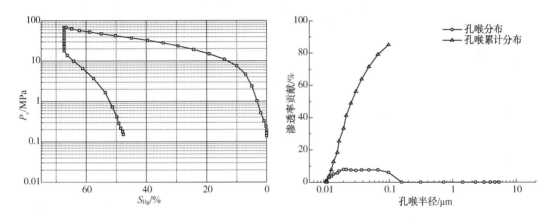

图 1-6　1703H 毛管压力曲线及孔喉半径分布直方图

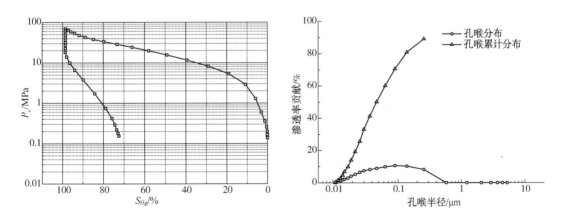

图 1-7　1702H 毛管压力曲线及孔喉半径分布直方图

的距离特别近，岩心具有较宽的喉道分布，喉道单峰分布说明以一种孔隙类型为主。进汞量与渗透率贡献值并不匹配。进汞量递增的幅度及峰值总是滞后于渗透率贡献值递增的幅度和峰值，说明对渗透率贡献较大的孔喉却占据着较小的孔隙体积，主要分布在 0.4~3.3μm。大部分孔隙空间是中、小孔喉，对应着较低的渗透率(图 1-3)。

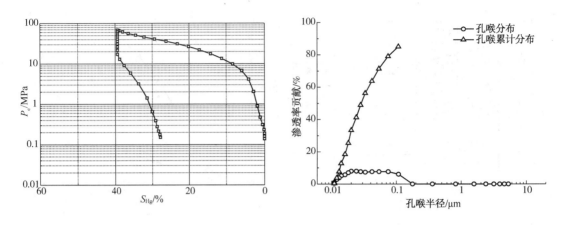

图 1-8   1701H 毛管压力曲线及孔喉半径分布直方图

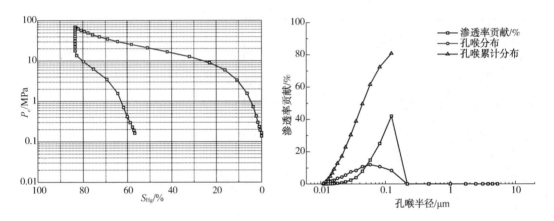

图 1-9   1501H 毛管压力曲线及孔喉半径分布直方图

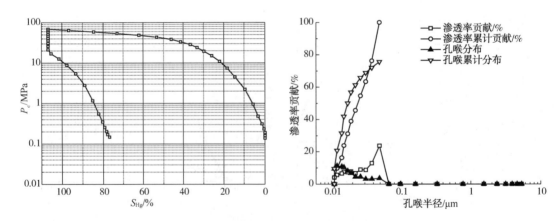

图 1-10   1602H 毛管压力曲线及孔喉半径分布直方图

Ⅱ类：渗透率大于 $0.01×10^{-3}\,\mu m^2$ 并且小于 $1×10^{-3}\,\mu m^2$ 的样品 5 块。

（1）渗透率相同，毛管压力曲线偏向于右上方，平台明显，孔喉分选不好，排驱压力在 $0.9\sim1.3MPa$，中值压力 $5\sim9MPa$，退汞效率在 $29.88\%\sim44.4\%$。注入曲线与退出曲线之间的距离较近，岩心具有较宽的喉道分布，喉道双峰分布说明存在两种孔隙类型。累计渗透率贡献大于 99% 的喉道分布范围在 0.07~0.73μm，渗透率贡献峰值在 71.35%~74.42%（图 1-4~图 1-6）。

（2）排驱压力在 2~6MPa，中值压力在 16~68.5MPa。毛管压力曲线偏向于右上方，平台明显，孔喉分选不好，退汞效率分别为 26.45%~29.2%。注入曲线与退出曲线之间的距离较远，岩心喉道分布较窄，喉道单峰分布以一种孔隙类型为主。累计渗透率贡献大于 99% 的喉道分布范围在 0.016~0.25μm，渗透率贡献峰值在 36.87%~55.16%（图 1-7、图 1-8）。

Ⅲ类：渗透率小于 $0.01×10^{-3} μm^2$ 的样品 2 块。渗透率基本相等，排驱压力 5~14MPa，中值压力 20.6~44.3MPa，退汞效率 26.6%~32%。注入曲线与退出曲线之间的距离较远，岩心喉道分布较窄，喉道分布有单峰、双峰的特点，说明存在多种孔隙类型。累计渗透率贡献大于 99% 的喉道分布范围在 0.01~0.124μm，渗透率贡献峰值在 23.29%~41.58%（见图 1-9、图 1-10）。

2. CT 扫描实验

采用 Sky Scan1172 型 CT 扫描仪，对岩心样品 CT 电子扫描。由扫描图分析结果：由 CT 扫描分析仪测试可得到岩样的骨架及孔隙的三维扫描图，岩样 5604-14 的扫描原图、灰度图以及骨架和孔隙三维扫描图见图 1-11~图 1-15，岩样 4237-11 的扫描原图、灰度图以及骨架和孔隙三维扫描图见图 1-16~图 1-20。由图可知，由于两块岩样的渗透率很低，属于超低渗透岩样，其孔隙发育较差，且孔道连通性较差。

图 1-11　5604-14 CT 扫描原图

图 1-12　5604-14CT 扫描图像灰度图

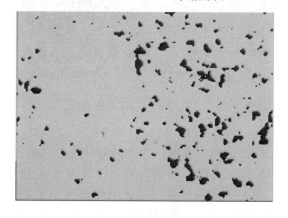

图 1-13　5604-14 CT 扫描三维图

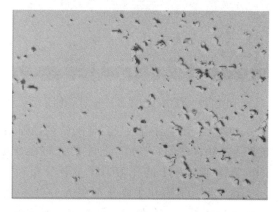

图 1-14　5604-14 CT 扫描骨架三维图

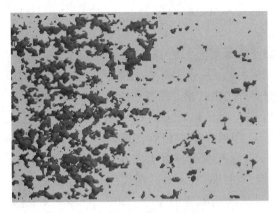

图 1-15　5604-14 CT 扫描孔隙三维图

图 1-16　4237-11 CT 扫描原图

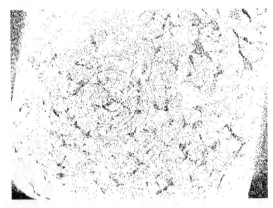

图 1-17　4237-10 CT 扫描图像灰度图

图 1-18　4237-11 CT 扫描骨架和孔隙三维图

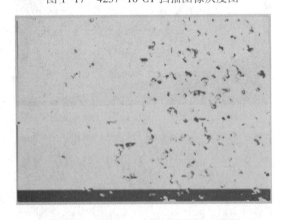

图 1-19　4237-11 CT 扫描骨架三维图

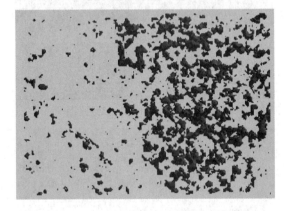

图 1-20　岩样 4237-11 CT 扫描孔隙三维图

　　利用 CT 扫描分析两块岩样的微观孔隙结构特征，岩样 5604-14 的孔隙半径主要分布在 $0.53\sim7.5\mu m$ 之间，喉道半径主要分布在 $0.4\sim2.5\mu m$ 之间，孔喉比主要分布在 $1.5\sim18$ 之间。岩样 4237-11 的孔隙半径主要分布在 $0.7\sim7.5\mu m$ 之间，喉道半径主要分布在 $0.3\sim2.5\mu m$ 之间，孔喉比主要分布在 $1.5\sim1.8$ 之间。可见两块岩样的微观孔隙结构相差不大。与恒速压汞相比，孔隙半径分布和孔喉比分布差别较大，说明 CT 扫描更适合于分析较为致密岩心的微观孔隙分布(图 1-21~图 1-26)。

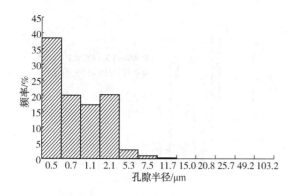

图 1-21　岩样 5604-14 孔隙分布图

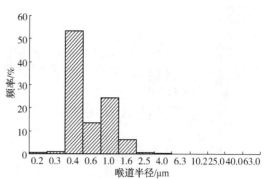

图 1-22　岩样 5604-14 喉道分布图

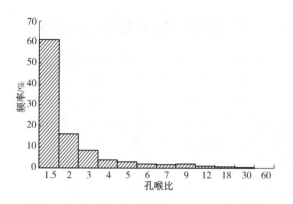

图 1-23　岩样 5604-14 孔喉比分布图

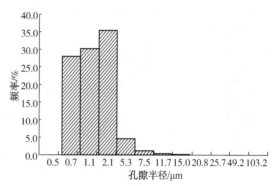

图 1-24　岩样 4237-11 孔隙分布图

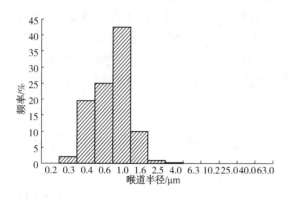

图 1-25　岩样 4237-11 喉道分布图

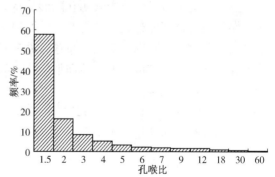

图 1-26　岩样 4237-11 孔喉比分布图

　　图 1-27~图 1-29 为两块岩样的孔隙半径、喉道半径和孔喉比的对比。由图可知，由于岩样 4237-11 渗透率大于岩样 5604-14，其孔隙分布、喉道分布和孔喉比分布均向右移，微观孔隙结构相比而好于岩样 5604-14。

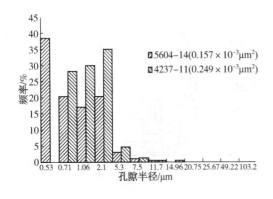

图 1-27 岩样孔隙半径比较

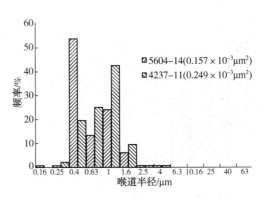

图 1-28 岩样喉道半径比较

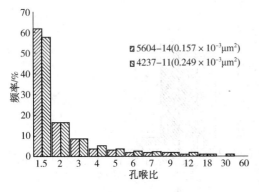

图 1-29 岩样孔喉比比较

1.2.3 储层微观孔喉结构的分形特征

储层微观孔隙结构的研究包括对孔隙大小、形态特征以及孔隙分布的不均一性的表征和描述。研究表明，砂岩储层在岩石孔隙大小范围内是一种分形体，其结构具有自相似性，其不规则的程度可以用孔隙分维数来定量描述。这里主要通过分析岩石样品的压汞资料和铸体薄片来得到孔隙结构的分形维数。

分形维数描述的是孔隙结构非均质性。根据分形理论，砂岩储层孔隙空间内的分形维数为2~3。分形维数越接近2，则表明孔隙形状越规则，孔喉表面越光滑，储集性能越好，反之，分形结构的复杂程度越大，储集非均质性越强，储集性能越差。根据分形几何理论，分形维数越大，孔隙在岩石内的空间分布越离散和复杂，其空间填充能力越强。分形维数增加，意味着在孔隙分布的离散，连通性和平均孔径降低，大孔数量减少而小孔数量增加，即孔隙结构得到了一定的细化。

1. 基于压汞资料求取分形维数的方法

根据分形几何理论，若储层中孔隙半径大于 r 的孔隙的数目 $N(r)$ 与 r 服从以下幂率关系：

$$N(a \geq r) = \left(\frac{r_{\max}}{r}\right)^{D_f} \tag{1-13}$$

则称多孔介质微观孔隙分布具有分形特征。

式中 $N(r)$——孔隙的数目；

         r——孔隙半径，μm；

         a——大于 r 的任意孔隙半径，μm；

         $r_{\max}$——最大孔隙半径，μm；

         D_f——分形维数，无量纲，$1<D_f<3$。

分形物体的数量十分巨大，根据统计理论和方法，认为上式是连续且可微的。因此有：

$$- \mathrm{d}N = D_f r_{\max}^{D_f} r^{-(D_f+1)} \mathrm{d}r \qquad (1-14)$$

进而得到用毛管压力计算分形维数的计算公式：

$$\ln S_{\mathrm{Hg}} = (D - 2)\ln P_c + \ln \alpha \qquad (1-15)$$

由上述公式可以得到：毛管压力资料 $\ln S_{\mathrm{Hg}}$ 与 $\ln P_c$ 存在线性关系，根据其斜率可以计算分形维数 D。

2. 基于压汞资料求取分形维数的实例

根据前面论述的方法，对延长油田长 6 油层的所取岩样进行了分析，求取了样品的分形维数和相关性，计算结果见表 1-3。

表 1-3　分形维数计算结果统计

样品号	深度/m	分形维数 D	相关系数 R
55	2011.87	2.0982	0.9323
74	2014.15	2.5182	0.8908
77	2014.53	2.1579	0.8726
82	2015.17	2.2229	0.8123
84	2015.46	2.2002	0.8304
88	2016.04	2.1657	0.8637
91	2016.4	2.0808	0.9424
103	2017.92	2.2484	0.8439
112	2019.14	2.2001	0.8827
119	2011.11	2.1237	0.9277
150	2035.71	2.1124	0.9375
160	2036.98	2.0935	0.9957
172	2144.94	2.1563	0.7997
179	2145.96	2.1148	0.9361
194	2174	2.1751	0.8185
208	2175.68	2.2417	0.8836
217	2.176.75	2.1927	0.9133
230	2178.2	2.2221	0.8809
250	2180.72	2.1976	0.9088

表中 D 和 R 为对样品数据分析得到的分形维数和对应的相关系数。从表中可以看出，相关系数都达到 0.8 以上，说明其结果是准确的。

从表中可以看出，延长油田岩心的分形维数在 2.1～2.3 之间占绝大多数，说明储层的非均质严重。

3. 分形维数与储层物性

8 块岩样的分形维数分布范围在 2.17～2.857，平均 2.598，充分反映了长 6 储层孔喉结构的非均质性。图 1-30~图 1-39 表明研究区储层物性与分形维数无明显的线性相关性。孔隙度随分形维数的增加,略有降低的趋势,而渗透率和分形维数没有明显的变化趋势。

变异系数是能更好地反映孔喉大小分布均匀程度的参数。数值越小,孔喉分布越均匀。中值压力越小反映岩石渗滤性越好,产能越高。这些参数与分形维数都有着良好的线性关系,表明分形维数是描述孔喉分布非均质性特征的另一重要参数,因此分形维数可以表征研究区储层微观孔隙结构的复杂程度(图 1-40~图 1-43)。

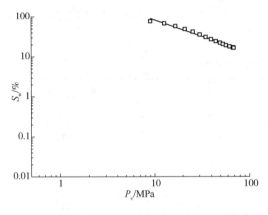

图 1-30　1501H 毛管压力与湿相饱和度双对数曲线

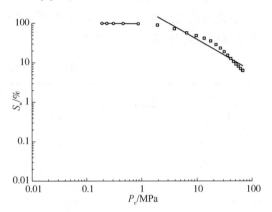

图 1-31　1601H 毛管压力与湿相饱和度双对数曲线

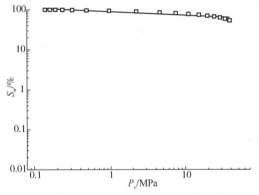

图 1-32　1602H 毛管压力与湿相饱和度双对数曲线

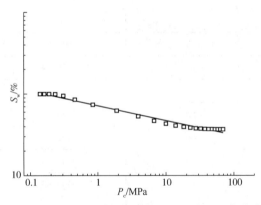

图 1-33　1603H 毛管压力与湿相饱和度双对数曲线

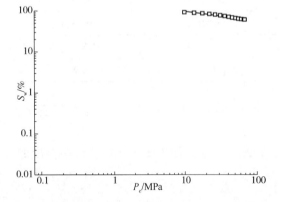

图 1-34　1701H 毛管压力与湿相饱和度双对数曲线

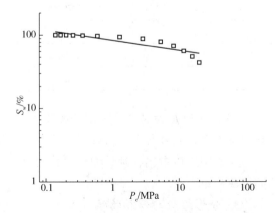

图 1-35　1701H 毛管压力与湿相饱和度双对数曲线

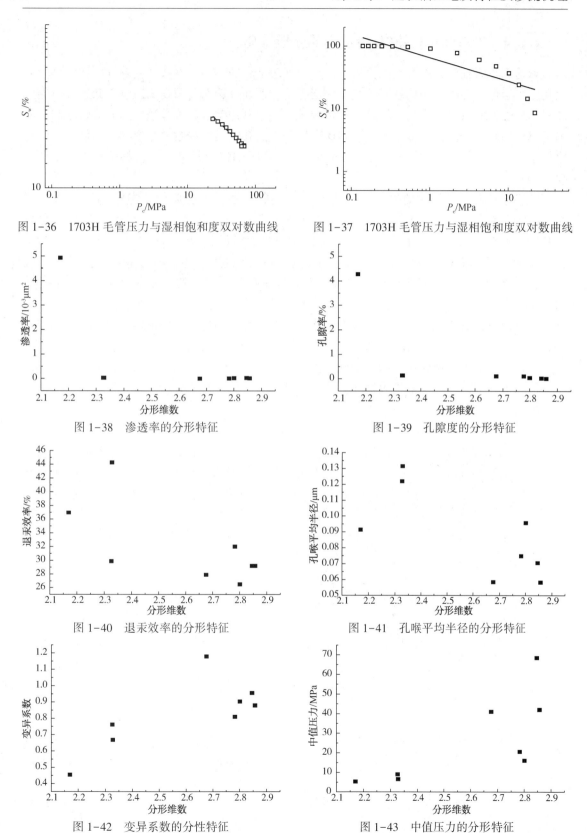

图 1-36　1703H 毛管压力与湿相饱和度双对数曲线　　　图 1-37　1703H 毛管压力与湿相饱和度双对数曲线

图 1-38　渗透率的分形特征　　　图 1-39　孔隙度的分形特征

图 1-40　退汞效率的分形特征　　　图 1-41　孔喉平均半径的分形特征

图 1-42　变异系数的分性特征　　　图 1-43　中值压力的分形特征

1.2.4 低渗油藏孔隙度/渗透率的分形特征

渗透率是表征储集层渗流能力的关键参数。表征孔隙结构的参数如孔隙度、比表面、最大孔隙半径等与渗透率的关系对油气藏储层评价、产能计算有着重要的影响。致密砂岩储层成岩作用强,储层压实程度比较高,孔隙喉道细小,利用常规计算方法得到的渗透率与岩心渗透率偏差较大。国内很多学者针对如何利用合理的孔隙结构参数估算致密砂岩储层的渗透率做了大量的工作,基本模型还是 Kozeny-Carman 或者 Timur 模型,这些都是基于简单理想模型得到的。

低渗透油藏孔隙结构的复杂性急需寻找一种新方法研究孔隙结构参数与渗透率的关系。目前,分形理论已被广泛用于低渗透油藏的孔隙结构研究中。分形学认为多孔介质的孔喉空间分布具有统计自相似性,孔隙大小分布可以用分形方法描述。郁伯铭、李留仁等利用分形理论和毛管渗流模型建立了饱和多孔介质孔隙度和渗透率的分形关系。流体的性质在渗透率分形模型的建立过程中有着很重要的作用。致密油藏油水赖以流动的通道非常细微,边界层作用明显,启动压力梯度特征显著,这使其渗流不再遵循牛顿流体流动规律。李留仁没有考虑毛细管的迂曲度和流体的非线性流动特征,郁伯铭讨论的是牛顿流体和幂律性流体通过多孔介质的渗透率,他们的研究未能体现启动压力梯度的存在对渗透率的影响。以下针对致密油藏流体的流变性特点,基于分形理论,利用毛管渗流模型建立了存在启动压力梯度时的渗透率解析表达式,并结合油田岩心分析数据分析了敏感性参数对渗透率的影响。

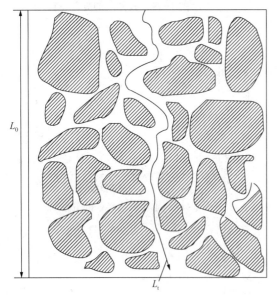

图1-44 流体通过多孔介质时毛细管的示意图(郁伯铭,2002)

1. 弯曲毛细管的分形特征

储层岩石内部大量孔隙之间存在相互连通的通道,形成具有各个不同截面的弯曲毛细管束。因此流体在其中经过的是一系列弯曲路径,见图1-44。当流体通过随机且复杂的孔隙结构时,满足如下分形关系:

$$L_t(r) = (2r)^{1-D_T} L_0^{D_T} \qquad (1-16)$$

式中 $L_t(r)$——流体路径的实际长度,cm;

L_0——毛细管的特征长度,cm;

D_T——毛细管平均迂曲度的分形维数,无量纲,$1 < D_T < 3$。

郁伯铭认为 D_T 是毛细管的平均迂曲度 T_{av} 和平均毛细管半径 r_{av} 的函数:

$$D_T = 1 + \frac{\ln T_{av}}{\ln(L_m/2r_{av})} \qquad (1-17)$$

毛细管的平均迂曲度 T_{av}:

$$T_{av} = \frac{1}{2}\left[1 + \frac{1}{2}\sqrt{1-\phi} + \sqrt{1-\phi}\sqrt{\left(\frac{1}{\sqrt{1-\phi}}-1\right)^2 + \frac{1}{4}}\Big/(1-\sqrt{1-\phi})\right] \qquad (1-18)$$

平均毛细管半径 r_{av}：

$$r_{av} = \frac{D_f r_{min}}{D_f - 1} \tag{1-19}$$

其中　T_{av}——毛细管的平均迂曲度，无量纲；

　　　r_{av}——平均毛细管半径，无量纲；

　　　L_m——二维空间毛细管的特征长度。

$$L_m = \left(\frac{1 - \phi}{\phi} \frac{\pi D_f r_{max}^2}{2 - D_f} \right)^{\frac{1}{2}} \tag{1-20}$$

联立式(1-16)~式(1-19)即可求得二维空间里的毛细管平均迂曲度的分形维数。Costa 认为二维和三维空间里孔隙的分形维数的数值差为 1。因此可以得到三维空间毛细管平均迂曲度的分形维数。

2. 基于毛管渗流模型的渗透率分形公式推导

实验表明，毛管半径减小就导致原油边界层厚度增加，边界层作用增强将会引起渗流流体性质的变化。原油在小于 1μm 的孔道所占比例很大的低渗透油层中流动时，原油边界层的影响显著，在流动过程中出现启动压力梯度。大量研究资料表明，启动压力梯度与渗透率成反比，渗透率越低，启动压力梯度越大。启动压力梯度的存在影响着流体的流动规律。原油在低渗透油层中流动时，存在某种启动压力梯度表示原油在渗流时呈现某种极限剪切应力值，李兆敏等人认为当剪切应力大于极限剪切应力时，低渗透油藏流体流动与牛顿流体相同，致密油藏中的流体流动更是如此。本书公式推导模型假设条件如下：

取一块立方体岩石，边长为 L_0，其物理意义见图 1-45。岩石内部的孔隙由平行的弯曲毛细管束组成，毛细管的直径和长度分别满足分形幂规律，见式(1-13)和式(1-15)。

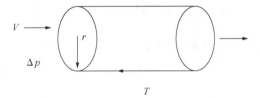

图1-45　微元段中的宾汉流体力学平衡示意图

视微小孔喉内流动的原油为非牛顿流体当流体恒速通过毛细管时，驱动力与剪切力平衡，如图 1-45 所示：

$$\Delta p \cdot \pi r^2 - \left(\tau + \mu \frac{dv}{dr} \right) \cdot 2\pi r L_t(r) = 0 \tag{1-21}$$

式中　Δp——毛细管两端的驱动压差，MPa；

　　　τ——极限剪切应力值，MPa；

　　　μ——流体的视黏度，mPa·s；

　　　v——流体渗流速度，cm/s；

　　　r——毛管半径，cm。

对方程整理积分得

$$v = \frac{\Delta p}{2^{2-D_T} L_0^{D_T} \mu} \cdot \frac{r^{D_T+1}}{D_T + 1} - \frac{\tau_0}{\mu} r \tag{1-22}$$

结合式（1-21）、式（1-22）和 Hagen-Poiseue 方程得到通过假想岩石的流量：

$$Q = \frac{\pi \Delta p}{2^{1-D_T} L_0^{D_T} \mu} \cdot \frac{D_f r_{max}^{D_f}}{(D_T + 1) \cdot (D_T + 3)} \cdot \frac{r_{max}^{D_T + 3 - D_f}}{D_T + 3 - D_f}$$

$$\left[1 - \left(\frac{r_{min}}{r_{max}} \right)^{D_T + 3 - D_f} \right] - \frac{2\pi\tau D_f r_{max}^{D_f} \cdot r_{max}^{3 - D_f}}{3\mu \cdot (3 - D_f)} \left[1 - \left(\frac{r_{min}}{r_{max}} \right)^{3 - D_f} \right] \tag{1-23}$$

式中　Q——通过边长为 L_0 的立方体岩石的流量，cm^3/s。

实践表明，通常多孔介质中的孔隙大小满足：$r_{min}/r_{max} < 10^{-2}$，$0 < D_T - D_{f+3} < 3$，$0 < 3 - D_f < 2$，$(r_{min}/r_{max})^{D_T - D_f + 3} \propto 0$，$(r_{min}/r_{max})^{3 - D_f} \propto 0$，故式（1-23）可简化为：

$$Q = \frac{\pi}{2^{1-D_T}} \cdot \frac{A}{L_0 \mu} \frac{L_0^{1-D_T}}{A} \frac{D_f}{(D_T + 1) \cdot (D_T + 3)} \cdot \frac{r_{max}^{D_T + 3}}{D_T + 3 - D_f}$$

$$\left[\Delta p - \frac{2^{2-D_T} \tau L_0^{D_T} \mu \cdot (D_T + 1) \cdot (D_T + 3) \cdot (D_T + 3 - D_f)}{3\mu \cdot (3 - D_f) \cdot r_{max}^{D_T}} \right] \tag{1-24}$$

由达西定律可得考虑启动压力梯度存在时的地层渗透率：

$$K = \frac{\pi}{2^{1-D_T}} \cdot \frac{L_0^{1-D_T}}{A} \frac{D_f}{(D_T + 1) \cdot (D_T + 3)} \cdot \frac{r_{max}^{D_T + 3}}{D_T + 3 - D_f} \tag{1-25}$$

式中　K——储层渗透率，$10^{-3} \mu m^2$；

A——储层横截面积，cm^2。

立方体岩石内部的孔隙总体积可表示为：

$$V_p = -\int_{r_{min}}^{r_{max}} \beta \cdot r^3 \cdot dN(r) = \beta \cdot D_f \cdot \frac{r_{max}^3}{3 - D_f} \tag{1-26}$$

式中　V_p——立方体岩石的孔隙体积，cm^3；

β——与孔隙结构有关的常数，孔隙为立方体，$\beta = 1$；孔隙为球体，$\beta = 4\pi/3$。

由孔隙度的定义：

$$\phi = \frac{V_p}{L_0^3} = \frac{\beta \cdot D_f \cdot r_{max}^3}{(3 - D_f) \cdot L_0^3} \tag{1-27}$$

式中　ϕ——储层孔隙度，小数。

根据公式（1-20）可求得 L_0，代入式（1-25），可得到

$$K = \frac{\pi}{2^{1-D_T} \cdot \left[\dfrac{\beta \cdot D_f}{(3 - D_f) \cdot \phi} \right]^{\frac{D_T + 1}{3}}} \cdot \frac{D_f}{(D_T + 1) \cdot (D_T + 3)} \cdot \frac{r_{max}^2}{D_T + 3 - D_f} \tag{1-28}$$

从式（1-27）可以看出，渗透率的解析表达式为储层孔隙度 ϕ，储层孔喉分形维数 D_f、毛细管迂曲度分形维数 D_T 以及最大孔喉半径 r_{max} 的函数，充分体现了储层微观孔隙结构和分形维数对渗透率的影响。

3. 实例验证与应用

表 1-4 为岩心样品的物性参数及分形维数。

表 1-4　岩心样品的物性参数及分形维数统计

编　号	样品编号	深度/m	分形维数	孔隙度 ϕ/%	渗透率 K/ $10^{-3}\,\mu m^2$	分选系数
1	1-1	1837.6	2.16	12.6	0.079	0.9985
2	1-2	2289.1	2.6805	10	0.1	1.3677
3	1-3	2142.42	2.3143	8.2	0.02	0.9531
4	1-4	1703.14	2.3834	9.2	0.06	1.0121
5	1-5	1485.85	2.4415	14.3	0.3	1.48
6	1-6	1636.4	2.4544	9.3	0.09	1.0685
7	1-7	2151.23	2.472	8.2	0.02	0.8840
8	1-8	1728.66	2.5166	9	0.22	1.2355
9	1-9	2162.15	2.5302	10.5	0.05	1.1981
10	1-10	1760.46	2.5553	8.7	0.19	1.2156
11	1-11	1847.72	2.5629	8	0.1	1.4128
12	1-12	2139.58	2.7054	9.3	0.06	1.4819
13	1-13	1652.96	2.712	6.2	0.03	0.6295
14	1-14	1956.73	2.741	9.7	0.1	0.8865
15	1-15	1656.6	2.1791	9.6	0.1	0.8781
16	1-16	1876.52	2.2198	5.3	0.02	1.3353
17	1-17	1718.58	2.252	9.4	0.14	0.9467
18	1-18	2017.02	2.391	8	0.07	0.9028
19	1-19	1796.48	2.5369	8.9	0.1	1.2441
20	1-20	1687.7	2.5942	8.7	0.12	1.3565
21	1-21	1870.35	2.6349	9.4	0.26	1.5503
22	1-22	1538	2.6387	9.5	0.03	1.5324

本书中表征储层微观孔隙结构复杂性的分形维数 D_f 范围在 2.16～2.741，平均 2.4853；描述毛细管弯曲程度的分形维数 D_T 取值范围在 2.369～2.786，平均 2.573；最大孔喉半径范围 0.096～0.732μm，平均 0.29μm。根据表中数据分别利用公式(1-27)，郁伯铭公式(2002)，李留仁公式(2010)计算得到的平均渗透率与岩心分析数据相比，公式(1-27)计算值比较接近于岩心分析数据，绝对误差小于 $0.02\times10^{-3}\,\mu m^2$，相对误差在 15%以内；郁伯铭公式(2002)和李留仁公式(2010)计算得到的平均渗透率值偏大，绝对误差大于 $0.1\times 10^{-3}\,\mu m^2$，相对误差大于 55%，见图 1-46 和表 1-5。利用公式(1-27)计算得到的渗透率与孔隙度的拟合趋势和岩心分析的趋势基本一致，表明该公式可以较好地预测低渗、超低渗及致密油藏的渗透率。

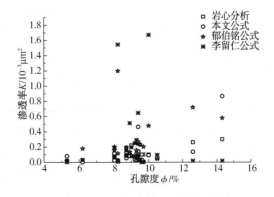

图 1-46　不同方法渗透率和孔隙度关系对比图

表 1-5　不同计算方法平均渗透率对比结果

计算方法	平均渗透率 $K/10^{-3}\,\mu m^2$	绝对误差/$10^{-3}\,\mu m^2$	相对误差/%
岩心分析	0.1027		
本书公式	0.1205	0.0178	14.77
郁伯铭(2002)	0.2399	0.1372	57.19
李留仁(2010)	0.2689	0.1662	61.8

1.2.5　储层应力力敏感性实验及评价

在低渗透油田开发过程中，因油藏压力的降低所诱发的渗透率的压力敏感性伤害将不可避免，从而造成的渗透率损失对低渗透油田开发的影响应引起足够的重视。

储层岩石骨架通常承受很高的上覆岩层压力，上覆岩层压力与岩石孔隙内流体压力(地层压力)之差，称为有效压力即岩石骨架所承受的压力。油层在钻井、采油过程中，由于有效压力的变化，会使储层的储集空间发生形变，亦即地层压力或近井底压力下降，将导致储层中某些裂缝或孔隙闭合，造成地层渗透率下降，使储层开采条件变差，油井产能下降。同时，这种岩石孔隙形变往往是不可逆的。不合理开采所造成的渗透率下降，通常是难以恢复的，最终导致采收率损失。因此，在实验室内对储层岩石进行压力敏感性研究，测定不同有效压力作用下岩石物性参数的变化特征，不仅是预测开采过程中渗透率值的基础，也是合理制定油田开发方案的基础。对现场有着重要的指导意义。

1. 压敏实验条件

(1) 实验可用气体、中性煤油或标准盐水(质量分数 8%)作为实验流体。

(2) 使用特制的可分别控制或测量轴向和径向应力的驱替装置。

(3) 使用气体作为实验流体时，按 SY/T 6385—1999《覆压下岩石孔隙度、渗透率测定方法》。

2. 压敏实验方法

采用 AP-608 全自动覆压孔渗测试仪，依据实验目的测定岩心在储层条件下的孔隙度、渗透率值。每块样品测定 7 个压力点，最低压力为 0MPa，最高压力为 25.83MPa。岩心的直径为 2.5cm，长度为 3~5cm，两端磨平，岩样的平直度和垂直度误差小于 0.02mm。实验目的是观察在油田开发过程中，随着围压的增大，岩石物性发生的变化。具体实验步骤如下：

(1) 保持进口压力值不变，缓慢增加围压，使净围压依次为 2.5MPa、3.5MPa、5.0MPa、7.0MPa、9.0MPa、11MPa、15MPa、20MPa。

(2) 每一压力点持续 30min 后，按速敏实验步骤(3)~(5)测定岩样渗透率。

(3) 缓慢减小围压，使净围压依次为 15MPa、11MPa、9.0MPa、7.0MPa、5.0MPa、3.5MPa、2.5MPa。

（4）每减小一压力点持续 1h 后，按速敏实验步骤(3)~(5)测岩样渗透率。

（5）所有压力点测完后关驱替泵。

3．实验结果及分析

实验结果见表 1-6。

表 1-6　岩样压敏实验结果

岩样编号	层　位	有效压力/MPa	空气渗透率/$10^{-3}\mu m^2$
Y73	长 6	0	0.051
		1.285	0.0456672
		3.75124	0.036321
		6.29796	0.0333375
		8.74056	0.0280825
		11.2377	0.0287359
		13.7844	0.0257525
		16.2031	0.0241341
		18.7254	0.0236509
Y7	长 6	0	0.832
		3.27586	0.474982
		6.26358	0.406842
		9.20926	0.35944
		12.2131	0.321621
		16.1264	0.29831
		20.0432	0.281381
Y9	长 6	0	0.073
		2.99911	0.0251526
		6.10043	0.0182542
		9.04844	0.0141955
		11.8934	0.0115562
		15.9524	0.00909399
		19.855	0.00773456

对 3 块岩样的渗透率随围压的变化变化曲线进行拟合。拟合结果表明，采用幂函数拟合精度较高。

$$K = a \cdot \Delta p^{-b} \tag{1-29}$$

式中　K——岩心当前渗透率，$10^{-3}\mu m^2$；

　　　Δp——当前有效压力，MPa；

　　　a——实验系数；

　　　b——应力敏感系数。

表 1-7　不同岩心的压力敏感系数

岩心编号	a	b	相关系数
Y73	0.0499	0.249	0.9747
Y7	0.6868	0.398	0.9941
Y9	0.0538	0.632	0.9836

从表 1-7 可以得到应力敏感系数在 0.249~0.632 范围内，平均值 0.42，表明长 6 储层渗透率应力敏感性呈中等伤害。

从图 1-47~图 1-49 可以看出，渗透率小于 $0.1×10^{-3}$ μm^2 的岩样，净上覆压力为 13MPa 时，渗透率只有初始的 50%左右。当渗透率大于 $0.1×10^{-3}$ μm^2、净上覆压力为 23MPa 时，渗透率为初始渗透率的 38.6%，净覆压对岩石孔隙结构的影响较大由此可知，净覆压对长 6 储层特低渗岩心渗透率影响较大，且随着岩样渗透率的降低，降低幅度越大。

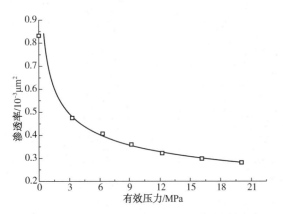

图 1-47　Y7 渗透率随有效压力的变化

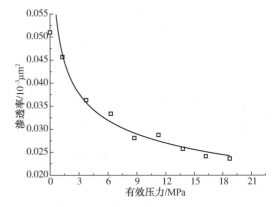

图 1-48　Y73 渗透率随有效压力的变化

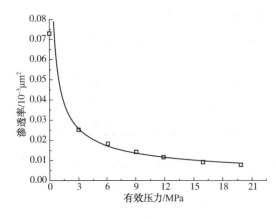

图 1-49　Y9 渗透率随有效压力的变化

4. 渗透率应力敏感性因素分析

（1）有效应力。有效应力是使岩石体产生变形的力，其大小取决于上履岩层压力和孔隙流体压力。原始储层条件下上履岩层压力和孔隙流体压力平衡，开发过程中流体压力的改变将会打破岩石体的应力平衡，使有效应力发生变化。因此，油气藏开采方式的选择将会影响储层的应力敏感性。所以，衰竭式开采要比保持地层压力（注水开发或循环注气）开采产生更强的应力敏感现象。

（2）孔隙流体类型及饱和度。油气储层通常饱含了油、气、水等流体中的一种或多种，不同性质的流体具有不同的体积压缩系数，而且流体压力变化规律也不同，对储层渗透率的影响也不同。其中，尤以地层水的存在对岩石应力敏感程度的影响最大，而且含水饱和度越高，应力敏感性越强。地层水的存在使孔隙和喉道的有效渗流通道减少，有效渗流半径变小，产生启动压差，增加了油、气流动的阻力，含水饱和度越高，阻力增大越多。另外，含水饱和度的大小(即岩石力学中的湿度)还会影响岩石的压缩性，含水饱和度越高，应力作用下岩石越容易产生变形，储层应力敏感性也越强。因此，地层水的存在以及开发过程中含水饱和度的增加，会加剧储层的应力敏感性。

(3) 岩石孔隙结构特征。电镜分析结果表明，长 6 储层孔喉组合类型以中孔细喉和小孔微喉为主，对岩心渗透率起主要贡献的孔道是其中相对较大的孔道。在围压增大时，一旦孔道被压缩，产生微小变化，岩心的渗透率就会发生明显变化，并且这种变化只是部分可逆的。因此，长 6 特低渗储层岩石渗透率下降的重要原因是：岩石孔隙结构在有效覆压的作用下发生变化，引起流体渗流通道变坏。

(4) 岩石组分。不同性质的岩石，其力学性质不同，对应力的敏感性亦不同。长 6 储层岩石类型主要为长石砂岩或岩屑质长石砂岩，填隙物主要类型有黏土类杂基、碳酸盐类、硫酸盐类及硫化物胶结物。不同类型的碎屑颗粒的岩石力学性质也有所差别，石英颗粒的硬度最大、长石次之，岩屑的硬度一般较低。杂基及胶结物对致密砂岩力学性质具有一定的影响。杂基主要为黏土矿物，其硬度低，一般充填于致密砂岩孔隙中，在外力作用下极易发生塑性形变，胶结物强度低于骨架颗粒，在受力时，首先发生变化。因此，长 6 储层岩石组分是决定岩石渗透率产生中等偏强应力敏感性伤害且部分恢复的一个重要原因。另外，岩石骨架颗粒偏细也是其中的一个原因。

(5) 颗粒分选性与接触关系。储层岩石颗粒分选越好，外力作用下越不容易发生变形，所表现出的应力敏感性也就越弱。因此，杂砂岩应力敏感性要强于细砂岩。岩石骨架颗粒的接触关系对岩石受力时变形的多少有影响。一般来说，点接触属于不稳定接触，岩石较容易发生形变，表现为储层应力敏感性较强，而线接触、凹凸接触和缝合接触都属于稳定接触，所表现出的储层应力敏感性较弱。

5. 应力敏感对束缚水的影响

束缚水饱和度是表征储层物性的重要参数之一，对储层油气评价、储量计算和产能预测极其重要。已有研究表明，束缚水饱和度也是储层的一个固有属性，在低渗砂岩储层进行衰竭式开采时，束缚水饱和度的应力敏感性严重影响了低渗透储层的渗流能力。因此在致密砂岩油藏的开发过程中，需要对束缚水饱和度这一关键参数进行研究。目前的研究只停留在对束缚水饱和度应力敏感性的定性解释上，没有对渗流能力的影响程度做出定量分析，并且理论公式均是以理想化的毛管模型为基础，未能体现致密油藏微观孔隙结构非均质性对束缚水饱和度随有效应力变化产生的影响。

1) 束缚水饱和度应力敏感模型

假设条件：

(1) 引起岩石变形的主要应力变化是由于孔隙流体体积的变小，岩石上覆压力不变，孔隙模型为不等径球体(图 1-50)。

(2) 认为岩石是水湿的，变形前油藏内只有束缚水，单位孔隙表面上所吸附的束缚水量是固定不变的，即厚度相同。

(3) 变形前后，岩石总体积不变。

结合式(1-14)，孔隙体积：

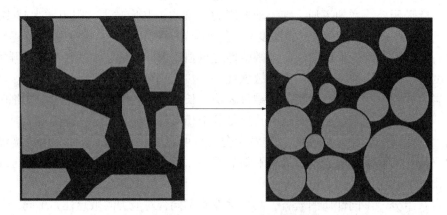

图 1-50　不等径的球状模型

$$V_{\mathrm{p}} = \int_{r_{\min}}^{r_{\max}} \frac{4}{3}\pi r^3 \mathrm{d}N(r) = \frac{4\pi D_{\mathrm{f}} r_{\max}^{D_{\mathrm{f}}}}{3(3 - D_{\mathrm{f}})} r_{\max}^{3-D_{\mathrm{f}}}\left(1 - \frac{r_{\min}^{3-D_{\mathrm{f}}}}{r_{\max}^{3-D_{\mathrm{f}}}}\right) \qquad (1-30)$$

实践表明，通常多孔介质中的孔隙大小满足：$r_{\min}/r_{\max} < 10^{-2}$，$0 < 3 - D_{\mathrm{f}} < 2$，$(r_{\min}/r_{\max})^{3-D_{\mathrm{f}}} \propto 0$，因此式（1-29）可简化为：

$$V_{\mathrm{p}} = \frac{4\pi D_{\mathrm{f}} r_{\max}^3}{3(3 - D_{\mathrm{f}})} \qquad (1-31)$$

孔隙度定义：

$$\phi = \frac{V_{\mathrm{p}}}{V} = \frac{4\pi D_{\mathrm{f}} r_{\max}^3}{3AL(3 - D_{\mathrm{f}})} \qquad (1-32)$$

式中，岩石的横截面积为 A，长度为 L。

岩石孔隙比表面：

$$S = \int_{r_{\min}}^{r_{\max}} \frac{4\pi r^2}{AL} \mathrm{d}N(r) = \frac{4\pi D_{\mathrm{f}} r_{\max}^2}{(2 - D_{\mathrm{f}})AL} \qquad (1-33)$$

假设单位孔隙表面上所吸附的束缚水量是固定不变的，则储层岩石变形前后的束缚水饱和度的变化仅与孔隙表面积有关。假设孔隙表面上的束缚水膜的厚度为 h，那么储层岩石中的束缚水饱和度为：

$$S_{\mathrm{wi}} = \frac{S \cdot h}{\phi} = \frac{3h(3 - D_{\mathrm{f}})}{r_{\max}(2 - D_{\mathrm{f}})} \qquad (1-34)$$

束缚水体积为：

$$V_{\mathrm{wi}} = AL\phi S_{\mathrm{wi}} = \frac{4\pi h D_{\mathrm{f}} r_{\max}^2}{2 - D_{\mathrm{f}}} \qquad (1-35)$$

从式（1-33）可以看出，影响束缚水的因素有分形维数，最大孔喉半径。分形维数是储层微观孔喉结构非均质性的表征，因此本书推导的公式充分体现了储层微观孔喉结构的非均质性对束缚水饱和度的影响。

2）束缚水饱和度应力敏感性的定量表征

研究表明，岩石变形所引起的体积的变化包括孔隙体积的变化和骨架体积的变化，由于骨架体积的变化非常微小，可以忽略不计。油藏投入生产后，地层压力下降到任意时刻时储层中束缚水饱和度变为 S'_{wi}，束缚水体积变为 V'_{wi}，孔隙结构中最大孔喉半径变为 r'_{max}，孔隙度变为 ϕ'，孔喉比表面变为 ϕ'。

李尤嘉等通过岩石的三轴应力实验发现表面分形维数随有效应力也在发生变化，满足以下关系：

$$D = 1.4716 - 0.16301p \qquad (1-36)$$

式中 D——表面分形维数；

p——有效应力，MPa。

联立公式(1-33)，有

$$S_{wi} = \frac{3h}{r_{max}} \left(1 + \frac{1}{0.5284 + 0.16301p} \right) \qquad (1-37)$$

张睿应用毛管理论认为毛管半径随有效应力的变化满足指数关系，如下：

$$r = r_0 \cdot e^{\frac{-C_k p}{4}} \qquad (1-38)$$

式中 C_k——应力敏感指数；

p——有效应力，MPa；

r_0——有效应力为 0 时的毛管半径，μm。

结合式(1-31)、式(1-37)，可以得到孔隙度在储层岩石变形前后的关系为：

$$\frac{\phi'}{\phi} = e^{-\frac{3C_k p}{4}} \qquad (1-39)$$

同理，可以得到束缚水饱和度、孔喉比表面、束缚水体积在储层岩石变形前后的关系：

$$\frac{S'_{wi}}{S_{wi}} = \frac{r_{max}}{r'_{max}} = e^{\frac{C_k p}{4}} = e^{C_k p} \cdot \frac{\phi'}{\phi} \qquad (1-40)$$

$$\frac{S'}{S} = e^{-\frac{C_k p}{2}} = e^{\frac{C_k p}{4}} \cdot \frac{\phi'}{\phi} \qquad (1-41)$$

$$\frac{V'_{wi}}{V_{wi}} = e^{-\frac{C_k p}{2}} = e^{\frac{C_k p}{4}} \cdot \frac{\phi'}{\phi} \qquad (1-42)$$

随着地层压力的下降，岩石发生变形，孔隙及喉道体积被压缩减小，甚至发生闭合，岩石孔喉半径逐渐减小。毛管压力逐渐增大，岩石中能束缚水的毛细管数量会逐渐增加，岩石中水排出的难度加大，故地层压力下降岩石束缚水饱和度是增加的。岩石孔喉比表面的减小使得所吸附水量逐渐在减少，因此束缚水的体积是减少的，部分束缚水变成自由水析出。

取油藏埋深 3360m，岩石平均密度 2.32g/cm³，油藏压力系数取 1.80。那么储层上覆岩层压力为 76.39MPa，原始流体压力为 59.27MPa。一般来说，油气储层开采到废弃时，其油藏平均压力可以降低到原始地层压力的 50%。因此，流体压力范围为从地层原始压力 59.27MPa 到废弃时的 29.635MPa。储层渗透率应力敏感系数为 0.02。

定义 $\Delta\phi / \phi$ 为相对于有效压力为 0 时(地面条件常温常压下)的孔隙度变化率，同样定义其他参数的变化率。

$$\frac{\Delta\phi}{\phi} = 1 - e^{-\frac{3C_k p}{4}} \qquad (1-43)$$

$$\frac{\Delta S_{wi}}{S_{wi}} = e^{\frac{3C_k p}{4}} - 1 \qquad (1-44)$$

$$\frac{\Delta S}{S} = 1 - e^{\frac{-C_k p}{2}} \qquad (1-45)$$

$$\frac{\Delta V_{wi}}{V_{wi}} = 1 - e^{\frac{-C_k p}{2}} \qquad (1-46)$$

图 1-51 为各参数变化率随有效压力变化的关系图。从图中可以看出，同一有效压力下，相比于其他参数，束缚水饱和度变化率最小。以地面条件常温常压下测得的数据为基础，当油气储层开采到废弃时，孔隙度变化率最高为 47%，束缚水饱和度变化率最高值 25%，束缚水体积变化率最高值 33%。由此可见，束缚水饱和度和束缚水体积的相对变化量还是比较大的。

若该油藏的有效厚度是 10m，油藏的面积为 3km²，常温常压下测得的孔隙度为 9%，束缚水饱和度为 40%，即当该油藏开采到废弃时，孔隙度变为 4.77%，束缚水饱和度变成 50%，即有 72000m³ 的束缚水析出变形为可动水。

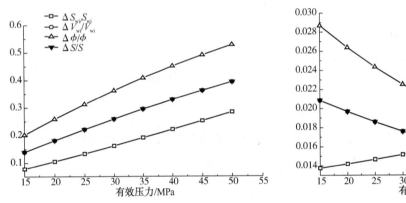

图 1-51　各参数变化率与有效压力关系图　　图 1-52　各参数单位有效压力变化率与有效压力关系图

定义 $\Delta\phi/(\phi*p)$ 为单位有效压力下孔隙度变化率，同样定义其他参数的单位有效压力变化率：

$$\Delta\phi/(\phi*p) = \frac{1 - e^{-\frac{3C_k p}{4}}}{p} \qquad (1-47)$$

$$\Delta S_{wi}/(S_{wi}*p) = \frac{e^{\frac{3C_k p}{4}} - 1}{p} \qquad (1-48)$$

$$\Delta S/(S*p) = \frac{1 - e^{-\frac{C_k p}{2}}}{p} \qquad (1-49)$$

$$\Delta V_{wi}/(V_{wi}*p) = \frac{1 - e^{-\frac{C_k p}{2}}}{p} \qquad (1-50)$$

图 1-52 为各个参数单位有效压力变化率随有效压力变化的情况。可以发现，束缚水饱和度单位有效压力变化率与地层压力呈线性负相关，其他参数单位有效压力变化率与地层压力呈线正相关。地层压力每下降 1MPa，束缚水饱和度变化率平均为 1.4%，孔隙度变化率平均为 2.2%，束缚水体积变化率为 1.7%。则油藏地层压力下降 1MPa，将有 18360m³ 的束缚水析出。

束缚水饱和度的增加，将会导致油相的有效渗流空间会减少，从而引起孔隙中油、水赖以流动的通道变窄，降低了油相的有效渗透率，产生启动压力梯度等现象对流体的流动规律和产能计算产生影响。束缚水饱和度应力敏感性的定量表征为研究应力敏感对相渗曲线的影响和合理地进行油井工作制度调整提供了指导和依据。

1.3 延长油田储层渗流机理

1.3.1 启动压力梯度测试方法研究

目前，求解启动压力梯度的方法主要有两种：室内驱替试验和试井分析方法。室内驱替试验是确定启动压力梯度的直接方法，包括非稳态和稳态两种方法。油田现场通常采用试井分析的方法得到启动压力梯度，复杂、耗时，而且由于复杂边界的影响，求解难度非常大。

稳态法是在岩心两端建立一定压差，测定系统稳定条件下的压差和流量，获取岩心的渗流曲线，通过数学处理方法来求取启动压力梯度。这种方法所需时间较长，且最小启动压力梯度点由试验数据外推得到，是目前常用的启动压力梯度测定方法。最早的实验室测定方法是常规压差-流量法。基本原理是通过改变岩心两端压差并测量流体通过岩心的流速来求得压差和流量关系，从而利用曲线斜率在压差坐标轴上的截距来求取岩心的启动压力梯度。通过这种方法得到启动压力梯度为拟启动压力梯度，在数值上大于最小启动压力梯度。这种方法对于每一个测量点都需要长时间的稳定，由于流量较小，精确地测量流量比较困难。

如何通过实验的方法更加准确地描述出低速非达西渗流规律是启动压力梯度研究的关键。由于流体在岩心中的低速非线性渗流段的渗流速度和驱替压差非常小，即使先进的进口设备(如高精度恒速泵、精密差压传感器等)也无法实现压差和流量的准确采集。在渗流曲线中，可能占整个非线性渗流段一半的数据无法准确采集到。在缺少数据点的情况下，很难用数学的方法完整准确的描述流体渗流的非线性特征。

传统的实验室测定低渗介质渗流的稳态实验方法可归为三种：一是采用高精度的流量计和驱替泵进行岩心流动测试实验，即压差-流量法；二是采用毛细管平衡法对是否存在启动压力进行验证；三是中国科学院渗流流体力学研究所自行设计的"定压水头法"。

使用毛细管平衡结合压差-流量法是对常规"压差-流量法"的改进。毛细管平衡法应用的是连通器原理。测定时毛细管和岩心都充满实验流体，使进口端液面高于出口端。重力作用使进口端液体通过岩心流向出口端，进口端液面下降，出口端液面上升。如果是一个普通的连通器，两端液面会持平。由于低渗透岩心启动压力梯度的存在，两端液面经过充分平衡后，最后会保持一个高度差，该高度差即是该样品的最小启动压力值。夹持器两端采用毛细管，一是能精确、灵敏地反映液面的变化，二是可以减少渗流总量，缩短测定周期。该方法不仅证明了低渗透岩心启动压力梯度的存在，而且可以直接测定最小启动压力梯度值。

"定压水头法"是经典的压差-流量法的改进方法，鉴于压差流量法存在的缺点，为了将最小可测压力值减小，采用在滑竿上放置盛流体容器，通过改变容器的高度来提供压力梯度。该方法有效减小了最小可测压力范围，避免流体流动对岩样造成的伤害，但仍然使用天平计量，且由于实验室设备限制，可测最大压力值偏小，无法测量在大的压力范围内渗流曲线的变化。

岩石内部的孔隙水渗透和孔隙水压力的存在，使得岩石的力学性质异常复杂。在低渗透介质中进行稳定饱和渗流实验通常会遇到两个问题：①在试样当中获得稳定流所需的时间太长。②测量足够小的流速是很困难的。前人学者介绍了许多不同的减少渗流实验时间的改进方法，例如关闭非稳态流速，允许计算剩余的水流体容量，减小渗流方向的岩样长度。由于以往没有可行的实验设备和实验方法测出低压力梯度下低渗透性介质的稳定渗流，因此低压力梯度下的渗流规律只能通过把非稳定渗流的结果用于承压水非稳定运动微分方程的基本公式中进行推导所得。以往产生可以测量的流速的方法是增大压力梯度，通常需要达到自然界中真实存在的低压力梯度的 10^6 倍或更大。但是这样人为提供的实验条件与自然界岩石所处的实际状况相差甚远，常常导致实验结果的失真。

随着实验技术的发展，特别是压力传感器精度的不断提高，现在的渗流实验通常预先设定驱替泵的速度，通过驱替泵注入流体，通过压力传感器测量压力差，这样就可以避免直接测量小的流速。因此，目前大多数学者均采用稳定渗流的"流量-压差法"测定非达西渗流的启动压力，即在适当的时间段内连续改变流速对岩样进行一系列渗透实验，如流速先上升后依次下降然后再依次上升等。由于最小的流速受驱替泵的精度限制，"流量-压差"法的实验不能直接测出无流体渗出时的岩样压力差，只能根据实验数据添加趋势线，得到压力梯度轴上的截距即为启动压力梯度，此时的启动压力梯度被称为平均启动压力梯度，这是渗流方程中将非线性渗流处理成拟线性渗流的一个关键参数。

关于液体开始流动时的最小启动压力梯度法测定，目前还没有固定的、统一的方法。为了更为精确地对非线性渗流进行物理模拟，室内实验方法不断改进。改进后的装置可更为精确地描述流体在岩心中渗流的过程。宋付权对启动压力梯度的非稳态测量进行了研究，其岩心中的流态变化较为复杂：从不流动状态（开始时高压下的稳定状态）—流动状态（不稳定渗流状态）—不流动状态（最后的稳定状态）。他们设计的实验方法是：初始时期，将岩心在高压下饱和原油，在一端封闭，并装入测压计，在系统压力平衡且稳定时，将另一端放空至某一压力值，连续测量封闭端压力变化，直到系统达到稳定状态，根据不稳定压力曲线和稳态时的压差，求出岩心的启动压力梯度。此种方法中，由于低渗透岩样的孔隙细微，界面作用强烈，高压下的系统平衡很难达到，系统的稳定状态的影响因素也较多，绝对的稳定是没有的。

非稳态测量法中是以流体从流动到不流动的压力梯度临界值为启动压力梯度，是一种非稳态渗流测压方式，通过建立低渗透岩心中液体的不稳定渗流方程并用数值有限差分的方法求解岩心的启动压力梯度的方法，这种方法的实验条件易于控制，测定时间短，但只能测定出拟启动压力梯度点，不能测定出启动压力梯度与渗流速度的变化关系。实验方法：初始时刻，将岩心在高压下饱和原油，将一端封闭，并装入测压计，待系统压力平衡且稳定时，将岩心另一端放空至某一压力值（例如标准大气压），连续测量封闭端压力变化，直至系统达到稳定状态。考虑启动压力梯度和动边界的影响，建立低渗透岩心中液体的不稳定渗流方程，并用数值有限差分的方法求解，得到岩心封闭端的不稳定无量纲压力曲线。在双对数坐标图上，用实测压力数据和理论无量纲压力曲线拟合，求出低渗透岩心的启动压力梯度。石京平利用非稳态法并结合毛细管计量法测得最小启动压力梯度值。实验方法为岩心驱替状态下饱和原油或水，使岩心夹持器中没有气体，尤其是出口端必须为液体所充满（出口端为一带刻度的毛细管），将岩心进口端压力放掉，使系统处于零压力状态，在出口端毛细管内用微量注射器滴入一种与出口端液体不相溶的另外一种有色液体，便于观察，记录有色液体所在的位置，打开驱替泵，以微量速度注入所测的液体（油或水），观察进口端压力的变化以及有色液体移动的情况。由于低渗透岩心的特殊性质，岩心内液体受毛管力以及固液界面作用力的制约，当驱动压力较小时，液体不发生流动，只有当驱动压力增加到一定值时，岩心内的流体才开始流动。如果岩心内流体为不可压缩，则岩心中的液体流动为连续流动，传递到岩心出口时，可以观测到出口端的有色液体在移动，此时的压力就是岩心内液体连续流动的最小启动压力。

1.3.2　不同储层类型单相液体的渗流实验研究

致密油藏储层由于孔喉细小，流体在孔隙空间中渗流时受到孔壁作用的影响很大，呈现非达西渗流现象，启动压力梯度是最显著的特征。

启动压力梯度测试在理论上需要测试流体从静止到渗流发生的瞬间岩心两端的压力差值，但在目前技术条件下，渗流瞬间启动的控制和测量难以达到，本次启动压力梯度测试是逐次降低实验流量，测定不同流量下岩心两端的压力差值，绘制流量-压力梯度实验曲线，拟合曲线在压力梯度坐标上的截距，以此拟合值为岩心的启动压力梯度值。实验过程中能达到的最小流量越小，拟合的启动压力梯度值越精确。

1. 实验仪器

岩心夹持器、平流泵、中间容器、铁架台、移量筒、烧杯、压力表、秒表。

2. 实验条件

（1）实验岩心：延长油田长 6、长 8 的天然岩心，岩石颗粒表面均为水湿，气测渗透率范围（0.022~8.057）×$10^{-3}\mu m^2$，共计 71 块，其中模拟油驱岩心 27 块，地层水驱岩心 17 块，注入水驱岩心 19 块，蒸馏水驱岩心 8 块，其基本物性资料见表 1-8~表 1-11。

表 1-8　模拟油驱岩心基本参数表

岩心编号	长度/cm	直径/cm	气测孔隙度/%	气测渗透率/$10^{-3}\mu m^2$
1-1	4.716	2.483	11.80	0.1880
1-2	6.549	2.519	11.51	0.3322
1-3	6.345	2.518	11.57	0.3506
1-4	6.549	2.519	10.51	0.3322
1-5	6.261	2.519	9.67	0.1217
1-6	6.115	2.520	10.54	0.3211
1-7	6.434	2.517	8.83	0.0795
1-8	4.247	2.483	9.90	0.2410
1-9	5.705	2.511	12.22	0.7418
1-10	6.434	2.517	8.83	0.0795
1-11	6.261	2.519	11.67	0.1217
1-12	6.434	2.517	10.83	0.0795

岩心编号	长度/cm	直径/cm	气测孔隙度/%	气测渗透率/$10^{-3}\mu m^2$
1-13	3.83	2.53	11.17	0.45
1-14	4.33	2.53	12.54	0.11
1-15	4.06	2.53	12.62	0.33
1-16	3.65	2.50	12.23	0.26
1-17	3.47	2.50	10.07	0.20
1-18	3.98	2.48	12.3	0.15
1-19	3.35	2.48	9.05	0.74
1-20	3.68	2.47	15.86	0.18
1-21	3.35	2.48	13.66	0.30
1-22	3.19	248	10.84	0.12
1-23	4.11	2.5	12.88	0.11
1-24	4.01	2.49	6.23	0.29
1-25	3.79	2.47	7.69	0.29
1-26	3.75	2.5	11.86	0.39
1-27	3.93	2.49	9.47	0.05

表 1-9 地层水驱岩心基本参数表

岩心编号	长度/cm	直径/cm	气测孔隙度/%	气测渗透率/$10^{-3}\mu m^2$
2-1	4.718	2.485	11.00	0.2310
2-2	5.742	2.500	10.10	0.2410
2-3	5.669	2.493	11.30	0.6300
2-4	5.878	2.489	9.60	0.2940
2-5	5.909	2.492	7	0.2350
2-6	5.827	2.490	9.50	0.4910
2-7	6.573	2.521	10.01	0.1084
2-8	6.567	2.519	11.29	0.2544
2-9	6.199	2.521	10.48	0.1859
2-10	5.786	2.491	10.70	0.612
2-11	6.071	2.487	8.00	0.257
2-12	5.743	2.493	9.00	0.391
2-13	6.162	2.494	10.80	0.518
2-14	6.757	2.520	11.55	0.1816
2-15	5.319	2.529	9.10	0.0873

续表

岩心编号	长度/cm	直径/cm	气测孔隙度/%	气测渗透率/$10^{-3}\mu m^2$
2-16	5.455	2.529	9.96	0.1877
2-17	5.683	2.513	11.59	0.6388

表1-10 注入水驱岩心基本参数表

岩心编号	长度/cm	直径/cm	气测孔隙度/%	气测渗透率/$10^{-3}\mu m^2$
3-1	4.709	2.482	10.04	0.4650
3-2	6.541	2.519	11.90	0.2775
3-3	6.097	2.519	8.74	0.2792
3-4	6.476	2.519	10.89	0.2948
3-5	5.693	2.511	12.69	0.7316
3-6	5.719	2.511	11.73	0.6683
3-7	6.079	2.520	12.30	0.5353
3-8	6.549	2.521	11.43	0.2219
3-9	6.095	2.520	9.51	0.2855
3-10	6.355	2.519	8.47	0.1287
3-11	6.162	2.518	11.69	0.2037
3-12	6.549	2.519	12.51	0.3322
3-13	6.345	2.518	12.57	0.3506
3-14	6.115	2.52	11.54	0.3211
3-15	5.705	2.511	12.41	0.7851
3-16	5.651	2.49	11.10	0.608
3-17	5.608	2.49!	10.00	0.564
3-18	5.680	2.493	9.80	0.656
3-19	5.632	2.486	9.10	0.724

表1-11 蒸馏水驱岩心基本参数表

岩心编号	长度/cm	直径/cm	气测孔隙度/%	气测渗透率/$10^{-3}\mu m^2$
4-1	6.007	2.519	12.04	0.2836
4-2	5.683	2.513	10.59	0.6388
4-3	6.355	2.519	11.05	0.1213
4-4	4.718	2.485	12.00	0.5310
4-5	5.743	2.493	9.00	0.3910
4-6	6.431	2.517	11.83	0.0795

岩心编号	长度/cm	直径/cm	气测孔隙度/%	气测渗透率/$10^{-3}\mu m^2$
4-7	6.261	2.519	13.67	0.1217
4-8	5.666	2.495	9.70	0.4610

（2）实验用油：将现场原油进行脱水脱气处理，并和煤油以 1：4 比例配制成室温下黏度 2.23mPa·s、密度 0.81g/cm³ 的模拟油。

（3）模拟地层水：根据现场资料，配制与实际地层水矿化度相同的模拟地层水，室温下黏度 0.91mPa·s、密度 1.03g/cm³。

（4）模拟注入水：根据现场资料，配制与实际注入水组分相同的模拟注入水，室温下黏度 0.83mPa·s、密度 0.98g/cm³。

（5）蒸馏水：室温下黏度 0.83mPa·s，密度 0.95g/cm³。

3. 实验结果分析

1）模拟油测启动压力梯度试验结果

做渗流实验测量岩心的压差-流量关系，求取启动压力梯度，其渗流特征曲线如图 1-53 和图 1-54 所示。

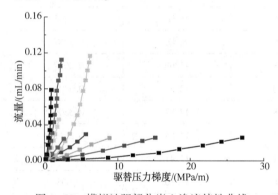

图 1-53　模拟油驱部分岩心渗流特性曲线

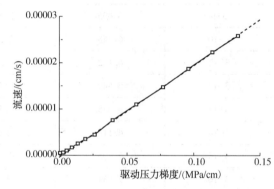

图 1-54　1-8 号岩心模拟油渗流特征曲线

从实验曲线中可以看出，在直角坐标系下，流体在超低渗透岩心中渗流时，由于岩心渗透率比较低，边界层厚度的影响不可忽略，渗流过程已经偏离了达西定律，当驱动压力梯度比较小时，流量与压差关系基本是曲线关系，当驱替压差比较大时，它们才呈现出近似直线关系，直线段延长线交驱动压力梯度轴于一点。

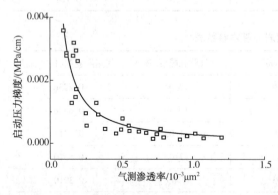

图 1-55　模拟油测启动压力梯度与气测渗透率关系

通过对渗流曲线的回归拟合，可得到不同岩心的启动压力梯度。将其汇于直角坐标系中，得到启动压力梯度与气测渗透率关系曲线（图 1-55）。由图中可以看出，模拟油测条件下启动压力梯度随气测渗透率的增加而减小。在一定的气测渗透率范围内（气测渗透率小于 $0.25\times10^{-3}\mu m^2$ 时），启动压力梯度随渗透率变小而急剧增大；而气测渗透率大于$0.5×10^{-3}\mu m^2$时，启动压力梯度的值较小，且变化幅度很小；气测渗透率在$0.25×10^{-3}\mu m^2$与$0.5×10^{-3}\mu m^2$之间时，启动压力梯度值由很大向比较小过渡，其变化趋势逐渐趋于平缓。该变化趋势符合数学上幂函数的变化趋势，经幂函数拟合，相关系数达0.85751，这说明启动压力梯度与气测渗透率呈幂函数关系。

对模拟油测启动压力梯度与气测渗透率关系曲线进行幂函数拟合回归：

$$G_o = 2.821 × 10^{-4}K^{-1.095} \qquad (1-51)$$

式中　G_o——油相启动压力梯度，MPa/cm；

　　　K——岩石气测渗透率，$10^{-3}\mu m^2$。

式（1-51）对实验数据拟合相关系数为0.858。

表1-12为岩石模拟油测渗透率与气测渗透率数据表，从中可以看出，相同的岩心，其模拟油测渗透率要小于气测渗透率；相对于岩心气测渗透率来说，渗透率越大，其对应的模拟油测渗透率也越大，而且其模拟油测渗透率的渗透率损失百分比也越小。这可以用边界层理论来解释：油中含有的极性分子与岩石矿物颗粒发生吸附作用，在固体颗粒表面形成一层不易流动的边界流体，该层液体中流体黏度和极限剪切应力远远要高于体相流体。岩石的渗透率越小，其平均孔隙半径也越小，喉道越细，岩石喉道壁黏附的边界层厚度占孔道半径的比例就越大，孔隙中过流面积越小，可动液体所占体积越小，模拟油测的渗透率就越低。

表1-12　模拟油测渗透率与气测渗透率关系数据表

岩心编号	气测渗透率/$10^{-3}\mu m^2$	模拟油测渗透率/$10^{-3}\mu m^2$	模拟油测渗透率损失/%
1-1	0.1880	0.0146	92.23
1-2	0.3322	0.1264	61.95
1-3	0.3506	0.1337	61.87
1-4	0.3322	0.1144	65.55
1-5	0.1217	0.0015	98.73
1-6	0.3211	0.0853	73.44
1-7	0.0795	0.0035	95.54

2）地层水驱岩心测启动压力梯度结果

地层水驱岩心渗流曲线如图1-56和图1-57所示。

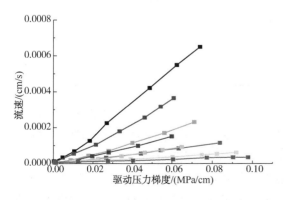

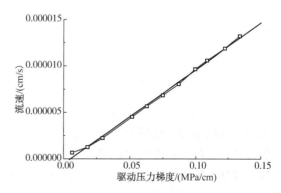

图1-56　地层水驱岩心渗流特征曲线　　　图1-57　2-15号岩心地层水驱渗流特征曲线

从地层水"驱动压力梯度–流速"曲线关系图可以看出，尽管水是牛顿流体，但其在特低渗岩心中的渗流已经不再符合达西线性渗流定律，表现为驱动压差与流量之间已不再是过原点的直线关系。当驱动压力梯度比较小时，驱动压力梯度与流速之间大都是一条上凹的曲线，曲线可能经过坐标原点，也可能不经过坐标原点；当驱动压力梯度较大时，驱动压力梯度与流速近似呈线性关系，直线的延长线不过坐标原点，交驱动压力轴与一点。水在低渗岩心中表现出低速非达西渗流特征。

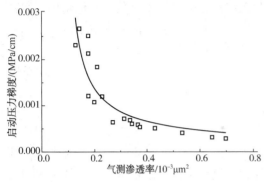

图 1-58　地层水测启动压力梯度与渗透率关系

通过直线拟合回归得到岩心的启动压力梯度，将所得数据绘于直角坐标系下，得到图 1-58 所示曲线。

从图中可以看出，各数据点基本都在一条曲线附近。气测渗透率越小，所测得的启动压力梯度越大；气测渗透率越大，启动压力梯度越小，数据点间有着很好的相关关系，符合幂函数变化规律。经曲线拟合，得到拟合公式为：

$$G_w = 2.654 \times 10^{-4} K^{-0.699} \tag{1-52}$$

式中　G_w——水相启动压力梯度，MPa/cm；

　　　K——岩石气测渗透率，$10^{-3} \mu m^2$。

式中，拟合相关系数为 0.772。

表 1-13　地层水测渗透率数据表

岩心编号	气测渗透率/$10^{-3} \mu m^2$	地层水测渗透率/$10^{-3} \mu m^2$	地层水测渗透率损失/%
2-1	0.2310	0.0616	73.3
2-2	0.2410	0.0231	90.4
2-3	0.6300	0.1418	77.4
2-4	0.2940	0.0489	83.4
2-5	0.2350	0.0131	94.4
2-6	0.4910	0.0927	81.1
2-7	0.1084	0.0043	96.1
2-8	0.2544	0.0616	75.8
2-9	0.1859	0.0031	98.3
2-10	0.612	0.2376	61.2

表 1-13 和图 1-59 是不同岩心地层水测渗透率与气测渗透率的关系。从趋势线上可以看出，地层水测渗透率随气测渗透率的增大而增大，但对于同一块岩心其水测值要小于气测值。并且，随气测渗透率的增大，水测渗透率的损失百分比逐渐减小。根据边界层理论可知，渗透率越小，岩石的孔隙半径越小，喉道越细，岩石喉道壁黏附的水化膜厚度占孔道半径的比例就越大，孔隙中可动水所占体积越小，水测的渗透率就越低；同时，驱动流体流动所需克服的阻力越大，启动压力梯度也就越大。

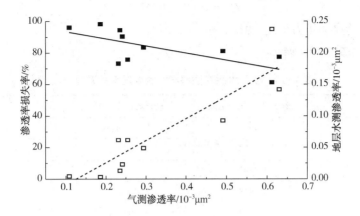

图 1-59　地层水测渗透率与气测渗透率关系图

3）注入水驱岩心测启动压力梯度结果

图 1-60 和图 1-61 为地层水驱岩心渗流曲线图。

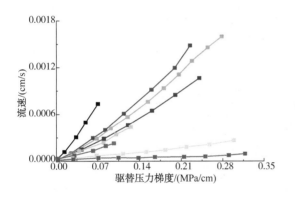

图 1-60　注入水驱部分岩心渗流特征曲线

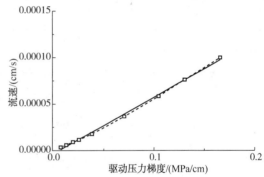

图 1-61　3-13 号岩心注入水驱渗流特征曲线

根据实验数据，将渗流直线段延伸交压力梯度轴，即可以得到注入水通过不同岩心时的启动压力梯度。

将实验结果绘制于直角坐标系下，即得到中图 1-62 所示曲线。从图中可以看出，岩心的启动压力梯度与其气测渗透率有着密切的关系：渗透率越大，岩心启动压力梯度越小；渗透率大于一定值时，随渗透率的增大，启动压力梯度变化减缓，趋于稳定（最终趋于零）；当渗透率小于一定值时，随渗透率的减小，启动压力梯度急剧增大，启动压力梯度与岩心气测渗透率呈幂指关系。

经过对图 1-61 示曲线走势分析以及对 19 块岩心实验数据数学处理，当对实验数据进行幂函数拟合时相关度最好，拟合公式为：

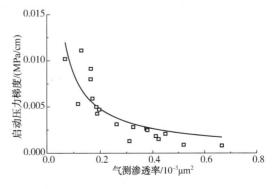

图 1-62　注入水测启动压力梯度与渗透率关系

$$G_{w} = 0.0012K^{-0.8473} \tag{1-53}$$

式中　G_{w}——水的启动压力梯度，MPa/cm。

式中，相关系数为 0.694。

表 1-14　注入水测渗透率与气测渗透率关系数据表

岩心编号	气测渗透率/$10^{-3}\mu m^2$	水测渗透率/$10^{-3}\mu m^2$	水测渗透率损失/%
3-1	0.4650	0.0056	98.8
3-2	0.2775	0.0624	77.52
3-3	0.2792	0.0583	79.13
3-4	0.2948	0.0709	75.96
3-5	0.7316	0.0919	87.44
3-6	0.6683	0.0605	90.95
3-7	0.5353	0.1589	70.31
3-8	0.2219	0.0036	98.36
3-9	0.2855	0.0467	83.66
3-10	0.1287	0.0011	99.17
3-11	0.2037	0.0031	98.47
3-12	0.3322	0.0082	97.52
3-13	0.3506	0.0079	97.76
3-14	0.3211	0.1209	75.28
3-15	0.5851	0.0085	98.55
3-16	0.6080	0.1503	72.43
3-17	0.5640	0.1338	76.28
3-18	0.6560	0.1041	84.13
3-19	0.5240	0.1003	80.86

　　表 1-14 和图 1-63 分别为岩石注入水测渗透率与气测渗透率数据表和关系曲线，曲线的形状和随气测渗透率变化趋势都与模拟油和地层水测实验相似。相对于岩心气测渗透率来说，渗透率越大，其对应的水测渗透率也越大，并且其水测渗透率的渗透率损失百分比也越小。

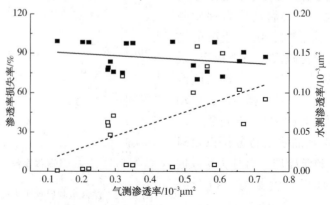

图 1-63　注入水测渗透率与气测渗透率关系曲线

4）蒸馏水驱岩心测启动压力梯度结果

测量流体为蒸馏水时岩心的启动压力梯度，测量曲线如图 1-64 和图 1-65 所示。

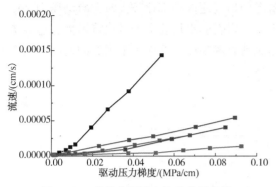

图 1-64　蒸馏水驱岩心渗流特征曲线

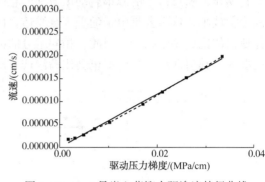

图 1-65　4-4 号岩心蒸馏水驱渗流特征曲线

根据以上实验数据，将渗流直线段延伸交压力梯度轴，即可以得到蒸馏水通过不同岩心时的启动压力梯度，蒸馏水在岩心中渗流条件下启动压力梯度随气测渗透率的变化趋势线如图 1-66 所示。

由图 1-66 可以看出，蒸馏水测条件下启动压力梯度变化趋势与模拟油测和水测启动压力梯度变化趋势相同，均随气测渗透率的增加而减小，与气测渗透率呈幂函数关系，拟合公式为：

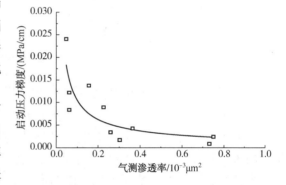

图 1-66　蒸馏水测启动压力梯度与渗透率关系

$$G_w = 0.00187K^{-0.747} \qquad (1-54)$$

式中　G_w——蒸馏水测启动压力梯度，MPa/cm。

式中，相关系数为 0.641。

蒸馏水测岩石渗透率与气测渗透率关系与其变化趋势符合以上所述规律。

表 1-15　蒸馏水测渗透率与气测渗透率关系数据表

岩心编号	气测渗透率/$10^{-3}\mu m^2$	水测渗透率/$10^{-3}\mu m^2$	水测渗透率损失/%
4-1	0.2836	0.0370	86.9
4-2	0.6388	0.0138	97.8
4-3	0.1213	0.0085	93.0
4-4	0.5310	0.0029	99.5
4-5	0.3910	0.0561	85.6
4-6	0.0795	0.0008	99.0
4-7	0.1217	0.0037	97.0
4-8	0.4610	0.0760	83.5

由表 1-15 和图 1-67 我们可以得出启动压力梯度与多孔介质渗透率之间的变化关系：随着气测渗透率的减小，岩心的启动压力梯度增大；当气测渗透率值很小时，启动压力梯度变化明显，随渗透率的减小启动压力梯度急剧增大；当气测渗透率比较大时，启动压力梯度的变化较小。这主要是由于随着气测渗透率的增加，岩石的平均孔道半径也将增大，边界流体所占的比例将会减少。因此，相同组分的流体流动时的黏度，低渗透率岩心的比高渗透率的要大，其启动压力梯度值也会比高渗透率的要高。

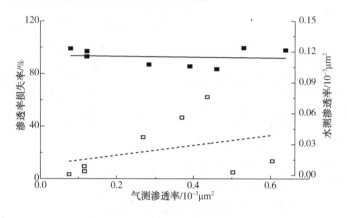

图 1-67 蒸馏水测启动压力梯度与渗透率关系

5) 不同渗透率级别岩心启动压力梯度研究

从上述实验结果我们可以看出，流体在低渗透多孔介质中渗流时的启动压力梯度大小与地层的渗透率有着密不可分的关系：从某一渗透率值 K_1，开始随着地层渗透率的增大，启动压力梯度逐渐减小，慢慢趋于稳定；而从另一地层渗透率 K_2 开始，随着地层渗透率的减小，启动压力梯度迅速增大，当其达到一定值后，地层流体就不能在地下多孔介质中流动；在地层渗透率由 K_1 减小到 K_2 的过程中，启动压力梯度由比较小的值向非常大的值过渡，这正符合数学函数中幂函数的变化规律，说明启动压力梯度与渗透率之间呈幂函数关系。

采用不同流体测岩样的启动压力梯度时，启动压力梯度随渗透率变化趋势范围是不同的，即 K_1、K_2 的取值是不同的。在本实验中，对于实验介质注入水来说，当渗透率小于 $0.3 \times 10^{-3} \mu m^2$ 时，渗透率急剧增大。而对于模拟油来说，当气测渗透率大于 $0.5 \times 10^{-3} \mu m^2$ 时，岩心的启动压力梯度变化很小；在 $(0.25 \sim 0.5) \times 10^{-3} \mu m^2$ 之间是启动压力梯度由较小到较大的过渡阶段；一旦气测渗透率小于 $0.2 \times 10^{-3} \mu m^2$，岩石的启动压力梯度便呈几何关系增长。相对于地层水来说，启动压力过渡带对应的渗透率范围则变为 $(0.2 \sim 0.4) \times 10^{-3} \mu m^2$；蒸馏水为 $(0.3 \sim 0.5) \times 10^{-3} \mu m^2$。综合考虑岩样的孔隙度与渗透率关系、液测渗透率与气测渗透率损失值等因素，认为将分级渗透率定为 $(0.2 \sim 0.5) \times 10^{-3} \mu m^2$ 比较适宜。

图 1-68 ~ 图 1-70 为模拟油测启动压力梯度分级对比图。可以看出，在各个渗透率级别范围中，启动压力梯度与渗透率仍呈指数关系，但各个回归段的变化幅度不尽相同：除 $K>0.5 \times 10^{-3} \mu m^2$ 级别外，其余几段数学回归式的乘数基本相差不大，且均大于 $K>0.5 \times 10^{-3} \mu m^2$ 级别；同时，各渗透率级别的指数基本相同，但随渗透率级别的减小而略有减小（绝对值增大）。由于幂函数的负指数绝对值越大，其变化幅度也越大，而且渗透率大于 $0.5 \times 10^{-3} \mu m^2$ 级别的回归式乘数最小，这说明随渗透率的增大，启动压力梯度数值减小，变化幅度趋缓。

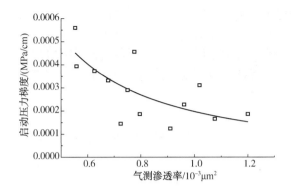

图 1-68　模拟油测启动压力梯度与渗透率关系

（$K > 0.5 \times 10^{-3} \mu m^2$）

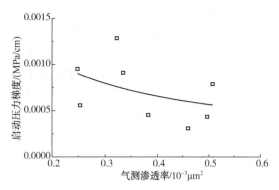

图 1-69　模拟油测启动压力梯度与渗透率关系

（$0.2 \times 10^{-3} \mu m^2 < K < 0.5 \times 10^{-3} \mu m^2$）

当渗流流体一定时，地层岩石的启动压力梯度与流体通过的孔道的孔隙结构特征有密切的关系。分析启动压力梯度随岩石渗透率的变化规律，首先要明确渗透率与孔隙介质平均孔道半径之间的关系。渗透率是岩心中各种不同半径孔道的孔隙系统允许流体通过的一种平均的性能参数，因此，渗透率与平均孔道半径之间的关系是一种数理上性质对等的关系。资料和本研究均显示，孔道平均半径与渗透率在半对数坐标系下呈直线关系，说明两者之间正相关。

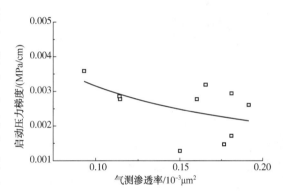

图 1-70　模拟油测启动压力梯度与渗透率关系

（$K < 0.2 \times 10^{-3} \mu m^2$）

Cmpokuna B. P 和卢萨诺夫等人研究了原油有效边界层厚度与毛细管半径的关系。研究结果表明，对于在同一驱动压力梯度下的所有原油来说，毛细管半径减小则导致原油边界层厚度增加，它可以对低渗透和特低渗透油层中的渗流过程产生实质的影响。

原油边界层厚度随毛管半径的变化关系并不是线性的，而是在一定的驱动压力下，毛管半径大于一定值时，边界层固化，变为一定值；而在较小的毛管半径范围内，边界层厚度可以达到与毛管半径等量齐观，边界层厚度与毛管半径近似呈幂指数规律变化。

边界层不仅仅是在油-固体系接触面存在，研究已经证实，即使被认为是牛顿流体的水，在水固相体系中也存在表面现象，一层水直接紧贴在固相表面形成水膜，其性质与体相水的性质有着显著地不同。与原油边界层相仿，水膜的厚度也随毛管半径的减小而增大。同时研究表明，渗透率越低，不仅平均孔道半径变小，而且微小孔隙体积所占份额也越大。

从中可以看出，微小孔道的孔隙体积占总孔隙体积的比例随渗透率的减小而增大，而且渗透率越低，此比例上升的幅度就越大，经拟合两者之间也符合幂函数关系；即当渗透率小于某一值时，该比例急剧增大。

由此可以看出，低渗油田一个重要特点是其渗透率比较低，这反映了其岩石孔隙结构和孔喉半径的特征，即孔道细，喉道窄。当渗透率大于某个值时，岩样中小孔隙占总体积的份额变得比较小，大孔隙比例增大，各类孔隙体积比例变化不大；另外，岩样的平均孔道半径也大于一定值，边界层厚度基本不变，表现为启动压力梯度变化随渗透率增大趋于平缓，最终稳定。而当渗透率值小于某数值后，岩心中小孔道占总体积比例急剧增加，同时岩样的平均孔道半径小于一定值，边界层厚度呈几何增长，驱替压力梯度增大到足以克服边界层流体的极限剪切应力时，流体才能流动，这时，启动压力梯度随渗透率的减小而急剧增加。

6）不同渗流流体介质启动压力梯度对比

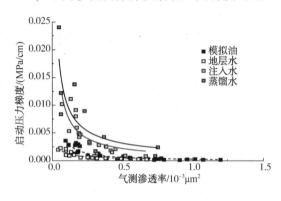

图 1-71　不同流体测启动压力梯度对比图

（1）不同类型流体启动压力梯度比较。

图 1-71 模拟油、地层水、注入水和蒸馏水测岩样单相启动压力梯度和气测渗透率关系对比图，从图中可以看出，水测和模拟油测岩心启动压力梯度的变化规律是相同的：随气测渗透率的增大，液测启动压力梯度急剧减小，趋于平缓。从理论上分析，相同渗透率下，流体黏度越大，其启动压力也越大。但从实验结果来看，相同气测渗透率条件下，地层水测的拟启动压力梯度最小，模拟油次之，注入水的居中，蒸馏水的最大。实验结果表明，模拟油和地层水测岩样渗透率基本相当，大于同级别的注入水和蒸馏水测渗透率，前者的渗透率损失率要小于后者的渗透率损失率，蒸馏水测渗透率损失百分比最大。实验中所用岩心都来自延长油田，同一级别渗透率岩心孔隙结构相近，实验条件都是在室温环境下进行，水的黏度要小于模拟油的黏度，岩样的注入水测渗透率小于油测渗透率，用注入水和蒸馏水测得的启动压力梯度远大于油测启动压力梯度值。

$$G_o = 2.821 \times 10^{-4} K^{-1.095} \qquad R^2 = 0.858 \qquad (1-55)$$

$$G_w = 2.654 \times 10^{-4} K^{-0.699} \text{（地层水）} \qquad R^2 = 0.772 \qquad (1-56)$$

$$G_w = 0.0012 K^{-0.8473} \text{（注入水）} \qquad R^2 = 0.694 \qquad (1-57)$$

$$G_w = 0.00187 K^{-0.747} \text{（蒸馏水）} \qquad R^2 = 0.641 \qquad (1-58)$$

这可能有以下几个方面的原因：

其一，与低渗岩心中所含的黏土矿物膨胀有关。黏土矿物的膨胀程度主要取决于晶体结构特征，蒙脱石和伊/蒙混层的层状结构中，能够容纳较多的层间水，并有离子半径小的 Ca^{2+} 和 Na^+，其水化和溶解均能引起晶体的膨胀。蒙脱石的主要特点是在低矿化度水环境中要比高矿化度水环境中体积明显增大。在地层条件下，与黏土矿物接触的原生水矿化度达 45.355g/L，而注入水矿化度仅 2.099g/L，前者为后者的 20 多倍。岩心中黏土矿物遇到矿化度较低的注入水引起颗粒膨胀，堵塞较小的孔隙喉道，使得原本在相对较小的驱动压差作用下流体可以流动的孔道被封堵，岩样渗透能力变差，渗透率降低，导致启动压力梯度增大。从这个方面讲，蒸馏水因其基本不含任何矿物成分，矿化度最低，最容易发生黏土膨胀，导致相同气测渗透率的情况下，蒸馏水测得的渗透率最小，岩石启动压力梯度最大；而注入水次之。

其二，与黏土膨胀及扩散后形成黏土溶胶有关。岩石中的硅质成分进入水中使靠近颗粒壁面的水成为塑性流体引起水的黏度发生变化。根据 Einstein 黏度定律，当溶液中的黏土体积分数增大到一定值以后，溶液的黏度会发生显著的增加。

其三，与盐析现象有关。页岩、泥岩等致密岩石对水中盐组分会产生渗吸作用，使水中的盐分被过滤而沉淀下来，堵塞喉道。而启动模拟油与岩石接触则不会发生这些现象，渗透率降低值也比较小。

（2）不同黏度模拟油启动压力梯度比较。

以上的分析我们可以看出，由于受地层岩石孔隙微观结构特性的影响，流体在低渗透油藏中的渗流都已经不符合经典的达西定律，无论是地层原油还是黏度很小的地层水，流动过程中都存在着启动压力梯度，呈低速非达西渗流特性。但相比而言，由于地层水的黏度主要受温度控制，随温度增加而急剧减小，地层条件下地层水的启动压力梯度要比油的启动压力梯度小得多。为了进一步研究流体在低渗透油藏中的渗流特性，我们又研究了黏度对模拟油渗流特征的影响。

配制不同黏度模拟油，油品黏度范围 1.0~6.0mPa·s；通过对渗流曲线处理得到岩心启动压力梯度。

从图 1-72 可以看出，不同黏度模拟油测得的启动压力梯度随岩心渗透率的变化规律都相同。在实验黏度范围内，当渗透率大于某一数值时，启动压力梯度值比较小，且变化比较缓慢；当渗透率继续增大时，启动压力梯度趋于一非常小的定值，这时，启动压力梯度对渗流的影响非常小，可以忽略不计，在中高渗油藏中流体的渗流符合达西定律。而当渗透率小于一定值（该数值与模拟油黏度有关，黏度越大，该数值越大）时，启动压力梯度急剧增大。但是，不同黏度模

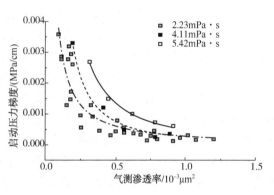

图 1-72　不同黏度模拟油启动压力梯度对比图

拟油测得的启动压力梯度又有一定的差异：渗透率一定的情况下，油品黏度越高，岩心测得的启动压力梯度就越大；也就是说，在相似孔隙结构的储层中，原油的启动压力梯度与它的黏度有着密切的联系，呈正相关关系。同时，随着渗透率的增大，不同黏度模拟油测得的启动压力梯度的差异也逐渐变小。

渗透率相同的情况下，储层岩石的孔道半径基本相似。用同种原油和模拟油配制的模拟油，高黏油边界层厚度比低黏油边界层厚度要大。同时，不同黏度的油对应有不同的结构力学性质，不同结构力学性质的原油有各自相应的极限剪切应力；当剪切应力大于等于极限剪切应力时，该原油方能流动，不同的压力梯度只能驱动具有相应结构力学的原油。高黏油的极限剪切应力要高于低黏油的极限剪切应力，因此，对于高黏油需要更大的压差才能将其驱动，高黏油的启动压力梯度大于低黏油的启动压力梯度。在其他条件相同的情况下，改变油的黏度，启动压力梯度与油黏度变化成正比，与由黏度变化引起的流度变化成反比。

1.3.3　启动压力梯度产生机理及影响因素分析

1. 启动压力梯度的产生机理

油层岩石的渗透率在某种程度上反映了岩石孔隙结构的状况，低渗透多孔介质的特点是

其孔隙系统的孔道很微细。岩石的渗透率越低，岩石孔隙系统的平均孔道半径越小，非均质程度越严重，微小孔道所占孔隙体积的比例越大，孔隙系统中边界流体占的比例越大。这些特点将明显地影响液体与固体界面的相互作用，渗透率越低，这种液固界面的相互作用也就越强。

研究表明，由于固体与液体的界面作用，在油层岩石孔隙的内表面存在一个原油边界层。在边界层内，原油的组成和性质与体相原油的差别很大，存在组分的有序变化，以及结构黏度特征和屈服值。边界层的厚度除了与原油本身性质有关以外，还与孔道大小、驱动压力梯度等因素有关。

一般来说，水是牛顿流体，但是，它在很细小的孔道中流动时同样呈现出非牛顿流动特性，具有启动压力梯度，原油更是如此。人们成功地用达西定律解决了大量中高渗透性稀油油藏的工程设计和计算问题，这是因为对于中高渗透性稀油油藏来说，原油流动的孔道不算太小，原油边界层不太厚，边界层中的原油占总油量的比例不太大，边界层原油的非牛顿性对线性渗流规律影响不明显。然而，对低渗透油藏和稠油油藏来说，这个影响则不可忽略，它会使渗流规律发生明显的变化，出现启动压力。

多孔介质的渗透率是一个评价的统计参数，是由许许多多大小不等的孔道渗透率性能构成的总和。对于高渗透地层，其孔隙主要由大孔道组成，稀油或水在其中流动时，不易监测到启动压力。因此，用高渗透岩心做实验时，流量与压力梯度在直角坐标系中呈现为一条通过原点的直线。但是对于低渗透、特低渗透地层来说，由于低渗透岩心的孔隙系统基本上是由小孔道组成的，在油水流动时，每个孔道都有自己的启动压力梯度，当驱动压力大于某孔道的启动压力梯度时，该孔道中的油水才开始流动，使整个岩心的渗透率值有所增加。随着驱动压力梯度的不断提高，会有越来越多的孔道参与流动，岩心的渗透性能随之增强，渗透率变大。因而，在低渗透岩心流动实验中，流量和压力梯度在直角坐标系不单是一条直线，而是一条上翘的曲线和直线两部分组成，它表示渗透率随压力梯度的提高而增大并趋于一个定值。

对多孔介质来说，其断面上有一定的透明度，从统计的角度讲，它等于介质的孔隙度，因岩石的压缩性很小，可认为它是一个常数。对于流体通过的横截面积来说，由于原油边界层的存在，实际上可供流体流动的面积小于孔道的横截面积，而且流体通过的横截面积还与压力梯度有关，当压力梯度较小时，流体仅沿大孔道流动，只有当压力梯度达到一定值时，小孔道才起作用。因此，我们把实际流动的流体所占总流体的份额称为流动饱和度，称流体实际流动的体积与岩心总体积之比为流动孔隙度，它们都是压力梯度的函数。对于中高渗透性的稀油油层，随着压力梯度的增加，流动孔隙度可以很快到达一个稳定的值。但是，对于低渗透油层或稠油油层，事情就变得复杂多了，并且使渗流规律发生了变化。

由于低渗透油层孔道半径很小，小于 $1\mu m$ 的孔道占的比例很大，原油边界层的影响显著，在流动过程中出现启动压力梯度。大量研究资料表明，启动压力梯度与渗透率成反比，渗透率越低，启动压力梯度越大。

综上所述，启动压力梯度存在的物理解释如下：

(1) 孔隙大小、孔隙喉道几何结构及其分布都会影响其中流体的渗流速度。孔隙喉道狭窄、连通性差、渗透性差的岩层(致密储集层)是造成非达西低速渗流的重要地质因素。流体在其中通过时，渗流阻力使得流体的渗流速度很低。

（2）流体在多孔介质中渗流时，固液（气）相间始终存在着界（表）面作用。流体中的表面活性物质在岩石颗粒的表面形成吸附层，黏附在孔隙喉道壁上，或使喉道减小，或部分或全部堵塞孔道，使渗透率急剧下降，渗流速度减小；另一方面，组成黏土的薄晶片具有吸引水的极性分子的能力，当流体在黏土中渗流时，在孔壁上形成牢固的水化膜，同样会堵塞孔道。固液界面间的分子力是形成低渗透油藏非达西流的重要原因，特别是对于地层原油和地层水在低渗油藏中的渗流。

（3）地层黏土矿物接触到矿化度较低的外来流体（注入水）后，原有的物理化学平衡体系被打破，引起黏土矿物的膨胀、分散和运移。黏土膨胀以及膨胀水化扩散后形成的黏土溶胶对于注入水来说也是影响其渗流特征的一个不可忽视的因素。

（4）页岩、泥岩等致密岩石对水中盐组分会产生渗吸作用，使水中的盐分被过滤而沉淀下来，堵塞喉道，影响流体在其中的渗流。

（5）有效应力的上升迫使岩石的格架变形以致破坏造成孔隙度、渗透率急剧下降，即使岩石中的压力恢复到它原来的水平，这些参数也不会恢复到原来的值，渗透率对压力很敏感。

（6）流体本身的流变学性质也是重要的影响因素。

通过理论和实验研究，可以将低渗透油层中流体渗流的过程描述为：在压力梯度较小时，固体表面分子的表面作用力俘留了束缚水形成不动层。不动层的厚度随着压力梯度的增加而呈指数递减，即体相流体横截面积增大。这样，在多孔介质中，由于原油边界层的存在，实际上可供流动的横截面积小于孔道的横截面积；其次，流体通过多孔介质的横截面积与压力梯度有关，当压力梯度变化时，运动流体占的份额发生变化，因此流动的流体体积是压力梯度的函数。

总之，由于低渗透多孔介质边界层的存在导致了流体在渗流过程中不遵循达西定律。边界层的存在，不仅使流体在低渗透多孔介质的流动横截面积发生变化，降低了流动饱和度，更严重的是，还使得某些细小孔隙中的流体很难流动，且随着驱替压力梯度的增加，流体边界层是逐渐减小的，并最终趋于稳定，渗透率也趋于一常数。

2. 启动压力梯度的影响因素分析

低渗、特低渗透储层中，流体的渗流行为受到多种因素的影响，如储层物性、孔隙结构特征、液固界面作用和有效应力的变化都在不同程度上影响着流体的渗流规律，改变着启动压力的大小和变化趋势。特别是液固界面的分子作用力显著增强，使得流体成分在孔道中的分布变得有序和不均匀，原油中的极性物质和重质成分更富集于固体表面，原油的黏度会随着孔道的变小而增大，并且它又随着压力梯度的变化而增减，所以，在特低渗透储层中，渗流规律甚为复杂，启动压力梯度也随之复杂变化。

（1）物性的影响。特低渗透储层物性（主要是渗透率）与启动压力梯度之间表现出了非常好的相关关系，这也说明渗透率对启动压力梯度的变化影响非常明显。

（2）孔隙结构的影响。孔喉大小、孔隙喉道几何结构及其分布都会影响流体的渗流速度，影响启动压力梯度变化。特低渗透储层孔隙喉道狭窄、连通性差、渗透性差，是造成非达西渗流的重要地质因素，这类储层的渗流阻力很大，致使渗流速度极低，启动压力梯度增大。

（3）界面作用的影响。流体在多孔介质中渗流时，固、液两相之间始终存在界面作用。

流体表面活性物质(如沥青质、胶质等)与岩石颗粒表面产生吸附作用,形成由稳定胶体溶液组成的吸附层,黏附在孔隙、喉道壁上,使孔隙喉道减小,或部分或全部堵塞孔隙、喉道,使渗透率急剧下降,渗流速度减小。另一方面,组成黏土的薄晶片具有吸水的极性分子能力,当流体在黏土中渗流时,在孔隙、喉道壁上形成牢固的水化膜,同样会堵塞孔道。

(4)有效应力的影响。特低渗透储层开发过程中,随着储层孔隙介质中流体被不断采出,孔隙压力不断降低,同时岩石骨架承受的净上覆压力不断增加,有效应力的上升迫使岩石骨架变形甚至破坏,进而造成孔隙度减小、渗透率急剧下降。即使压力恢复到原来水平,孔隙度、渗透率也不会恢复到它的原来值。这就是孔隙介质的不可恢复性,也是储层流体渗流规律发生改变、启动压力梯度增大的一个主要因素。

(5)流体性质的影响。流体本身的流变学性质也是重要的影响因素,石油是由不同成分和不同性质组分构成的复杂体系,包括结构力学性质在内的石油流变性质,取决于石油中的气体、液相和固体物质的含量及固体物质的分散度。随着油田开发阶段的不断深入,储层温度不断下降,原油黏度逐渐增大,原油黏度越大,原油的边界层就越厚,极限剪切应力将增大,启动压力梯度就越大。

1.3.4 不同储层类型油水两相渗流机理实验研究

油水两相渗流的相渗透率曲线能够明显反应两相渗流特征,从理论上讲,储层和流体的主要物理化学性质,如渗透率和孔隙结构、原油黏度和油水流度比,以及表面润湿性和原油边界层厚度等,在相渗透率曲线中都能得到反映。而相渗透率曲线的特点也就反映了不同类型储层的水驱油特征和效果。在特低渗透储层中,油水等流体赖以流动的孔隙系统具有与中、高渗储层孔隙系统不同的特性,如特低渗透储层的微细孔道占孔隙体积的比例很大,黏土矿物含量较高等多种因素的影响,导致了特低渗透储层在相渗透率曲线上表现出与中、高渗储层不同的特征。本次实验以鄂尔多斯盆地延长组长 8、长 6 储层岩心实验结果为基础,分析不同的特低渗透储层油水相渗曲线的变化特征(表 1-16)。

表 1-16 实验样品基本参数

岩心编号	层 位	长度/cm	直径/cm	孔隙度/%	渗透率/$10^{-3} \mu m^2$
1-1	长 8	4.61	2.53	9.1	0.14
1-2	长 8	4.51	2.53	10	0.16
1-3	长 8	4.51	2.54	10.4	0.14
1-4	长 8	4.59	2.53	10.3	0.15
2-1	长 8	4.58	2.49	11.2	0.12
2-2	长 8	4.56	2.49	12	0.1
3-1	长 8	4.62	2.52	11.5	0.11
3-2	长 8	5.67	2.51	10.7	0.36
3-3	长 8	5.31	2.53	11.1	0.19
3-4	长 8	5.22	2.51	12.6	0.33
4-1	长 8	5.22	2.53	10.7	0.46
4-2	长 8	4.78	2.54	11.6	0.2

岩心编号	层 位	长度/cm	直径/cm	孔隙度/%	渗透率/$10^{-3}\mu m^2$
4-3	长 8	4.94	2.53	10	0.43
4-4	长 8	4.96	2.49	10.7	0.55
4-5	长 8	4.92	2.52	9.5	0.28
4-6	长 8	4.92	2.53	11.8	0.13
4-7	长 8	5.47	2.52	11.9	0.11
4-8	长 8	5.31	2.51	10.4	0.11
5-1	长 6	4.5	2.48	11.3	0.12
5-2	长 6	4.58	2.48	8.1	0.12
6-1	长 6	4.72	2.51	6.8	0.48
6-2	长 6	5.4	2.51	5.7	0.24
7-1	长 6	4.61	2.52	8.7	0.1
8-1	长 6	5.73	2.49	10.5	0.18
8-2	长 6	5.73	2.49	10.4	0.14

1. 实验方法

主要实验步骤如下：

（1）从全直径岩心上钻取直径为 2.5cm 规格的标准岩心，洗油后烘干。

（2）测孔隙度和渗透率。

（3）抽真空饱和地层水。

（4）用油相驱替水相，建立岩心的束缚水状态，岩心放置 6d 进行润湿性恢复。

（5）水驱油实验，测定油水两相相对渗透率曲线和水驱油效率。

2. 实验结果与分析

1）实验结果

从表 1-17 可以直观地发现，25 块特低渗透储层样品的束缚水饱和度主要介于 20.15%～39.62%之间，平均 30.43%；，交点处的含水饱和度一般分布于 44.07%～60.7%之间，平均 53.92%；，残余油饱和度分布于 30.22%～59.52%之间，平均 38.87%；油水两相共渗区分布于 22.79%～37.99%之间。随着含水饱和度的增加，油相相对渗透率急剧下降，而水相相对渗透率增加幅度较小，残余油时的水相相对渗透率平均值为 0.199，这是因为在水驱油过程中，水首先沿着阻力相对较小、孔径较大的孔道向前推移，此时水相相对渗透率增加较快；随着愈来愈多的水进入孔隙，连续的油流被阻断或卡断，变成分散的油滴，这些油滴在变孔喉处受阻，产生液阻，导致渗流阻力增大，水相进入较小的孔道，贾敏效应则会更加严重，渗流阻力增加显著，水相相对渗透率增长缓慢。而且，因为孔隙结构非均质性强，水的指进和绕流现象同样十分严重，这就使得见水后相当一部分油滞留在孔隙喉道中，成为残余油，油相相对渗透率急剧降低。这一特点造成无因次产油指数大幅下降，意味着油井的产量将会大幅度下降，无因次产液指数升不起来就意味着靠提液延长稳产期的传统方法受到限制，增加了致密油藏开发的难度。

表 1-17　油水相渗曲线综合数据表

系　列	样品数	束缚水		等渗点		残余油		两相共渗区
		S_w/%	K_{ro}	S_w/%	K_{row}	S_o/%	K_{rw}	S_w/%
1	4	37.71	0.0008	58.27	0.065	36.9	0.159	25.36
2	2	25.37	0.0005	49.5	0.038	47.57	0.146	27.07
3	4	31.56	0.0097	52.27	0.124	39.49	0.254	28.95
4	8	26.7	0.0095	53.99	0.124	38.89	0.248	30.27
5	2	20.15	0.0095	48.65	0.075	38.25	0.236	37.99
6	2	39.62	0.0114	56.07	0.052	36.78	0.164	22.79
7	1	26.44	0.001	44.07	0.057	59.52	0.119	23.49
8	2	36.64	0.0685	60.7	0.09	30.22	0.266	35.04

2）实验结果分析

根据实验结果参数，主要分析储层物性与不同情况下的含水饱和度、油水相对渗透率的相关关系。

（1）从图 1-73 分析可以看出，孔隙度、渗透率与束缚水饱和度之间基本没有表现出相关关系，这表明束缚水饱和度的影响因素较多，储层物性对其影响程度较小。

由图 1-74 孔隙度与束缚水时的油相相对渗透率呈正相关关系，相关性不好，渗透率与其表现出了较好的相关性，随着渗透率的增大，油相相对渗透率也随之增大，这是因为随着渗透率的增大，孔喉半径也随之变大，流动时边界层的影响相对减小。

（2）由图 1-75 可知，孔隙度与交点处含水饱和度之间没有表现出相关关系，渗透率与其之间的相关性也不好，略呈负相关，随着渗透率的增大，交点处含水饱和度降低。渗透率越大，岩样孔隙间连通性相对较好，水驱油过程中，水容易沿着孔道渗流，并较快突破，致使滞留水少，含水饱和度低。

物性与交点处的油水相对渗透率之间表现出了一定的正相关关系（图 1-76），随着物性变好，交点处的油水相对渗透率随之增大，表明物性越好越利于油水两相渗流。但同时，等渗点处相对渗透率也反映了水相流动能力开始超越油相而占主导地位，该值增高，说明储集层孔隙结构中大孔道增多，孔喉间矛盾增大，注入水主要沿着大孔道前行，油井见水后含水上升快，驱油效率较低；该值降低，说明储集层孔喉间矛盾减小，水驱前缘相对均匀推进，注入水沿着大孔道窜流现象不严重，驱油效率相对较高。

（3）孔隙度与残余油时的含水饱和度之间基本没有表现出相关关系（图 1-77），这与前面的结果基本一致。而渗透率与残余油饱和度之间表现出了一定的相关关系，说明随着驱替过程的不断进行，渗透率对残余油饱和度的影响要比初期的大。这可能是因为在储层原始平衡条件下，储层渗流特征及各个参数之间的关系受黏土矿物分布的影响较大，且与储集层的润湿性有关，因而残余油饱和度受渗透率大小的影响相对较小。水驱过程减少了储集层空间中的黏土充填物或使黏土矿物的特性改变，储集层润湿性也更偏亲水，这些因素均使渗透率对残余油饱和度的影响作用增大。

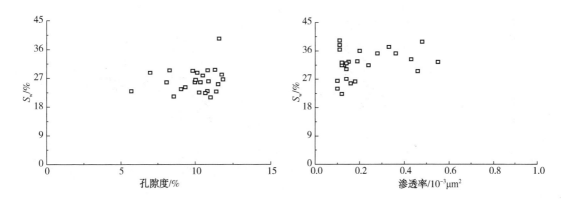

图 1-73　基本物性对束缚水饱和度的影响

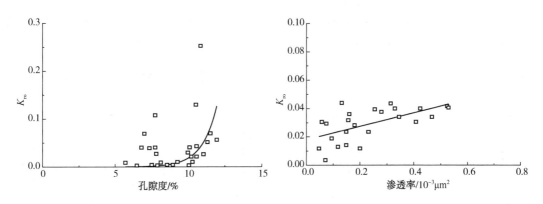

图 1-74　基本物性对油相相对渗透率的影响

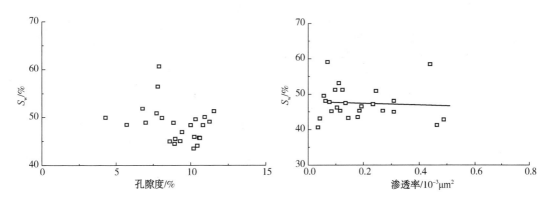

图 1-75　基本物性对等渗点处含水饱和度的影响

　　而物性与残余油时的水相相对渗透率表现出一定的相关性(图 1-78)，且渗透率与其相关性更好一些。随着孔隙度和渗透率的增大，孔喉之间的连通性改善，水驱时注入水的渗流通道增加，波及面积扩大，驱油效率增大，残余油饱和度减小。从图中发现，当渗透率大于 $0.2 \times 10^{-3} \mu m^2$ 时，数据点变散，相关性变差。

　　(4) 油水两相共渗区的大小对驱替效果和最终采收率影响较大，而孔隙度和渗透率与两相共渗区宽度之间均没有表现出明显的相关关系(图 1-79)。在两相共渗区内，水饱和度已达一定数值，在压差作用下开始流动，大于该饱和度后，水在岩石孔道中开始占据自己的孔

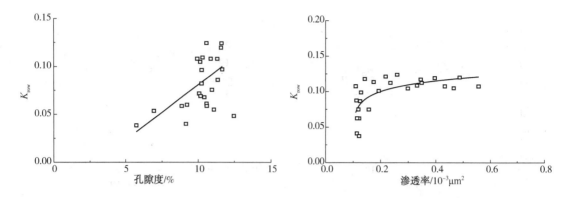

图 1-76　基本物性对等渗点处油水相相对渗透率的影响

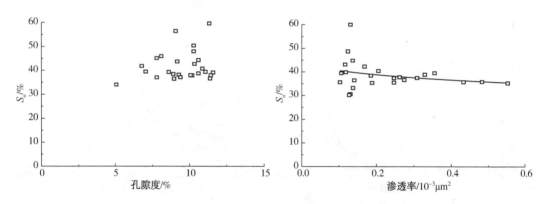

图 1-77　基本物性对残余油饱和度的影响

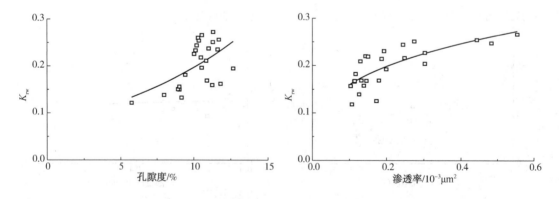

图 1-78　基本物性对水相相对渗透率的影响

道网络，渗流通道逐渐扩大。与此同时，油饱和度减小，油的渗流通道逐渐被水取代。当油减少到一定程度时，不仅原来的通道被水占据，且由于孔隙结构复杂多变，油在流动过程中失去连续性，液阻效应明显增加。该区间内由于油水同流，造成油水相互作用、相互干扰，可见油水两相共渗区的影响因素繁多且复杂。

1.3.5　油水相渗曲线影响因素分析

　　致密储层油水相渗曲线影响因素复杂，上述分析可知，相对渗透率不是饱和度的唯一函

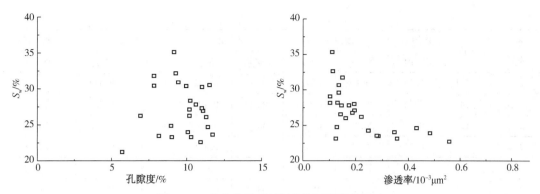

图 1-79　基本物性对两相共渗区宽度的影响

数，其结果和形态取决于各相流体在多孔介质中的分布状态、受岩石孔隙结构特征、润湿性、实验流体等多种因素的综合影响，本节主要分析储层岩石润湿性和孔隙结构特征对油水相对渗透率的影响。

1. 润湿性的影响

储层岩石润湿性的差异造成了油水相渗曲线和水驱油结果的不同，下面主要分析亲水储层和亲油储层油水相渗曲线的变化特征。

1）亲水储层的油水相渗曲线特征

从图 1-80 和表 1-18 可以直观地看出，亲水储层样品的束缚水饱和度介于 32.61%~40.97%之间，平均为 36.98%；束缚水时的油相相对渗透率平均值为 0.019，交点处的含水饱和度平均值为 58.18%，油水相对渗透率平均值为 0.09，残余油饱和度最小值为 27.47%，最大为 40.03%，平均值为 35.07%，此时的水相相对渗透率在 0.099~0.446 之间，平均为 0.224，两相共渗区平均值为 28.3%。从中分析可以看出亲水储层相渗曲线具有以下特征：①束缚水饱和度高。②残余油饱和度低。③残余油时，水相相对渗透率低。④渗透率对相渗曲线形态影响较大。

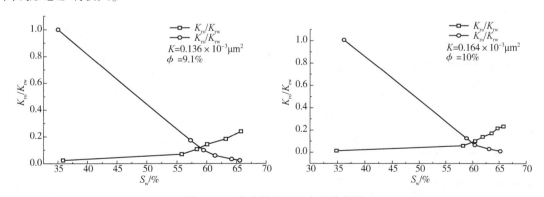

图 1-80　亲水样品的油水相渗曲线

表 1-18　亲水样品的油水相渗曲线综合数据表

样品编号	孔隙度/%	渗透率/$10^{-3}\mu m^2$	束缚水		交点处		残余油		两相共渗区
			S_w/%	K_{ro}	S_w/%	K_{row}	S_o/%	K_{rw}	S_w/%
2-1	9.1	0.99	26.16	0.04	36.02	0.07	46.34	0.374	27.5
2-2	13.5	0.79	26.53	0.037	45.5	0.182	41.94	0.53	31.53

续表

样品编号	孔隙度/%	渗透率/$10^{-3}\mu m^2$	束缚水		交点处		残余油		两相共渗区
			S_w/%	K_{ro}	S_w/%	K_{row}	S_o/%	K_{rw}	S_w/%
2-3	15.1	0.97	31.87	0.051	45.31	0.142	43.82	0.574	24.31
2-4	14	0.74	38.55	0.043	46.72	0.103	40.44	0.501	21.01
2-5	12	0.1	26.16	0.001	48.5	0.04	47.38	0.133	26.46
2-6	13.6	0.33	32.1	0.014	49.51	0.175	41.59	0.341	26.31
2-7	12.3	0.12	23.53	0.009	48.39	0.1	40.05	0.235	36.42
2-8	12.1	0.12	23.97	0.01	48.9	0.05	36.46	0.237	39.57
2-9	8.7	0.1	26.44	0.001	44.07	0.057	50.07	0.119	23.49

2）亲油储层的油水相渗曲线特征

亲油储层样品的油水相渗曲线及综合数据表分别见表 1-19 和图 1-81，9 块样品的束缚水饱和度介于 23.53%~38.85% 之间，平均值为 28.36%，此时对应的油相相对渗透率平均值为 0.022；交点处平均含水饱和度为 45.88%，该点的油水相对渗透率平均值为 0.102；残余油饱和度最大值为 50.07%，最小值为 36.46%，平均为 43.12%，对应的水相相对渗透率均值为 0.338，两相共渗区平均为 28.5%。依据上述分析，可以看出亲油储层油水相对渗透率曲线具有以下几个特征：①束缚水饱和度低。②残余油饱和度高。③残余油时，水相相对渗透率高。④交点处含水饱和度低。⑤渗透率对相渗曲线特征影响较大。

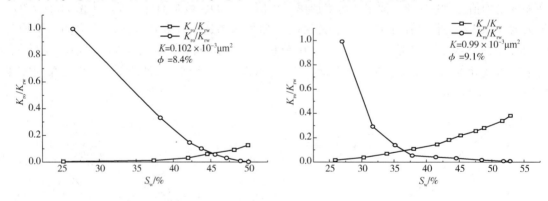

图 1-81　亲油样品的油水相渗曲线

表 1-19　亲油样品的油水相渗曲线综合数据表

样品编号	孔隙度/%	渗透率/$10^{-3}\mu m^2$	束缚水		交点处		残余油		两相共渗区
			S_w/%	K_{ro}/$10^{-3}\mu m^2$	S_w/%	K_{row}/$10^{-3}\mu m^2$	S_o/%	K_{rw}/$10^{-3}\mu m^2$	S_w/%
2-1	9.1	0.99	26.16	0.04	36.02	0.07	46.34	0.374	27.5
2-2	13.5	0.79	26.53	0.037	45.5	0.182	41.94	0.53	31.53
2-3	15.1	0.97	31.87	0.051	45.31	0.142	43.82	0.574	24.31
2-4	14	0.74	38.55	0.043	46.72	0.103	40.44	0.501	21.01
2-5	12	0.1	26.16	0.001	48.5	0.04	47.38	0.133	26.46

样品编号	孔隙度/%	渗透率/ $10^{-3}\mu m^2$	束缚水		交点处		残余油		两相共渗区
			S_w/%	K_{ro}/ $10^{-3}\mu m^2$	S_w/%	K_{row}/ $10^{-3}\mu m^2$	S_o/%	K_{rw}/ $10^{-3}\mu m^2$	S_w/%
2-6	13.6	0.33	32.1	0.014	49.51	0.175	41.59	0.341	26.31
2-7	12.3	0.12	23.53	0.009	48.39	0.1	40.05	0.235	36.42
2-8	12.1	0.12	23.97	0.01	48.9	0.05	36.46	0.237	39.57
2-9	8.7	0.1	26.44	0.001	44.07	0.057	50.07	0.119	23.49

3）差异性原因分析

为了更加直观地比较亲水储层与亲油储层油水相对渗透率曲线的变化特征，分别将两种类型样品的主要参数求取平均值进行比较分析（表1-20），从中可以发现，亲水储层的束缚水饱和度、束缚水时的油相相对渗透率、交点处的含水饱和度均要高于亲油储层，而其交点处的油水相对渗透率、残余油饱和度、残余油时的水相相对渗透率及两相共渗区则要小于亲油储层。

表1-20　油水相渗曲线综合数据表

润湿性	样品数	束缚水		交点处		残余油		两相共渗区
		S_w/%	K_{ro}/ $10^{-3}\mu m^2$	S_w/%	K_{row}/ $10^{-3}\mu m^2$	S_o/%	K_{rw}/ $10^{-3}\mu m^2$	S_w/%
亲水	13	36.99	0.02	58.19	0.09	35.05	0.22	28.31
亲油	9	28.37	0.02	45.88	0.10	43.12	0.34	28.51

某一流体在多孔介质中的相对体积称为该流体饱和度，饱和于多孔介质中的流体分布状态与多孔介质本身的润湿性有关。当润湿相流体的饱和度很低时，该流体围绕着多孔介质中岩石颗粒接触点形成空心圆环，称之为悬环，它们彼此之间互不连通，处于分散状态。压力不能连续地从一个悬环传播到另一个悬环，这时，该流体是不能流动的。亲水储层的束缚水就是处于这种状态。这种形态分布的流体占据孔隙空间的相当一部分，其数量取决于多孔介质和流体的物理化学性质。在其他条件相同时，储集层岩石的分散程度越大，比表面越大或流通的孔道越小，渗透率越低，这部分流体的数量就越大，即饱和度越大。这也就是特低渗透亲水储层束缚水饱和度大的主要原因。

束缚水时，亲水储层油相相对渗透率高的现象可以这样解释，亲水储层中，水多分布在细小孔隙或颗粒表面上，水的这种分布形态实际上对油的渗透率影响较小；而亲油岩石在同样的饱和度条件下，水既不在细小孔隙，也不是以水膜形式存在，而是以水滴、连续水流的形式分布在孔道中阻碍着油的流动，油本身以油膜附着于颗粒表面或在小孔隙中，所以在相同的含油饱和度下，油的相对渗透率会降低。

亲水储层中水多分布在细小孔隙、死孔或以薄膜形式分布于颗粒表面，水的这种分布形式基本上不妨碍油的流动。大孔道中的残余油会阻碍水流动，引起水相相对渗透率降低。而在亲油储层中，水多以水滴形式在孔隙中间流动，由于孔隙结构多变，水滴流动到变孔道处遇阻，产生贾敏效应，阻碍油相渗流，使油的相对渗透率降低。而对于水相，由于油主要以薄膜的形式赋存于岩石颗粒表面,对水的流动干扰较小,即阻力相对较小,因此水相相对渗透率较高。这可以解释残余油时,亲油储层水相相对渗透率高的现象。

亲油储层的残余油饱和度大于亲水储层的残余油饱和度,亲油储层中,油分布于岩石表面,而水主要在孔隙中心流动,导致水对岩石表面的油膜驱替作用较小,因而亲油情况下的残余油饱和度大于亲水储层的残余油饱和度。

对于亲水的特低渗透储层来说,由于毛细管力作用强,趋向于把水吸入较小的孔隙中,水从油的旁边绕过,将油捕集到较大的孔隙内。被水圈闭在大孔隙中的油不能参与流动,就造成了两相共同流动的范围较小。当亲水程度逐渐减弱时,毛细管力也逐渐降低,此时吸入的水通过小孔隙运动,把油捕集到大孔隙的倾向性也会减少,两相共渗区逐渐变宽。

2. 孔隙结构特征的影响

由于流体饱和度分布及流体渗流通道直接与孔喉大小及分布有关,因而反映岩石各相阻力大小的相对渗透率曲线也必然受到孔隙结构的影响,下面将主要从 4 个方面进行分析。

1) 孔喉半径的影响

图 1-82 是不同孔喉半径大小样品的油水相渗曲线,其中图(a)孔喉半径较大,而图(b)孔喉半径较小,比较可以看出,随着孔喉半径的增大,束缚水减少,残余油饱和度减小,两相区变大[(a)号样品为 34.47%,(b)号样品为 27.67%],水相渗透率增大。这是因为孔喉半径增大,相应的比表面就会减小,束缚水饱和度也会随之变小。而且孔喉半径增大,也使湿相通过多孔介质的能力增强,渗流阻力小,水相相对渗透率增加。

同时孔喉半径大小也反映在水驱油结果上,(a)号样品无水期驱油效率为 42.8%;含水95%时的驱油效率为 49.78%,注入体积倍数为 0.74;含水 98%时的驱油效率为 52.09%,注入体积倍数为 1.34;最终驱油效率为 54.16%。而(b)号样品无水期驱油效率为 31.14%;含水 95%时的驱油效率为 35.62%,注入体积倍数为 0.37;含水 98%时的驱油效率为 36.5%,注入体积倍数为 0.9;最终驱油效率为 36.69%。可见孔喉半径大的样品其无水期、高含水期和最终驱油效率均要好于孔喉半径相对较小的样品,而这一差异也就造成了相渗曲线的不同。

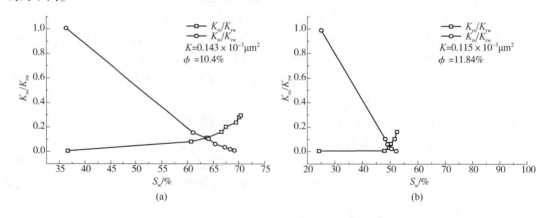

图 1-82　不同孔喉半径样品的油水相渗曲线

2) 孔喉比的影响

孔喉比是反映孔隙与喉道交替变化特征的参数,值越小,越有利于提高驱油效率。随着孔喉比增大，残余油饱和度增大，驱油效率减小。孔喉比大小决定水驱过程中是发生活塞式驱替还是卡断式驱替，孔喉比越大（即与孔隙相连的喉道半径越小），越容易发生卡断，形成的油滴（油珠）残留于较小喉道中的概率就越大，剩余油增加。对于亲水储层，更容易发生卡断，非润湿相的油以油珠状存在于孔隙中，不能形成连续相，油相渗透率下降，而随着孔喉比的增大，孔隙内滞留的油量增加，水相达到同样的渗流能力所对应的含水饱和度增加。如孔喉比相对较大的庄 132 井 3 号样品，其孔隙度为 10.4%，渗透率为 $0.14 \times 10^{-3}\ \mu m^2$。束缚水饱和度为 40.52%，此时的水相相对渗透率为 $0.4 \times 10^{-3}\ \mu m^2$，残余油饱和度为 39.47%，最终驱油效率为 33.64%；而孔喉比相对较小的庄 61-23 井 1 号样品孔隙度为 10.7%，渗透率为 $0.2 \times 10^{-3}\ \mu m^2$，束缚水饱和度为 35.69%，此时的水相相对渗透率为 0.007，残余油饱和度为 38.01%，最终驱油效率为 40.90%。

3）孔喉配位数的影响

孔喉配位数是孔隙连通程度的微观参数，配位数越大，表示孔隙间连通性越好，流体的渗流通道越多。配位数越大，越利于油水两相渗流，两相共流区变大，残余油饱和度减小。相对而言，对于亲水储层，孔喉配位数对非润湿相油的相对渗透率影响更大，因为孔喉配位数增大，连通孔隙的喉道数量增多，油被捕集的机会减少，残余油饱和度减小。水作为润湿相，主要沿孔隙表面运动，将油捕集在较大的孔隙中，因此，配位数对水相渗透率影响较小。

4）微裂缝的影响

图 1-83 为沿 1 井两块样品的油水相渗与水驱油结果曲线，从曲线形态上可以直观地看出，微裂缝岩心样品与不存在微裂缝岩心样品的油水相对渗透率曲线最大差别是水相相对渗

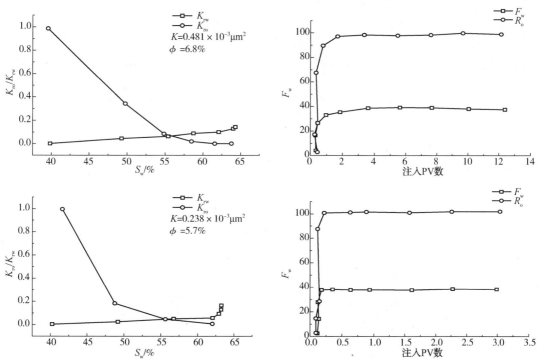

图 1-83　微裂缝样品的油水相渗与水驱油结果曲线

透率曲线不同，微裂缝岩心样品的含水饱和度迅速增至某一值后，随着注入体积倍数的增加，含水饱和度基本保持不变，而水相相对渗透率垂直上升。微裂缝岩心样品的油相相对渗透率很快下降至最小值，继续增加注入量，油相相对渗透率保持不变。

油水相渗曲线的这一变化正是因为微裂缝的存在，微裂缝在提高导流能力的同时也增加了微观非均质性，它的存在使得注入水沿着微裂缝迅速前行，而绕过连通性相对较差的孔隙，含水率和驱油效率很快达到最大，如果再增加注入量，含水率和驱油效率基本不变，这样就造成了水相相对渗透率达到某一值后垂直上升，油相相对渗透率快速下降的现象。

第2章 延长油田低渗致密油藏渗吸-驱替渗流规律

延长油田低渗致密储层的人工裂缝、天然微裂缝和基质构成复杂渗流系统，90%以上的原油存在于基质中，基质起主要储油作用，裂缝起渗流通道作用。裂缝系统和基质系统存在完全不同的渗流机理，且裂缝系统驱油效率高，基质系统驱油效率低，随着开发进程的深入，大量的剩余油滞留于基质内的微小孔隙内而难以依靠加压驱替进行开采，只能通过毛管压力渗吸置换。因此，致密储层的开发效果由压差驱替效率与毛管自发渗吸效率决定，如何提高裂缝-基质间的渗吸置换效率，是该类油藏提高采收率的关键。本章以延长油田典型区块长8致密储层为例，阐述了渗吸-驱替渗流规律以及表面活性剂对渗吸作用的影响。

2.1 致密砂岩岩心静态渗吸规律

目前，已有很多研究者对多孔介质的渗吸作用做了详细的研究，从渗吸的基本静力学和动力学问题出发，将多孔介质等价为等效半径的毛细管结构，认为渗吸程度的大小主要受毛细管力、黏性力、惯性力以及重力的作用。如图2-1所示，在流体的渗吸过程中，从力学的角度考虑，受毛细压力、重力、黏性力的共同支配作用，各作用力如下：

根据 Young-Laplance 方程，毛细管中的驱动压力可表示为：

$$\Delta p = \frac{2\sigma\cos\theta}{r} \qquad (2-1)$$

总的毛细管驱动力：

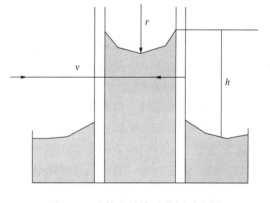

图 2-1 毛管力的渗吸分析示意图

$$F_{\text{cap}} = \Delta p\pi r^2 = 2\sigma\cos\theta\pi r \qquad (2-2)$$

式中 σ ——流体的表面张力，mN/m；

       θ ——接触角，(°)；

       r ——毛管半径，μm。

黏滞力可由 Newton 黏性流体内摩擦定律及 Hagen-Poiseuille 方程求得：

$$F_{\text{visco}} = 8\pi\mu h\nu \qquad (2-3)$$

式中 μ ——流体的黏度，mPa·s；

       ν ——渗吸流体的速度，m/s；

       h ——液体液面上升的高度，cm。

流体自身的重力为：

$$F_{grav} = \rho \pi r^2 h g \tag{2-4}$$

式中　ρ ——流体的密度，g/cm^3；

　　　g ——重力加速度，m/s^2。

上述毛细驱动压力 F_{cap}、毛细管侧壁的黏性阻力 F_{visco}，以及流体自身的重力 F_{grav} 三个力的合力为：

$$
\begin{aligned}
F &= F_{cap} - F_{visco} - F_{grav} \\
&= 2\pi r \sigma \cos\theta - 8\pi \mu h \nu - \rho \pi r^2 h g
\end{aligned} \tag{2-5}
$$

若考虑外力 P_e，则所受的合力为：

$$
\begin{aligned}
F &= F_{cap} - F_{visco} - F_{grav} + P_e \\
&= 2\pi r \sigma \cos\theta - 8\pi \mu h \nu - \rho \pi r^2 h g + P_e
\end{aligned} \tag{2-6}
$$

根据能量平衡原理，流体在毛细管中流动的动量变化可得：

$$F = \frac{d(m\nu)}{dt} \tag{2-7}$$

其中：$\nu = \dfrac{dh}{dt}$，$m = \rho V = \rho \pi r^2 h$

$$\frac{d}{dt}\left(\rho \pi r^2 h g \frac{dh}{dt}\right) = 2\sigma \cos\theta \pi r - 8\pi \mu h \frac{dh}{dt} - \rho \pi r^2 h g + P_e \tag{2-8}$$

从式（2-7）中可以看出，在流体渗吸的过程中，外部压力和毛细压力是驱动的作用力，而自身重力、黏性力都是系统阻力。

为了进一步简化力学系统，通常的渗吸过程，一般不考虑外部压力的作用。另外，在实际的渗吸过程中，不同的渗吸阶段，上述各种作用力在力学系统中的作用有所不同，所以，通常把渗吸分为以下三个阶段：

第一阶段，也是最初阶段，就是流体刚开始的渗吸，由于渗吸液的质量（重力）及黏滞力很小，可以忽略不计。但毛细压力以及惯性力却不能忽略，还起着渗吸作用。把这一阶段被称为纯惯性力阶段。实际渗吸过程中惯性力，相关科学报道用高速摄像系统，真实地拍摄到流体在渗吸初期的惯性流动，证明了惯性力在渗吸初期的重要作用。

第二阶段，随着渗吸量的增加，也就是渗吸流体的质量逐渐增大，此时黏性力以及自身重力的作用也变得突出，形成黏性力、毛细驱动压力、惯性力共同支配的渗吸，这一阶段被称为惯性、黏性阶段。

第三阶段，随着渗吸时间的增加，黏性力及自身重力与毛细驱动力的作用也越来越接近，它们的合力是越来越小，趋向于0，流体的渗吸速度越来越小，其惯性效应也减弱，作用力由原来的3个力变为主要的毛细力和黏性力，因此该阶段被称为纯黏性阶段。若渗吸时间特别长，渗吸量达到一定程度时，重力的作用越来越明显，就必须考虑到重力、黏性力、毛细力所形成的力学系统。

2.1.1　实验准备

1. 实验材料

（1）实验岩心。岩心样品采用取自延长油田水磨沟油区长8小层的天然岩心，渗透率在

$(0.017\sim0.232)\times10^{-3}\mu m^2$ 之间，润湿性为中性，直径 2.52cm，长度在 $2.493\sim4.321cm$ 之间。（岩心具体参数见表 2-1）。

表 2-1　岩心基本参数

岩心号	直径/cm	长度/cm	渗透率/$10^{-3}\mu m^2$	孔隙度/%	边界条件	裂缝	影响因素研究
L4-1-3	2.52	4.231	0.018	5.88			不同渗透率
L6-8-1	2.52	4.246	0.092	8.11			
L4-4-4	2.51	4.302	0.15	8.03			
L3-6-1	2.52	4.221	0.232	9.60			
L4-2-3	2.52	2.548	0.017	5.38			岩心长度
L4-1-3	2.52	4.231	0.018	5.88			
L6-3-2	2.52	2.643	0.091	8.60			
L6-8-1	2.52	4.246	0.092	8.11			
L3-1-1	2.52	2.575	0.159	7.26			
L4-4-4	2.51	4.302	0.15	8.03			
L3-3-1	2.52	2.493	0.231	8.45			
L3-6-1	2.52	4.221	0.232	9.60			
L6-3-1	2.49	4.321	0.097	8.69	裸露上、下两端全部接触水		边界条件
L6-8-1	2.52	4.246	0.092	8.11			
L3-3-3	2.52	4.243	0.084	5.34		有	有无裂缝
L6-8-1	2.52	4.243	0.092	8.11		无	

（2）实验流体。实验模拟油是由富县采油厂脱水原油与煤油按 1∶2 配制而成的。

实验用水取自富县采油厂水磨沟区地层水，矿化度为 15219.94mg/L。

2. 岩心处理

（1）岩心预处理：采用岩心钻取机，将岩心进行标准化处理，通过岩心柱的钻取、切割形成直径为 2.52cm 左右的实验用标准岩心柱，利用洗油仪对岩心柱进行洗油处理后，放置于 85℃ 的恒温箱内烘干至恒重。

（2）物性测定：对烘干的岩心进行渗透率、孔隙度的测定；对于致密岩心测量渗透率时用皂膜流量计测量流量。

（3）造束缚水：将岩样放入真空瓶中，抽真空 36h 后，真空饱和地层水 36h；然后将饱和好地层水的岩样放入岩心夹持器中，接通流程，以 0.02mL/min 的流量向岩心注入模拟油，总注入量大于 5PV，至出液口流速稳定且不含水后，停泵，老化 24h 以上备用。

（4）岩心造缝处理：利用巴西造缝仪进行造缝（图 2-2）。

(a)不同渗透率岩心

(b)不同长度岩心

(c)有无裂缝岩心

(d)不同边界条件

图 2-2　实验所用部分岩样

3. 实验设备

具体的实验仪器为体积法渗吸仪，如图 2-3 所示。

2.1.2　实验方法

体积法是通过渗吸仪计量不同时刻渗吸排油的体积来计算渗吸采出程度的方法。将饱和好模拟油的岩样放入充满模拟地层水的渗吸仪中，在室温下或放到设定好需要温度的恒温箱内，进行自发渗吸驱油实验，记录不同时刻渗吸仪刻度管中渗吸驱油体积，计算渗吸驱油速度和采出程度。体积法所用渗吸装置如图 2-4 所示。

体积法所用仪器渗吸仪构造简单，易于操作，但是渗吸的液滴易吸附在内壁上或是堵在缩颈的位置。为减小读数误差，实验前将渗吸仪清洗干净，并进行强亲水处理，减少油珠在渗吸仪壁上的吸附；读数前，为了使吸附在渗吸仪壁面和岩心表面的油珠上升到刻度管中，减小读数误差，可以轻微地摇晃渗吸仪。

2.1.3　静态渗吸规律研究

在静态渗吸规律研究方面，通过体积法进行自发渗吸模拟，重点考察了渗透率、裂缝发育程度、边界条件及岩心长度对长 8 岩样渗吸采出程度与采出速率的影响，图 2-5 为恒温箱体渗吸实验过程。

图 2-3　体积法渗吸仪

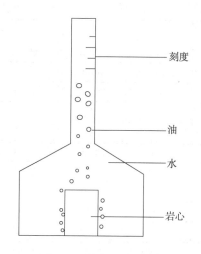

图 2-4　体积法渗吸装置

实验员设定恒温箱参数

渗吸装置置于恒温箱内

图 2-5　恒温箱体渗吸实验过程

1. 渗透率对静态渗吸的影响

选取 4 块不同渗透率的岩心进行自然渗吸驱油实验，实验参数见表 2-2，具体实验数据见表 2-3。

表 2-2　不同渗透率岩心物性参数表

序　号	岩心号	直径/cm	长度/cm	渗透率/$10^{-3}\mu m^2$	孔隙度/%	影响因素研究
1	L4-1-3	2.52	4.231	0.018	5.88	
2	L6-8-1	2.52	4.246	0.092	8.11	不同渗透率
3	L4-4-4	2.51	4.302	0.15	8.03	
4	L3-6-1	2.52	4.221	0.232	9.6	

表 2-3 水磨沟长 8 不同渗透率岩心自然渗吸实验结果

岩心编号	渗吸采出程度/%						
	0min	30min	60min	100min	150min	240min	300min
L4-1-3	0	0.40	0.50	0.74	0.90	0.99	1.05
L6-8-1	0	2.73	3.49	5.19	5.50	6.10	6.41
L4-4-4	0	3.43	4.24	4.89	6.20	7.13	7.56
L3-6-1	0	4.30	5.28	6.54	7.60	9.05	9.77
岩心编号	360min	420min	480min	600min	720min	840min	960min
L4-1-3	1.10	1.14	1.15	1.16	1.17	1.19	1.23
L6-8-1	6.93	7.10	7.48	7.80	8.12	8.27	8.87
L4-4-4	7.93	8.42	8.81	9.62	10.71	11.56	12.67
L3-6-1	10.37	11.41	12.26	14.54	15.66	16.92	17.61
岩心编号	1080min	1200min	1320min	1440min	1560min	1680min	2160min
L4-1-3	1.26	1.33	1.35	1.43	1.48	1.52	1.58
L6-8-1	9.01	9.06	9.46	10.21	10.56	10.84	11.24
L4-4-4	13.44	13.97	14.68	14.81	15.08	15.18	15.43
L3-6-1	17.68	17.76	17.86	18.15	18.32	18.53	18.72

实验结果如图 2-6~图 2-8 所示。

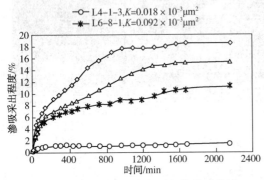

图 2-6 渗吸采出程度与时间的关系曲线

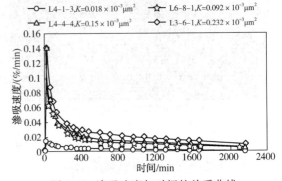

图 2-7 渗吸速度与时间的关系曲线

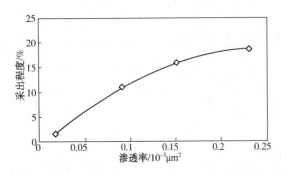

图 2-8 渗吸采出程度与时间关系曲线

对于不同渗透率岩心自然渗吸实验结果，可以得出以下结论：

（1）研究区长 8 储层吸水出油量分布在 1.58%~18.72%，与渗透率有明显关系，当渗透率小于 $0.02 \times 10^{-3} \mu m^2$ 时，吸水出油能力明显变差，基本无渗吸作用，因此，研究如何提高 $0.02 \times 10^{-3} \mu m^2$ 以上的储层是提高致密储层水驱开发效果的方向之一；分析认为，由于研究区储层岩心致密，渗透率相对较高的也仅为 $0.2 \times 10^{-3} \mu m^2$ 左右，随着渗透率 $[（0.02~0.2）\times 10^{-3} \mu m^2]$ 的增加，孔喉间连通性增强，故渗吸采出程度增加。

（2）由图2-6中可知：对于研究区储层静态岩心渗吸而言，自然渗吸驱油的主要时间段集中于前960min左右。渗吸速度在这一时间段内达到峰值，随着渗吸时间的增大，渗吸速度越来越小，直至接近于0，自然渗吸作用停止。渗透率介于（0.018～0.023）×10^{-3} μm^{2}内，渗透率越大，岩心早期渗流速度越快，其渗吸前缘抵达非流动边界的时间越短，渗吸作用停止的越早。

2. 岩心长度对静态渗吸的影响

选取8块岩心，按渗透率将其分为物性相近（表2-4），但长度不同的4组，继而进行自然渗吸驱油实验，具体实验结果见表2-5。

表2-4 不同长度岩心性参数表

编 号	岩心号	直径/cm	长度/cm	渗透率/10^{-3} μm^2	孔隙度/%	影响因素研究
1	L4-2-3	2.52	2.548	0.017	6.05	
2	L4-1-3	2.52	4.231	0.018	5.88	
3	L6-3-2	2.52	2.643	0.091	8.6	
4	L6-8-1	2.52	4.246	0.092	8.11	岩心长度
5	L3-1-1	2.52	2.575	0.159	7.26	
6	L4-4-4	2.51	4.302	0.15	8.03	
7	L3-3-1	2.52	2.493	0.231	8.45	
8	L3-6-1	2.52	4.221	0.232	9.6	

表2-5 不同长度岩心自然渗吸实验结果

编 号	岩心号	渗吸采出程度/%						
		0min	30min	60min	100min	150min	240min	300min
1	L4-1-3	0	0.40	0.50	0.74	0.90	0.99	1.05
	L4-2-3	0	0.49	0.62	0.91	1.11	1.22	1.25
2	L6-8-1	0	2.73	3.49	5.19	5.50	6.10	6.41
	L6-3-2	0	3.61	4.61	6.86	7.14	9.22	9.71
3	L4-4-4	0	3.43	4.24	4.89	6.20	7.13	7.56
	L3-1-1	0	4.15	5.13	5.92	7.50	10.25	11.35
4	L3-6-1	0	4.30	5.28	6.54	7.60	9.05	9.77
	L3-3-1	0	5.07	6.23	7.72	8.96	10.77	11.68
编 号	岩心号	360min	480min	720min	960min	1200min	1440min	2160min
1	L4-1-3	1.10	1.15	1.17	1.23	1.33	1.43	1.58
	L4-2-3	1.30	1.40	1.59	1.68	1.77	1.77	1.77
2	L6-8-1	6.93	7.48	8.12	8.87	9.06	10.21	11.24
	L6-3-2	9.66	10.25	11.03	12.02	1304	13.49	13.49
3	L4-4-4	7.93	8.81	10.71	12.67	13.97	14.81	15.43
	L3-1-1	12.04	14.03	16.04	17.03	18.67	18.67	18.67
4	L3-6-1	10.37	12.26	15.66	17.61	17.76	18.15	18.72
	L3-3-1	14.36	17.86	19.73	20.78	20.96	21.42	22.09

实验结果如图 2-9 所示。

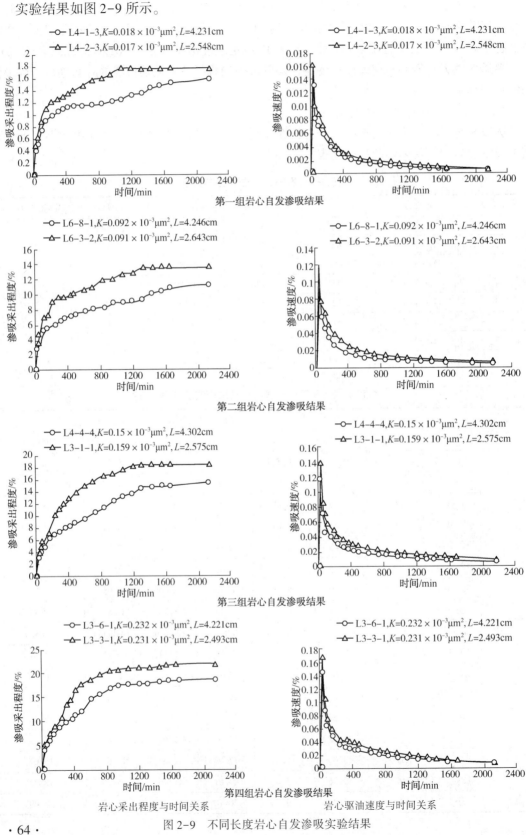

图 2-9　不同长度岩心自发渗吸实验结果

从图 2-9 可知：岩心的渗透性随着岩心长度增加而减小，即岩样的渗吸速度高于长岩心的渗吸速度，因此致密储层油藏裂缝发育越好，基质与裂缝系统的渗吸速度就越大。

3. 岩心边界条件对静态渗吸的影响

以研究区长 8 储层平均渗透率（$0.09×10^{-3}\,\mu m^2$）为选择依据，利用聚四氟乙烯将 L6-3-1 岩心密封（表 2-6），具体实验数据见表 2-7。

表 2-6　不同边界条件渗吸实验岩心物性参数表

编　号	岩心号	直径/cm	长度/cm	渗透率/$10^{-3}\mu m^2$	孔隙度/%	边界条件	影响因素研究
1	L6-3-1	2.49	4.321	0.097	8.69	裸露上下两端	边界条件
2	L6-8-1	2.52	4.246	0.092	8.11	全部接触	

表 2-7　不同边界条件的岩心自然渗吸实验结果

岩心编号	渗吸采出程度/%						
	0min	30min	60min	100min	150min	240min	300min
L6-8-1	0	2.73	3.49	5.19	5.50	6.10	6.41
L6-3-1	0	0.68	0.92	1.14	1.73	2.05	2.33
岩心编号	360min	420min	480min	600min	720min	840min	960min
L6-8-1	6.93	7.10	7.48	7.80	8.12	8.27	8.87
L6-3-1	2.62	2.80	2.98	3.15	3.31	3.47	3.61
岩心编号	1080min	1200min	1320min	1440min	1560min	1680min	2160min
L6-8-1	9.01	9.06	9.46	10.21	10.56	10.84	11.24
L6-3-1	3.75	3.88	4.04	4.15	4.26	4.37	4.48

自然渗吸实验结果如图 2-10 和图 2-11 所示。

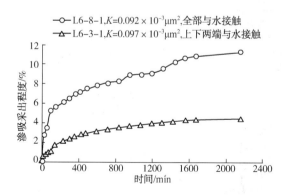

图 2-10　岩心渗吸采出程度与时间的关系曲线

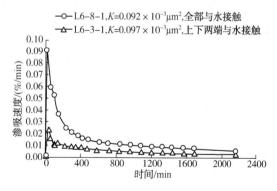

图 2-11　岩心渗吸速度与时间的关系曲线

由图 2-10 与图 2-11 可知：全部与水接触的岩心渗吸速度与采收率明显高于四周封闭的岩心，分析认为，边界条件不同，则岩心内部流动方向不同，对于周围封闭（两端裸露）岩心，周围封闭为径向流动，对于开放的岩心渗吸可以通过球形流动和径向流动一起估算。渗流空间方向不同，导致渗吸速率不同。相同渗透率条件下，接触面积越大，渗吸效果越好；因此，在致密油藏注水开发中，体积压裂及时可以有效改善注入水与储层直接接触面积，增强渗吸效果。

4. 裂缝对岩心静态渗吸的影响

以研究区长8储层平均渗透率（$0.9 \times 10^{-3}\ \mu m^2$）为选择依据，其中L3-3-3进行人工造缝处理，然后进行自然渗吸驱油实验（表2-8），具体实验数据见表2-9。

表2-8　裂缝性岩心渗吸实验参数表

编　号	岩心号	直径/cm	长度/cm	渗透率/ $10^{-3}\ \mu m^2$	孔隙度/%	有无裂缝	影响因素研究
1	L3-3-3	2.52	4.243	0.084	5.34	有	有无
2	L6-8-1	2.52	4.243	0.092	8.11	无	裂缝

表2-9　有无裂缝岩心自然渗吸实验结果

编　号	渗吸采出程度/%						
	0	30min	60min	100min	150min	240min	300min
L6-8-1	0	2.73	3.49	5.19	5.50	6.10	6.41
L6-5-3	0	4.26	5.65	7.99	8.59	9.51	10.01
编　号	360min	420min	480min	600min	720min	840min	960min
L6-8-1	6.93	7.10	7.48	7.80	8.12	8.27	8.87
L6-5-3	10.81	11.08	11.67	12.17	12.66	12.91	13.74
编　号	1080min	1200min	1320min	1440min	1560min	1680min	2160min
L6-8-1	9.01	9.06	9.46	10.21	10.56	10.84	11.24
L6-5-3	14.06	14.32	14.66	15.93	16.58	17.02	17.53

自然渗吸实验结果如图2-12和图2-13所示。

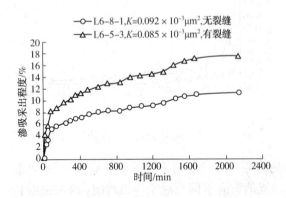

图2-12　岩心渗吸采出程度与时间的关系曲线

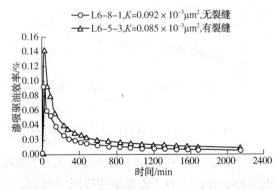

图2-13　岩心驱油速度与时间的关系曲线

图 2-12 与图 2-13 为裂缝对渗吸采出程度与速度的影响，由图中可知：裂缝性的岩心渗吸采出程度与渗吸速率明显高于同物性岩心。说明在致密油藏中，油藏裂缝系统越发育越有利于渗吸作用驱油。

2.2　驱替过程中的动态渗吸规律

由于研究区长 8 储层基质致密，基质的启动压力梯度较大，导致注水难以用水驱的方式驱出基质中的原油；但由于孔喉细小，毛管力较强，渗吸置换作用对致密油藏是一种有效的置换出基质内原油的方法；在致密油藏双重介质中，动态水驱时，研究研究驱替压力、驱替速度、裂缝尺寸等因素对动态渗吸的影响，对致密油藏后续开发具有重要的参考价值。

2.2.1　实验器材与方法

1. 实验仪器及流程

实验材料：地层水、模拟油、天然岩心等。

实验设备：渗吸瓶、真空饱和装置、洗油仪、岩心钻取机、渗透率测试仪、孔隙度测试仪、电子天平、烧杯、岩心渗吸驱替装置（图 2-14）、真空饱和装置、岩心切割工具等。

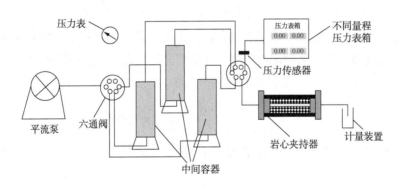

图 2-14　岩心渗吸驱替装置

2. 实验方法

本节动态渗吸的实验方法为将岩心进行造缝处理，制作为裂缝性岩心，进行水驱，模拟裂缝性油藏双重介质的水驱过程，注水沿着裂缝进行驱替，基质发生渗吸置换，裂缝中的水驱过程将基质渗吸出的油驱走。

3. 实验步骤

1）岩心准备

（1）岩心准备。从延长油田富县水磨沟致密油区块取来的岩心柱子上钻取岩心，用苯与乙醇 3∶1 进行清洗岩心，清洗 5d 后，取出烘干备用。

（2）孔隙度、渗透率的测定。对烘干的岩心进行渗透率、孔隙度的测定；对于致密岩心测量渗透率时用皂膜流量计测量流量；孔隙度、渗透率的具体测量方法见国家标准 SY/T 5336—1996。

2）油水两相启动压力测试实验

（1）将测量好的孔、渗岩心放入真空瓶中，先进行抽真空 12h，再抽入地层水，进行真空饱和 12h，完毕后，称量其质量 m_1。

（2）将饱和好地层水的岩心放入岩心夹持器中，接通流程，对仪器初始值进行归零；逐步加入环压，步长为 2MPa，间隔 10min 逐步提升超过设定驱替压力 2MPa 以上。

（3）以 0.02mL/min 的流量向岩心注入模拟油，直至采出液不含水，停泵，老化 12h 以上。

（4）打开驱替泵，恒压注入模拟地层水，待流量稳定后，记录驱替压力下的流量值，重复操作，记录不同驱替压力下的流量；计算驱替压力梯度及流速，画出驱替压力梯度与流速的关系曲线。

（5）通过求出驱替压力梯度与流速的关系曲线的类似直线的部分与坐标轴的交点，求出拟启动压力梯度。

3）驱替渗吸实验

（1）抽真空饱水。将测量孔渗后的岩心，称取质量为 m_0；称量后放入真空瓶中进行抽真空饱和地层水 12h，饱和完成后称其质量为 m_1。

（2）驱替饱和油。将饱和好地层水的岩心，放入到岩心加持器中，以 0.02mL/min 的流量向岩心注入模拟油，进行油驱水饱和油，直至采出液不含水，造束缚水完毕；停泵，老化 12h 以上，称量岩心质量 m_2，并计算其含油饱和度：

$$S_o = \frac{(m_1 - m_2)\rho_w}{(m_1 - m_0)(\rho_w - \rho_o)} \times 100\% \tag{2-9}$$

（3）岩心劈缝。用造缝仪进行造缝，造缝后称量其重量为 m_3，并计算出饱和油量 V_{01}：

$$V_{01} = \frac{(m_1 - m_2)m_3}{(\rho_w - \rho_o)m_2} \tag{2-10}$$

（4）裂缝岩心驱替实验。将劈开后的岩心，合并后放入岩心加持器中，用模拟地层水进行不同条件下的驱替实验，记录不同时间下的驱油量 V_1，及驱替压力，并计算渗吸采出程度：

$$\eta = \frac{V_1}{V_{01}} \times 100\% \tag{2-11}$$

具体实验结果，见表 2-10、表 2-11。

表 2-10 渗吸实验数据表

岩心号	驱替速度/(mL/min)	驱替压力/kPa	直径/cm	长度/cm	渗透率/10⁻³μm²	孔隙度/%	流速/(mL/min)	裂缝开度/mm	原始质量/g	饱和水后质量/g	饱和油后质量/g	含水饱和度/%	劈缝后质量/g	饱和油体积/mL	采出油体积/mL	渗吸驱油效率/%
L3-6-2	0.02	1.5	2.54	5.722	0.114	6.07			74.692	76.463	76.23	35.34	76.11	1.124	0.1	8.93
L4-4-2	0.04	6.1	2.54	5.868	0.101	7.19			74.932	76.997	76.737	38.32	76.617	1.25	0.124	9.9
L6-2-2	0.06	9.7	2.542	5.688	0.091	6.11			80.386	82.16	81.942	39.65	81.742	1.05	0.09	8.56
L6-3-1	0.08	10.7	2.55	5.862	0.097	8.69			70.483	72.081	71.888	40.43	71.768	0.935	0.072	7.65
L6-5-3	0.1	12.4	2.548	5.732	0.103	6.42			75.926	77.815	77.586	40.55	77.386	1.101	0.082	7.45
L6-7-2	0.12	15.6	2.542	5.674	0.096	7.32			73.69	75.704	75.457	39.86	75.337	1.189	0.087	7.31
L3-6-6	0.02	1.8	2.522	5.618	0.056	6.47			76.929	78.753	78.515	43.23	78.485	1.018	0.067	6.61
L4-4-5	0.04	7.3	2.52	5.854	0.058	8.69			73.217	75.773	75.423	45.32	75.383	1.373	0.104	7.54
L6-2-4	0.06	10.2	2.53	5.684	0.057	6.51			73.163	75.031	74.792	42.34	74.762	1.059	0.07	6.57
L6-3-8	0.08	11.1	2.528	5.668	0.057	7.81			72.832	75.069	75.04	4.21	75.01	2.106	0.126	5.98
L6-5-7	0.1	12.8	2.524	5.432	0.054	6.82			71.578	73.44	73.19	44.42	73.15	1.017	0.056	5.5
L6-7-5	0.12	16.5	2.52	5.42	0.052	6.82			76.457	78.309	78.076	41.63	78.046	1.062	0.057	5.39
L3-6-7	0.02	1.3	2.522	5.436	0.2	7.92			75.627	77.79	77.539	38.45	77.509	1.308	0.138	10.53

续表

岩心号	驱替速度/(mL/min)	驱替压力/kPa	直径/cm	长度/cm	渗透率/$10^{-3}\mu m^2$	孔隙度/%	流速/(mL/min)	裂缝开度/mm	原始质量/g	饱和水后质量/g	饱和油后质量/g	含水饱和度/%	劈缝后质量/g	饱和油体积/mL	采出油体积/mL	渗吸驱油效率/%
L4-4-6	0.04	5.7	2.52	5.678	0.2	8.03			70.787	73.075	72.818	37.23	72.778	1.411	0.165	11.68
L6-2-3	0.06	8.5	2.521	5.59	0.21	8.05			71.992	74.254	74.006	36.24	73.976	1.417	0.143	10.09
L6-3-5	0.08	9.5	2.52	5.134	0.22	8.83			73.787	76.063	75.806	37.37	75.776	1.401	0.126	9.02
L6-5-6	0.1	11.6	2.51	5.64	0.212	7.22			69.964	71.99	71.774	35.23	71.734	1.289	0.113	8.78
L6-7-4	0.12	14.2	2.52	5.834	0.223	6.32			79.726	81.573	81.362	37.84	81.332	1.129	0.097	8.61
L3-4-4			2.524	5.488	0.228	5.05			75.241	76.651	76.469	36.53	76.269	0.878	0.106	12.05
L3-1-4			2.54	5.516	0.131	4.19			73.262	74.452	74.304	38.98	74.184	0.713	0.074	10.34
L3-6-3	0.04	—	2.542	5.642	0.069	4.89			75.988	76.45	76.393	40.31	76.193	0.27	0.022	8.01
L4-2-3			2.54	5.588	0.017	6.05			74.475	76.215	76.002	39.78	75.982	1.03	0.021	2.03
L6-6-4			2.542	5.662	0.005	2.06	0.004	0.053	75.229	75.83	75.758	41.03	75.728	0.348	0.005	1.31
L6-8-1		5.4	2.542	5.642	0.092	8.11	0.021	0.093	72.339	74.163	73.929	37.03	73.809	1.127	0.101	6.97
L6-8-2	—		2.538	5.688	0.113	7.32	0.114	0.163	71.257	73.278	73.018	36.83	72.818	1.252	0.117	9.32
L6-8-5			2.538	5.762	0.105	7.65	0.321	0.23	69.572	71.621	71.367	38.94	71.247	1.228	0.101	5.22
L6-8-4			2.514	5.674	0.098	6.87			70.874	72.755	72.518	37.93	72.468	1.147	0.084	4.32

表 2-11　启动压力测试数据表

3-1-3(注入速度0.02mL) 气测渗透率 0.164×10⁻³μm²			L3-1-2(注入速度0.02mL) 气测渗透率 0.306×10⁻³μm²			L6-3-2(注入速度0.02mL) 气测渗透率 0.091×10⁻³μm²			L4-4-1(注入速度0.02mL) 气测渗透率 0.046×10⁻³μm²		
实验压力/MPa	压力梯度/(MPa/cm)	流速/(cm/min)	实验压力/MPa	压力梯度/(MPa/cm)	流速/(cm/min)	实验压力/MPa	压力梯度/(MPa/m)	流速/(cm/min)	实验压力/MPa	压力梯度/(MPa/m)	流速/(cm/min)
0.00	0.000	0.000	0.00	0.000	0.000	0.00	0.000	0.000	0.00	0.000	0.000
0.50	0.087	0.000	0.50	0.084	0.000	0.50	0.087	0.000	0.50	0.073	0.000
1.11	0.193	0.000	0.92	0.155	0.000	1.11	0.193	0.000	1.11	0.162	0.000
2.33	0.405	0.001	1.34	0.225	0.001	2.33	0.405	0.001	2.33	0.340	0.000
3.12	0.541	0.001	2.95	0.496	0.002	3.12	0.542	0.001	3.12	0.455	0.000
4.32	0.750	0.005	3.84	0.645	0.007	4.34	0.754	0.001	4.21	0.614	0.000
5.15	0.892	0.007	4.80	0.806	0.012	5.32	0.924	0.005	5.32	0.776	0.001
6.16	1.067	0.011	5.94	0.998	0.016	6.15	1.067	0.011	6.15	0.896	0.004
7.18	1.246	0.015	6.81	1.144	0.018	7.16	1.242	0.011	7.34	1.071	0.004
						8.18	1.420	0.015	8.16	1.189	0.006
									9.18	1.338	0.009
											0.012

2.2.2　裂缝系统与基质系统启动压力特征

固定实验围压 15MPa，利用压差-流量测试法，对基质样品与裂缝性岩心样品进行启动压力特征进行对比，(通过测定正反渗透率相近的 $0.164×10^{-3}\mu m^2$、$0.306×10^{-3}\mu m^2$、$0.091×10^{-3}\mu m^2$、$0.046×10^{-3}\mu m^2$ 的 4 块岩心，分割成 8 块，将 2 组岩心在相同条件下建立束缚水饱和度，其中一组制作成裂缝性岩心样品)实验结果见图 2-15 与图 2-16。

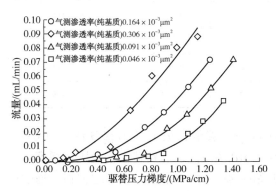

图 2-15　基质驱替压力梯度与流速的关系

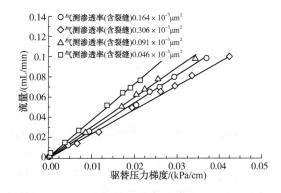

图 2-16　裂缝岩心驱替压力梯度与流速的关系

致密砂岩纯基质驱替与裂缝岩心驱替过程其符合不同的渗流规律，纯基质驱替符合非达西渗流规律，而裂缝岩心驱替过程符合达西渗流过程；其数学方程具有不同的表现形式：

达西渗流：
$$\nu = \alpha \frac{\Delta p}{L} \qquad\qquad (2-12)$$

含启动压力的非达西渗流：
$$\nu = a \left(\frac{\Delta p}{L} - \lambda \right)^c \qquad\qquad (2-13)$$

式中　ν——流速，cm/min；

α——线性系数，cm^2/(min·kPa)；

a、c——分别为方程回归常数；

Δp——岩样两端压差，MPa；

L——岩样长度，cm；

λ——启动压力梯度，MPa/m。

由图2-15可知：致密砂岩基质(拟)启动压力梯度与渗透率呈负相关，且样品渗透率越低，启动压力梯度与拟启动压力梯度偏移越大。目前，描述启动压力梯度非线性渗流段的公式种类多样，本书的实验结果与式(2-13)拟合度较高，启动压力梯度计算结果见表2-12；流量越高，夹持器两端压差越高，对裂缝面压力越高，由图2-18可知：裂缝岩心流量与压力梯度呈良好的线性关系，各直线均过原点，因此，不存在启动压力梯度，属于典型的达西渗流。

从图2-15和图2-16可以看出，对于含裂缝岩心压力梯度与流速成明显的线性关系，符合达西渗流规律；而对于纯基质岩心开始随着驱替压力梯度的增加，并未有流体驱出，直到某一驱替压力梯度下，才有流体驱出造成其现象的原因是由于致密砂岩存在启动压力梯度；按含有启动压力的非达西渗流方程对曲线进行线性回归得到纯基质的启动压力梯度；具体结果见表2-12。

表2-12　数据拟合结果

气测渗透率/ 10^{-3}μm^2	纯基质岩心			裂缝岩心	
	回归系数 a	回归系数 c	启动压力梯度/ MPa	线性系数 α/ [cm^2/(min·kPa)]	流速0.02cm/min下的 驱替压力梯度/(kPa/cm)
0.306	0.0182	1.5412	0.1121	0.4847	0.041
0.164	0.0128	1.9886	0.1536	0.5479	0.036
0.091	0.0091	2.3995	0.1776	0.6128	0.034
0.046	0.0089	2.9581	0.3313	0.7375	0.028

从表2-12可知：模拟流量为0~0.1mL/min时，裂缝性岩心压力梯度约为0.028~0.041kPa/cm，而基质启动压力梯度约为0.1~0.33MPa/cm，未达到基质启动压力梯度；对于裂缝性岩心水驱渗流过程可分为两个阶段，开始时为注入水单向沿裂缝推进阶段，通过逆向渗吸作用，注入水将基质系统内原油置换于裂缝面；当驱替压力克服黏滞力时，裂缝系统内原油开始流动，随注入水被驱替至夹持器出口端。

2.2.3　驱替条件下的动态渗吸驱油规律研究

由启动压力梯度实验分析可知，致密油藏由于孔喉细小，启动压力梯度高，以研究区致密储层平均渗透率（$1 \times 10^{-3} \, \mu m^2$）粗略估算，最小启动压力梯度约为 0.3MPa/cm，约为 30MPa/m，对于研究区类似储层难以建立基质内的有效驱替。这也是致密油藏必须依靠压裂改造才能有效生产的根本原因，本节实验以人工造缝的研究区长 8 天然岩心为载体，考察渗透率、孔隙度、驱替压力、驱替速度、裂缝尺寸等因素对裂缝性岩心驱替条件下动态渗吸的影响（图 2-17）。

1. 渗透率对动态渗吸驱油的影响

选取不同渗透率的岩心（L3-4-4、L3-1-4、L3-6-3、L4-2-3、L6-6-4），固定驱替速度 0.04mL/min，考察渗透率对动态渗吸采出程度影响规律，具体可见图 2-20。

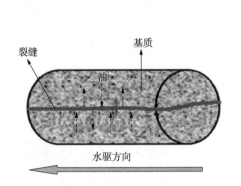

图 2-17　水驱过程中裂缝-基质
双重系统动态渗吸示意图

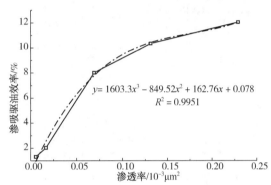

图 2-18　渗透率与渗吸采出
程度的关系曲线

根据图 2-18 可知：渗透率在（0.04~0.228）$\times 10^{-3} \, \mu m^2$ 范围内，随着渗透率的增加，渗吸采出程度呈现递增趋势。且随渗透率的升高，递增幅度稍微减慢。与静态渗吸 2.1.3 章节研究结果一致，通过对岩心渗透率与渗吸采出程度的数据进行回归，得到在渗透率在（0~0.228）$\times 10^{-3} \, \mu m^2$ 范围内的拟合公式：

$$y = 1603.3x^3 - 849.52x^2 + 162.76x + 0.078 \tag{2-14}$$

将该实验结果与 2.1.3 章节结果相对比，同样均为裂缝性岩心，但动态渗吸采出程度不如静态裂缝岩心渗吸采出程度，分析认为：由于实验所用岩心处于夹持器内，围压下，岩心外表面被胶套密封，因此实际与注入水接触面积仅为岩心端面与裂缝面，加之，裂缝性岩心水驱含水上升较快，注水前缘易突破。岩心内部分区域大量剩余油仍未发生渗吸作用时，滞留于基质。通过这一现象，有效证明了，裂缝性油藏生产见水时，仍有大部分剩余油滞留于储层基质，油井生产伴随明水携带"油花"的现象。

2. 不同孔隙度对动态渗吸驱油的影响

固定驱替速度 0.04mL/min，根据表 2-13 选取不同孔隙度的岩心，考察孔隙度对动态渗吸水驱渗吸采出程度的影响，实验结果见图 2-19。

根据图 2-20 可以看出，随着孔隙度的增加，渗吸采出程度整体呈递增趋势，但仍存在个别情况，如图 2-19，岩心 L3-4-4 相对属于高渗-中孔岩心，其渗吸采出程度依然较好。

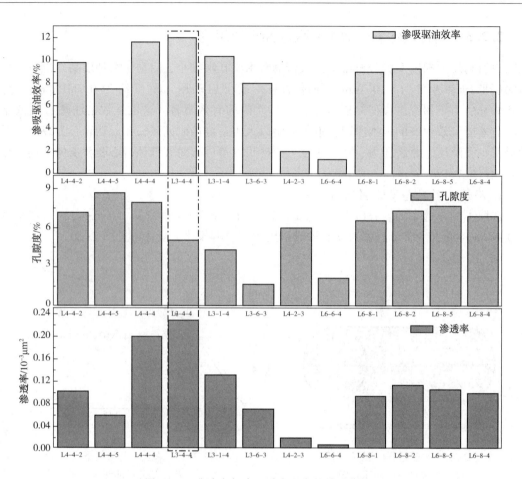

图 2-19　孔隙度与渗吸采出程度的关系曲线

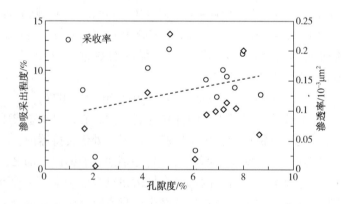

图 2-20　孔隙度与渗吸采出程度的关系曲线

3. 驱替速度(驱替压力)对动态渗吸驱油的影响

把岩心分为三类：$0.056 \times 10^{-3} \mu m^2$左右、$0.1 \times 10^{-3} \mu m^2$左右、$0.2 \times 10^{-3} \mu m^2$左右，按照本章 2.1.3 节的裂缝岩心驱替渗吸实验的实验方法；研究不同驱替速度、驱替压力下的渗吸驱油效率，由于驱替速度与压力具有正相关性，因此可以进行统一研究；具体可见图 2-21 与图 2-22、表 2-13。

表 2-13　实验数据表

岩心号	驱替速度/(mL/min)	驱替压力/kPa	直径/cm	长度/cm	渗透率/$10^{-3}\mu m^2$	孔隙度/%	渗吸驱油效率/%
L3-6-2	0.02	1.50	2.540	5.722	0.114	6.07	8.93
L4-4-2	0.04	6.10	2.540	5.868	0.101	7.19	9.90
L6-2-2	0.06	9.70	2.542	5.688	0.091	6.11	8.56
L6-3-1	0.08	10.70	2.550	5.862	0.097	8.69	7.65
L6-5-3	0.1	12.40	2.548	5.732	0.103	6.42	7.45
L6-7-2	0.12	15.60	2.542	5.674	0.096	7.32	7.31
L3-6-6	0.02	1.80	2.522	5.618	0.056	6.47	6.61
L4-4-5	0.04	7.30	2.520	5.854	0.058	8.69	7.54
L6-2-4	0.06	10.20	2.530	5.684	0.057	6.51	6.57
L6-3-8	0.08	11.10	2.528	5.668	0.057	7.81	5.98
L6-5-7	0.1	12.80	2.524	5.432	0.054	6.82	5.50
L6-7-5	0.12	16.50	2.520	5.420	0.052	6.82	5.39
L3-6-7	0.02	1.30	2.522	5.436	0.200	7.92	10.53
L4-4-6	0.04	5.70	2.520	5.678	0.200	8.03	11.68
L6-2-3	0.06	8.50	2.521	5.590	0.210	8.05	10.09
L6-3-5	0.08	9.50	2.520	5.134	0.220	8.83	9.02
L6-5-6	0.1	11.60	2.510	5.640	0.212	7.22	8.78
L6-7-4	0.12	14.20	2.520	5.834	0.223	6.32	8.61

　　根据图 2-21、图 2-22 可以看出，随着驱替速度、压力的增加，渗吸驱油效率先增加后下降，驱替速度在 0.04mL/min 左右渗吸驱油效果较好，而压力针对不同的渗透率存在不同的最优值。原因分析：过高的驱替压力，导致裂缝中的水以驱的方式挤压进大的等效毛管中，而渗吸是细的毛细管进入，大的毛管出（图 2-22）；因此，增大驱替速度、驱替压力阻碍了渗吸作用，不利于渗吸；而过低的驱替压力、驱替速度虽然有利

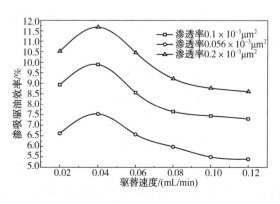

图 2-21　驱替速度与渗吸驱油效率的关系曲线

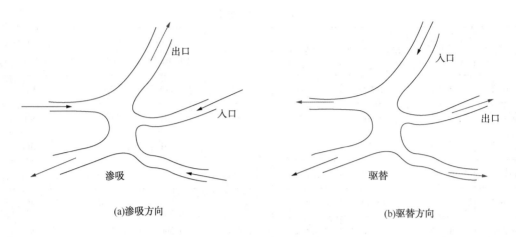

(a)渗吸方向　　　　　　　　　　　　　　　(b)驱替方向

图 2-22　渗吸与驱替差异图

发挥毛管力的渗吸作用，但是不利于克服毛管末端效应；导致渗吸驱油量较少，渗吸驱油效率较低。

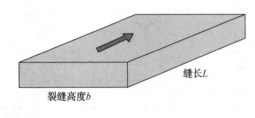

图 2-23　裂缝简图

4. 裂缝尺寸对动态渗吸驱油的影响

裂缝简图见图 2-23。

L. H. Reiss 提出了计算片状裂缝渗透率的简化模型公式：

$$k_f = 8.33 \times 10^4 \phi_f b^2 \qquad (2-15)$$

其中，在只有一条裂缝时：

$$\phi_f = bL/A \qquad (2-16)$$

考虑到渗吸平衡时，只存在裂缝中的渗流，假设裂缝中符合达西渗流，裂缝的渗透率可以根据达西公式计算：

$$k_f = \frac{q\mu L}{A(P_1 - P_2)} \qquad (2-17)$$

因此，可以由式(2-15)、式(2-16)、式(2-17)推导出缝宽的计算公式：

$$b = 0.023\left(\frac{q\mu}{P_1 - P_2}\right)^{1/3} \qquad (2-18)$$

式中　b——裂缝宽度，mm；

　　　q——流量，mm^3/s；

　　　μ——流体黏度，Pa·s；

　　　P_1——注入端压力，Pa；

　　　P_2——出口端压力，Pa。

为了研究裂缝开度对其的影响，可以通过往裂缝中加入细铜丝的方法，制作不同开度的裂缝；根据裂缝岩心的计算方法可以得出不同裂缝尺寸下的渗吸采出程度，具体见图 2-24。

图 2-24　不同裂缝的尺寸

根据图 2-25 可以看出，裂缝开度也存在一个合理的范围，其合理范围在 0.3 ~ 0.4μm 左右。产生的原因是：在相同驱替速度下，不同的裂缝尺寸导致裂缝中的渗流速度、驱替压力不同，最终导致采收率不同。归根结底主要是驱替速度与渗吸的速度的最佳耦合。

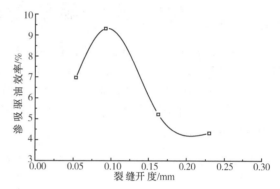

图 2-25　裂缝开度与渗吸采出程度的关系曲线

2.2.4　致密基质岩心水驱采出程度研究

为了比较理想状态下，水驱与渗吸两者采出方式对于研究区致密岩心采出程度的影响，选用不同渗透率的岩心，固定驱替速度为 0.02mL/min，开展纯基质岩心驱替实验，实验结果数据表，见表 2-14 及图 2-24。

表 2-14　驱替实验数据表

岩心号	长度/cm	直径/cm	渗透率/$10^{-3}\mu m^2$	孔隙度/%	含水饱和度/%	最终采出程度/%	含水 95%时采出程度/%
L6-3-4	5.36	2.49	0.032	7.2	38.04	28.71	26.42
L6-1-1	5.34	2.47	0.066	6.8	37.48	38.62	35.54
L6-8-2	5.27	2.48	0.113	7.32	35.83	43.54	40.07
L6-5-6	5.56	2.49	0.212	7.22	35.64	47.59	43.80

根据表 2-14 及图 2-26 可以看出，随着渗透率的增加，采出程度逐渐增加。

第一次含水 98%时，$0.032\times10^{-3}\mu m^2$、$0.066\times10^{-3}\mu m^2$、$0.113\times10^{-3}\mu m^2$、$0.212\times10^{-3}\mu m^2$ 的采出程度分别为 26.42%、35.54%、40.07%、43.80%。当注入量为 1PV 时，不同渗透率下的采出程度分别为 26.69%、35.90%、40.48%、44.24%；当注入量为 5PV 时，不同注入速

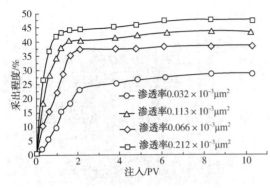

图 2-26　不同渗透率下的驱替实验

度下的采出程度分别为 27.76%、37.34%、42.10%、46.02%；当注入量为 10PV 时，不同注入速度下的采出程度分别为 28.65%、38.54%、43.44%、47.49%。

随渗透率的增加（岩心内部连通性增强），水驱采出程度逐渐增加（28.71% ~ 47.59%），采出程度高于渗吸采出程度，由于基质岩心致密，室内水驱压力较高（6 ~ 8MPa），远远高于矿场实际水驱压力梯度。

2.3　渗吸-驱替核磁共振的定量研究

核磁共振技术作为一种新兴的岩心分析技术在石油勘探开发中的应用发展很快，它对岩石孔隙中流体所含的氢核 [1]H 进行探测，测量不同喉道半径 T_2 弛豫时间谱来反映微观的喉道分布和不同大小孔隙中的流体量，进而实现对油水两相渗流机理较为全面认识。本节利用核磁共振技术，开展渗吸-驱替微观表征，定量分析渗吸-驱替两种方式对研究区长 8 岩心采出程度及流动前后可能流体分布范围。

2.3.1　核磁共振技术的基本原理与方法

1. 基本原理

核磁共振技术是利用带有核磁性的原子与外磁场的相互作用引起的共振现象来检测各种物质。自然界中有近一半的元素具备这种核磁性，但多数信号较弱。而在地层所含的元素中，氢核的磁旋比最大，具有较高的丰度，所以石油行业中基本以检测氢核的核磁共振信号为主要测量手段。

氢核具有核磁矩，核磁矩在外加静磁场中会产生能级分裂，此时当有选定频率的外加射频场时，核磁矩就会发生吸收跃迁，产生核磁共振。通过适当的探测，接收线圈就可以探测到核磁共振信号（磁化矢量），核磁共振信号强度与被测样品内所含氢核的数目成正比。

核磁共振中极其重要的一个物理概念是弛豫，弛豫是磁化矢量在射频场的激发下发生核磁共振时偏离平衡态后又恢复到平衡态的过程，标识弛豫速度快慢的常数称为弛豫时间。

对纯净物质样品（如纯水），每个氢核所处的环境以及与原子核的相互作用均相同，因此可用一个单一的弛豫时间 T_2 来描述样品的物性；而对于岩石多孔介质而言，情况要复杂得多，储层岩石中矿物组成和孔隙结构非常复杂，流体存在于多孔介质中，被许多界面分割包围，孔道形状、大小不一，原子核与固体表面上顺磁杂质接触的机会并不一致，使得各个原子核弛豫得到加强的概率不等，所以岩石流体系统中原子核弛豫不能以单个弛豫时间来描述，而应当是一个分布。不同岩石流体系统的物性决定了它们具有不同的 T_2 分布，因此反过来获得了它们的 T_2 分布就可以确定它们的物理性质。

根据核磁共振快扩散表面弛豫模型，单个孔道内的原子核弛豫可用一个弛豫时间来描述，此时，T_2 可表示为：

$$\frac{1}{T_2} = \frac{1}{T_{2B}} + \rho_2 \frac{S}{V} + \gamma^2 G^2 D \tau^2 / 3 \tag{2-19}$$

式中，等号右边第一项称作体弛豫项，T_{2B} 的大小取决于饱和流体性质，因此该项容易去掉；第三项称作扩散弛豫项，通过采用所建立的核磁共振去扩散测量实验技术，该项也可以被去掉。因此，对弛豫时间起主要贡献的只有第二项，即表面弛豫项。

$$\frac{1}{T_2} = \rho_2 \frac{S}{V} \tag{2-20}$$

式中　ρ_2——表面弛豫强度，取决于孔隙表面性质和矿物组成；

S/V——单个孔隙的比表面，与孔隙半径成反比。

表面弛豫主要受孔隙大小的影响，小孔隙使得弛豫时间缩短，而大孔隙产生较长的弛豫时间。

对于由不同大小孔隙组成的岩石多孔介质，总的弛豫为单个孔隙弛豫的叠加，即：

$$S(t) = \sum A_i \exp(-t/T_{2i}) \tag{2-21}$$

式中　$S(t)$——总核磁信号强度；

A_i——弛豫时间 T_{2i} 组分所占的比例，即为与 T_{2i} 对应的一定孔径的孔隙体积占总孔隙体积的百分率。

2. 基本方法

对于岩石样品，由于大孔隙中水相的弛豫时间与油相弛豫时间很接近，所以从某一 T_2 谱上很难分辨出油、水信号。由核磁共振基础理论知，岩石中若含有 Fe^{3+}、Mn^{2+} 等顺磁离子，这些离子会与流体的核自旋发生较强的相互作用，大大加强了核自旋弛豫作用，加快信号的衰减。同理，若加入的顺磁离子能溶于水而不溶于油，流体中的水的信号就会加速衰减直到消失，而油的信号保持不变，测得的 T_2 谱即为油相的弛豫谱，因此弛豫时间谱的积分和即为样品的含油量与岩心总体积的百分比，再利用之前测得的岩心样品的孔隙度，便可得到该状态下样品的含油饱和度及经过不同处理后岩心的采出程度。同时根据核磁共振机理，弛豫时间与孔隙半径有如下关系：

$$r = \frac{0.735 \times T_2}{C} \tag{2-22}$$

式中　C——孔隙模型类型，取 $1.71ms/\mu m$。

2.3.2　渗吸–驱替核磁定量表征

1. 实验设备及材料

实验装置由核磁共振测试仪、驱动系统、渗吸瓶、岩心夹持装置等组成。核磁共振测试仪采用北京大学研制的 UNIQ-PMR 型脉冲核磁共振岩样分析仪，磁场强度 2305 高斯，共振频率 10MHz。驱动系统采用的 1 台 ISCOSOOD 柱塞泵，精度为 1%，流量是 0~200mL/min。

岩心采用延长油田富县水磨沟长 8 区块取得的天然岩心，并经过了洗油处理，其基本参数见表 2-15；实验所用流体为模拟地层水和模拟油，模拟地层水为浓度为 20000mg/L 的 $MnCl_2$ 溶液，实验用油为模拟原油，在地层温度 54℃下其黏度为 2.75mPa·s。

表 2-15　所用岩心基本数据

岩心号	长度/cm	直径/cm	孔隙度/%	渗透率/$10^{-3}\mu m^2$	方式
2-1	2.522	2.52	8.49	0.093	渗吸法
2-3	2.64	2.52	7.12	0.095	驱替法

续表

岩心号	长度/cm	直径/cm	孔隙度/%	渗透率/$10^{-3}\mu m^2$	方　式
3-2	2.434	2.52	2.00	0.056	渗吸法
3-3	2.578	2.52	1.88	0.068	驱替法
5-1	2.484	2.52	10.22	0.269	渗吸法
5-2	2.52	2.52	11.50	0.215	驱替法

2. 实验步骤

（1）锰离子消除水信号处理：将洗油的地层水饱和岩样在浓度为 20000mg/L 的 $MnCl_2$ 溶液中浸泡，12h 后，Mn^{2+} 充分扩散进入岩样孔隙内，岩样中的水信号基本完全消除。

（2）将岩心装入驱替流程，用模拟油饱和岩心，建立束缚水，驱替倍数为 10PV，并用核磁共振测试其束缚水状态的 T_2 谱图。

（3）岩心分为 3 组，每组岩心均为来源于同一长岩心且物性相近的两块短岩心，将每组两块岩心分别进行自发渗吸实验和 $MnCl_2$ 溶液驱油实验，至自发渗吸油量不再变化及水驱油至没有油产出时，用核磁共振测试其残余油状态的 T_2 谱图。

（4）根据测试得到的 T_2 谱图计算岩心的原油采出程度，处理实验数据。

3. 实验结果与分析

1）水驱油实验特征分析

图 2-27 中显示的是 3 块岩心样品的水驱油前后核磁共振 T_2 谱图。以 2-3 岩心为例，其

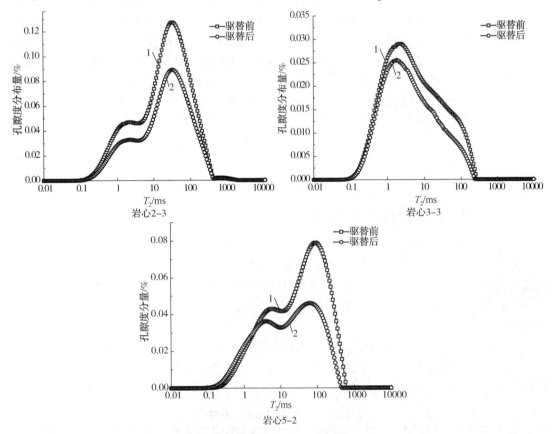

图 2-27　水驱油前后核磁共振 T_2 谱图

中，曲线 1 是水驱油前即水驱油过程零时刻时测得的图谱，即原始含油饱油分布信息图谱；曲线 2 则表示驱替结束后，残余油分布信息图谱。两条曲线之间的区域表示进入的水量（即排出的油量），区域面积越大，表示进入的水量或排出的油量越多。

由两条曲线的对比可知：对于研究区不同物性岩心，在水驱油过程中，油量的减少使得测得的油相弛豫信号在逐渐缩短，T_2 谱左右峰都有减小，但右峰幅度减小明显，表明注入水主要驱替的是一些大孔道和稍小孔道中的原油。由残余油曲线可以看出，残余油弛豫谱左峰高，大孔道中残余油分布比例较小，表明残余油主要存在于小孔道中，大孔道中只有较少分布。由饱和油含量和残余油含量得到此 3 块岩心的最终驱油效率分别为 35.93%、32.30%、39.32%。

2）渗吸实验特征分析

从图 2-28 中可以看出：在岩心原始含油时，测出的含油孔径分布为两个峰，左边峰表示的是小孔道部分，右边峰表示的是大孔道部分。经过一段时间的自发渗吸后，左右两个峰幅度比原始含油时测得的幅度均变小了。这说明致密砂岩因孔径很小，而毛管力作用很大，毛管渗吸作用较强，即基质小孔道中的原油靠毛管力的作用吸入水排出油。所以发挥好毛管力吸入水排出油的渗吸作用，对提高储层基质采收率具有重要意义。由饱和油含量和残油油含量得到此 3 块岩心靠渗吸作用驱出的采收率分别为 17.74%、14.70%、19.49%。因此，在致密油藏中，渗吸的作用是不可忽略的。

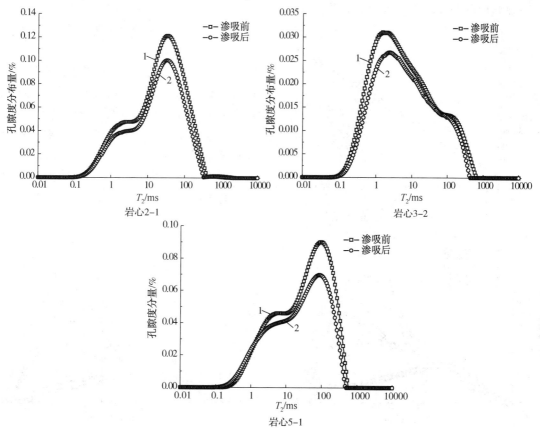

图 2-28　渗吸前后核磁共振 T_2 谱图

3）渗吸与驱替对比分析

6 块岩心物性参数及驱替和渗吸作用的实验结果如表 2-16 所示。

表 2-16 驱替和渗吸作用的核磁共振实验结果

岩心号	孔隙度/%	渗透率/$10^{-3}\ \mu m^2$	最终采收率/%	处理方式
2-1	8.49	0.093	17.74	渗吸
2-3	7.12	0.095	35.93	驱替
3-2	7.24	0.056	9.6	渗吸
3-3	7.88	0.068	32.30	驱替
5-1	10.22	0.269	19.49	渗吸
5-2	11.5	0.215	39.32	驱替

根据表 2-16，可以看出驱替采收率明显高于渗吸采收率，但从驱替压力梯度上看，纯基质岩心驱替采收率高，主要是由于高压驱替导致的，驱替压力梯度明显高于地层水驱时正常压力梯度，不符合实际矿场。

2.3.3 驱替与渗吸的可动流体半径分析

弛豫时间与孔隙半径有如下关系：

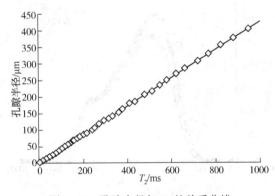

$$r = \frac{0.735 \times T_2}{C} \qquad (2-23)$$

根据弛豫时间与孔隙半径的关系式即可计算出孔隙半径与 T_2（根据核磁数据，有效 T_2 均小于 1000ms）的关系曲线（图 2-29）。

根据孔隙半径与 T_2 的关系，将 T_2 换算成孔隙半径，可得图 2-30、图 2-31。

根据弛豫时间可将岩心孔隙人为的分为大孔隙（>100ms）、中孔隙（10~100ms）、

图 2-29 孔隙半径与 T_2 的关系曲线

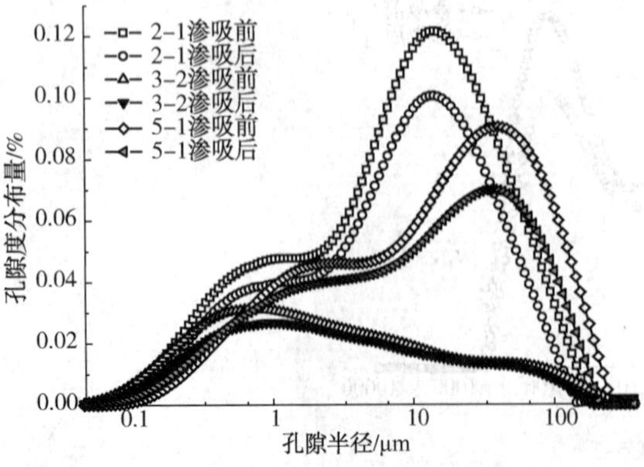

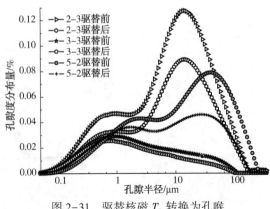

图 2-30 渗吸状态下核磁 T_2 转换为孔喉半径后孔喉分布图

图 2-31 驱替核磁 T_2 转换为孔喉半径后孔喉分布图

小孔隙(<10ms)，对应的孔隙半径为大孔隙(>21.5μm)、中孔隙(4.3~21.5μm)、小孔隙(<4.3μm)。定义出油百分比为不同孔隙出油量与总出油量的比值，采收率为不同孔隙总出油量与岩心中总含油量的比值(表2-17)。

表 2-17　岩心可动流体的采出程度分布

岩心号	孔隙类型	孔喉半径范围/μm	驱替出油百分比/%	渗吸出油百分比/%
2-1	小孔隙	<4.3	—	35.02
	中孔隙	4.3~21.5	—	42.40
	大孔隙	>21.5	—	22.58
2-3	小孔隙	<4.3	31.45	—
	中孔隙	4.3~21.5	45.46	—
	大孔隙	>21.5	23.09	—
3-2	小孔隙	<4.3	—	53.34
	中孔隙	4.3~21.5	—	25.24
	大孔隙	>21.5	—	21.42
3-3	小孔隙	<4.3	30.87	—
	中孔隙	4.3~21.5	55.04	—
	大孔隙	>21.5	14.09	—
5-1	小孔隙	<4.3	—	31.24
	中孔隙	4.3~21.5	—	48.42
	大孔隙	>21.5	—	20.34
5-2	小孔隙	<4.3	14.34	—
	中孔隙	4.3~21.5	41.78	—
	大孔隙	>21.5	43.88	—

根据不同类型孔隙的驱替与渗吸出油百分比的计算结果绘制柱状图，见图2-32。

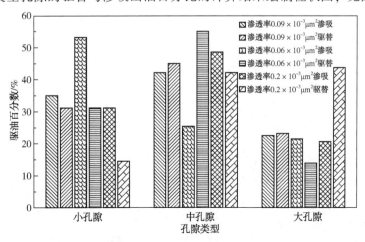

图 2-32　研究区不同物性岩心驱替-渗吸可动流体分布柱状图

根据图 2-32 及表 2-17 可以看出，$0.06×10^{-3}\ \mu m^2$ 岩样渗吸在小孔隙下的驱油百分数较高，大孔隙与中孔隙驱油百分数相差不大；而驱替在中孔隙、大孔隙下，驱油占的百分数较高；$0.09×10^{-3}\ \mu m^2$ 下渗吸、驱替都在中孔隙下的驱油百分数较高；$0.2×10^{-3}\ \mu m^2$ 下渗吸在中小孔隙下的驱油百分数较高，而驱替在大孔隙下，驱油占的百分数较高。整体看来：小孔隙是渗吸的主要场所，大孔隙是驱替的主要场所；但由于致密岩心微观孔隙结构复杂，且渗吸–驱替流动方向受微观孔喉润湿性影响，因此，渗吸与驱替可动流体分布没有严格的孔隙尺寸界限。（分析认为：随着渗吸与驱替流动过程的深入，最初渗吸阶段注入水沿小孔喉进入基质，水驱前缘逐步由小孔喉进入与其连通的中小等孔喉发生渗吸作用。而最初驱替阶段，注入水沿大孔喉进入基质，水驱前缘逐步过渡至与其连通的中细小孔喉时，从而激发渗吸驱动。）

第3章 低渗致密油藏表面活性剂驱优选评价体系

对于待实施表面活性剂驱的低渗致密油藏，为了判别其开发优先度，必须考虑以下两个方面：一是如何优选油藏；二是如何优选表面活性剂。因此，有必要建立一套优选评价体系。本章在详细阐述常用表面活性剂驱油藏优选评价方法的基础上，论述了适合低渗致密油藏表面活性剂驱优选评价方法和表面活性剂性能指标评价方法，指导表面活性剂驱的现场实施。

3.1 常用的表面活性剂驱油藏优选评价方法

目前表面活性剂驱油藏优选评价方法包括层次分析法、模糊综合评判法等主观赋权评价法和客观赋权评价法。主观赋权评价法由专家根据经验进行主观判断而得到权重。主观赋权评价法较好地考虑和集成了综合评价过程中的各种定性与定量信息，但各因素权重的确定带有一定的主观性。客观赋权评价法基本原理是按照各个指标间关系得到准确权数，如灰色关联度法、TOPSIS法、主成分分析法等；客观赋权评价法对原始数据的利用比较充分，信息损失比较少。但不能解决评价指标间相关造成的评价信息重复问题。表面活性剂驱油藏适用性评价时，涉及大量的复杂现象、多种因素的相互作用、大量的模糊现象和概念，因此模糊综合评价的方法近年来广泛地被应用于筛选及适应性评价研究。

3.1.1 常用表面活性剂驱油藏优选评价方法

1. 专家打分法

在油田开发系统决策与评价过程中，面临与多项目、多层次非定量化条件等交织复杂性较高的情况，目前较好的优化方式是专家打分法。

专家打分法：在面临开发阶段面临的各种问题时，由多个专家共同提出意见并汇总，经过整体分析后再针对所有问题打分，加权统计处理，得到各个方面分数的先后顺序，最终选择一个最佳方案处理问题。

此种方法的缺点是应用该方式所设置的问题必须人工设置，由各个专家根据个人经验和被提供资料来输入分值，由于数据不确定导致主动性较强，不是科学的计算方法。

2. 模糊层次分析法

模糊层次分析评价方法的总体思路是通过对油藏表面活性剂驱机理和影响驱油效果因素的分析和研究，建立了评价指标体系，给出这些指标的量化方法。通过使用模糊层次分析法计算获得该油藏评价参数权重，针对某个实际油藏，可创建适用于进行表面活性剂驱适宜度评价的模糊综合评判模型。

模糊层次分析法通过构造反映思维一致性模糊判断矩阵，以反映客观实际权重。不足之处表现在：①油藏渗透率、原油黏度、油藏温度等影响因素很难用一个准确的值来表示，油藏内描述它的数值处于一个变化状态，层次分析过程中只能通过平均值的计算方式来实现，该方式存在部分误差。②筛选参数不同的提高采收率方法之间无法互相比较。

3. 响应面法（RSM）

RSM 是数学方法和统计方法结合产物，针对多个不同变量产生的影响，建模并分析目标。

该方法在提高采收率方法上采用二阶响应模型，可以对不同提高采收率方式幅度、各个参数间进行有效连接。这种方式通过应用多种模拟计算方式对不同参数进行观测，从而可以将采收率幅度关系迅速提高，由此可获得采收率幅度与不同因素间产生的回归曲线观测系数与截距。

其缺点是：①该方法目前多应用于结构力学，食品等领域，很少运用于石油领域，可借鉴资料较少。②计算量较大，较多的变量个数使得准确构造一个近似多项式进行确定性分析会比较困难，从而导致耗时。③较强非线性模型，非正态分布，优化设计难度高。

经过总结和对比分析后，我们决定采用模糊层次分析法来建立油藏的提高采收率评价模型。

3.1.2　基于模糊优化理论的油藏优选评价方法

20 世纪 60 年代出现模糊数学理论，是目前处理模糊决策问题的主要方法。模糊决策问题内的约束条件与决策目标等存在模糊性，其中客观事物差异较为模糊。以处理该问题为目标而逐步出现的模糊决策在实践内应用更广泛。

1. 数学原理

设置模糊矩阵：

$$R = (r_{ij})_{m \times n} \quad 0 \leqslant r_{ij} \leqslant 1 \tag{3-1}$$

与模糊向量：

$$X = (x_1, x_2, \cdots, x_n) \quad 0 \leqslant x_i \leqslant 1, \ i = 1, 2, \cdots, n \tag{3-2}$$

则 $X \otimes R = Y$ 被称作模糊变换，如式（3-3）、式（3-4）：

$$r_{ij}^* = x_i \times r_{ij} \tag{3-3}$$

$$y_i = \sum_i^n r_i^* \tag{3-4}$$

模糊变换用于合成 R 模糊关系矩阵，在此设置两个不同有限论域：

$$U = (u_1, u_2, \cdots, u_n) \tag{3-5}$$

$$V = (v_1, v_2, \cdots, v_m) \tag{3-6}$$

式中　U——各个综合评判因素构成的集合；

　　　　V——不同评语构成的集合。

模糊变换 $X \otimes R = Y$ 内 X 为 V 上的模糊子集。U 的模糊子集为评判结果 Y。通常，Y 为评判的综合结果。

$$Y = (y_1, y_2, \cdots, y_m) \tag{3-7}$$

y_i 是评判对象与第 j 个模糊评语的隶属度。例如：

$$y_j = \max(y_1, y_2, \cdots, y_m) \quad 0 \leqslant j \leqslant m \tag{3-8}$$

则提出评判最终结果是第 j 个模糊评语。

2. 确定权重集与评判矩阵

在此，假定被评判事物为评价对象，采用一组模糊集合表达评价结果，该评语集合组成评语集，在此称作评价集，如下：

$$V = (v_1, v_2, \cdots, v_m) \tag{3-9}$$

目前，经常使用的评价集分为 3 个等级，分别为 5 等级、7 等级、9 等级。5 等级评语集可表示为 $V=$（好，很好，相当，很差，差）；7 等级评语集表示为 $V=$（很好，最好，好，差，相当，最差，很差）；9 等级评语集可表示 $V=$（很好，最好，好，相当，较好，较差，很差，差，最差）。经常使用的 5 等级、7 等级、9 等级所有评语可由表 3-1 表示。

表 3-1　定性指标等级量化表

等　级	1	2	3	4	5	6	7	8	9
9 等级	最差	很差	差	较差	相当	较好	好	很好	最好
7 等级	最差	很差	差		相当		好	很好	最好
5 等级	最差		差		相当		好		最好

表 3-1 为应用定性比较过程中常用的几种评价集方式，大部分人在介绍个人喜好时经常使用的词语为较好、很好、好以及最好等，而表达本人厌恶态度时常用的词语为差、较差、最差以及特别差等。心理学家米勒通过大量实验表明，对于某个特性辨别各个物体过程中，一般人可辨别的特性等级处于 5 级至 9 级内。量化定性指标后选择的等级为 5 级、7 级以及 9 级，经过转换后形成 1 到 9 之间数字作为量化值。

评价集 V 可以用某一区间的离散数值构成，如：

$$V = (1.5, 2.0, 2.5, 3.0) \tag{3-10}$$

上述数字表示评语隶属度，下面列出评价结果：

$$Y = (y_1, y_2, \cdots, y_m) \tag{3-11}$$

作为 V 中的一个模糊子集。y_i 表示向量 Y 与 V 相互对应条件下的评价隶属程度。

对评价结果产生影响的全部因素集合可构成一个因素集，在此表示为：

$$U = (u_1, u_2, \cdots, u_m) \tag{3-12}$$

基于第 i 个因素 μ_i 评价事物的方式被称为单因素评价，表示为：

$$r_i = (r_{11}, r_{12}, \cdots, r_{im}) \tag{3-13}$$

单因素评价只可以对事物某方面进行反映，总体状态无法准确反映。如果因素数量为 n 个，相应的评价因素向量数量为 n 个，构成相应矩阵，被称作评判矩阵：

$$R = (r_{ij})_{nm} \tag{3-14}$$

针对所有因素 μ_i 获得相应准确权重 x_i，直接表示影响评价结果的重要性。

$$X \otimes R = Y \tag{3-15}$$

目前模糊变换模型类型较多，本书选择使用相乘再相加方式，这种模型确保权重集内全部分量都能够被计算，通过数值表现出"综合"的意义。

$$X = (x_1, x_2, \cdots, x_m) \tag{3-16}$$

式(3-16)称为权向量或者权重集，可应用当前最新型模糊层次分析法（AHP）求得权重。

模糊一致判断矩阵 R 表示上层内某个元素与本层间存在相关性，及各个元素间对比的重要性，如果上一层中元素 C 与下一层次内元素 a_1，a_2，$\cdots$，a_n 等之间存在联系，则判断模糊一致性矩阵可表示为：

C	a_1	a_2	$\cdots$	a_n
a_1	r_{11}	r_{12}	$\cdot\cdot$	r_{1n}
a_2	r_{21}	r_{22}	$\cdot\cdot$	r_{2n}
$\cdots$	$\cdots$	$\cdots$	$\cdots$	$\cdots$
a_n	r_{n1}	r_{n2}	$\cdot\cdot$	r_{nn}

元素 r_{ij} 的重要意义：r_{ij} 表示对比元素 a_i、元素 a_i 与元素 C，元素 a_i 与元素 a_j 存在模糊关系。应用表 3-2 内 0.1~0.9 标度方式确定数量标度，从而定量描述任意两个不同方案针对某个准则的重要性。

表 3-2　模糊层次分析法的数量标度表

标 度	定 义	说　明
0.5	同等重要	两两元素相比较，同等重要。
0.6	稍微重要	两两元素相比较，一个元素比另一个元素稍微重要
0.7	明显重要	两两元素相比较，一个元素比另一个元素明显重要
0.8	重要得多	两两元素相比较，一个元素比另一个元素重要得多
0.9	极端重要	两两元素相比较，一个元素比另一个元素极端重要
0.1，0.2 0.3，0.3	反比较	若元素 a_i 和元素 a_j 相比较得到判断矩阵 r_{ij}，则元素 a_j 和元素 a_i 相比较得到的判断为：$r_{ji} = 1 - r_{ij}$

存在以上数字标度后，对比元素 a_1，a_2，$\cdots$，a_n 与上一层元素 C，可产生如下模糊判断矩阵：

$$R = \begin{bmatrix} r_{11} & r_{12} & \cdot\cdot & r_{1n} \\ r_{21} & r_{22} & \cdot\cdot & r_{2n} \\ \cdots & \cdots & \cdots & \cdots \\ r_{n1} & r_{n2} & \cdot\cdot & r_{nn} \end{bmatrix}$$

下面列出 R 的基本性质：

（1）$r_{ij} = 0.5$，$i = 1$，2，$\cdots$，n。

（2）$r_{ij} = 1 - r_{ij}$，$i = 1 - r_{ji}$，i，$j = 1$，2，$\cdots$，n。

（3）$r_{ij} = r_{ik} - r_{jk}$，i，j，$k = 1$，2，$\cdots$，n。

R 为模糊一致矩阵，需要对其进行调节，下面列出实际调节流程：

首先，与其他元素重要性相比，获得一个把握性较强的判断元素，具有普遍性，决策者提出在判断 r_{11}，r_{12}，$\cdots$，r_{1n} 方面的把握度较高。

其次，R 的第一行元素与第二行相应元素相减，产生的 n 个差数是一个常数，此时对第二行元素无须调整。反之，则要调整第二行元素，第一行元素与第二样元素相减后的差值为一个常数后停止。

最后，R 的第一行元素与对应的第三行元素相减后，结果显示 n 个差数是一个常数，第三行元素无须重新调整，反之则需要调整第三行元素，最终到第一行元素与第三行元素相减后的差值为一个常数后停止。

R 模糊判断矩阵属于模糊一致矩阵，根据下列式(3-17)求出权重 ω_j：

$$\omega_j = \frac{1}{n} - \frac{1}{2a} + \frac{1}{na}\sum_{k=1}^{n} r_{ik} \quad j \in \Omega \tag{3-17}$$

式(3-17)中，a 表示人们对于感知对象间存在差异程度的度量标准，其中差异程度与评价对象数量对该值有一定影响，a 值与权重差值呈反比，a 增加相应的权重差值降低，a 减少则权重差值升高。权重差值处于 $a = (n-1)/2$ 时值最高。a 值越小表示决策者关注各个元素间差异性，a 值越大表示决策者更关注各个元素间存在的差异。应用时选择 $a = (n-1)/2$ 时最佳，该方式作为当前对最重视元素间重要程度的取值方式，n 的值较高时产生的差异较小。参数为 $a = (n-1)/2$ 时无法确定权重非负性，$a > (n-1)/2$，则 a 增加后元素内最大权重值降低，相应的权重差值降低。

3. 模糊综合评判流程

通过模糊综合法评价的流程如下：

(1) 获得准确评判对象。

(2) 获得准确评语集 $V = (v_1, v_2, \cdots, v_m)$。

(3) 获得准确因素集 $U = (u_1, u_2, \cdots, u_m)$。

(4) 基于因素获得准确，再进一步构造为 $R = (r_{ij})_{nm}$。

(5) 获得准确权重集 $X = (x_1, x_2, \cdots, x_m)$。

(6) 选择最佳计算模型进行模糊变换，得出 $Y = X \otimes R$。

(7) 采用某种适合方式转换计算结果为需要形式的结论。

图 3-1 表示单级模糊综合评判框图，能够转换评价语言为 V 上的模糊集。

图 3-1　单级模糊综合评判框图

复杂性较高的评价项目中，大部分因素由于各种层次会对评判结果产生影响，因此要按照不同层次因素综合评判各个层次单级模糊值，获得的结果为总体评判结果，被称作多级模糊综合评判。

3.1.3　适宜度分析

将模糊综合评价方法应用于某一具体表面活性剂驱提高石油采收率候选目标储层评价中时，取得理想效果的关键是单因素评价向量的确定。在体系指标的建立过程中，表面活性剂驱提高石油采收率的各个因素指标的分级区间需要量化。在此获得单因素评价向量值，并按照基本原则再引入经典的岭形分布函数，求得隶属函数，对表面活性剂驱油藏的模糊综合评价，在隶属函数基础上经过计算获得单因素评价向量。

1. 单因素评价向量

评价工程项目时试用的模糊评价集合 A|较好，好，较差，中等，差|，通过模糊评价集合 A 内不同元素强度评价某个因素 X 影响工程项目结果，也就是筛选 x 对表面活性剂驱提高石油采收率工程结果的影响，用单因素评价向量 $u(x)$ 来表示：

$$u(x) = \{u_1(x), u_2(x), u_3(x), u_4(x), u_5(x)\} \tag{3-18}$$

式中　X——筛选因素 X 单因素评价结果；

　$u_1(x)$——x 在"好"强度内；

　$u_2(x)$——x 在于"较好"强度内；

　$u_3(x)$——x 在"中等"强度内；

　$u_4(x)$——x 在"较差"强度内；

　$u_5(x)$——x 在"差"强度内。

通常，与 X 因素相应的单因素评价结果 x 评价标准按照表3-3完成：

表3-3　工程因素 x 的评价标准表

评　语	好	较好	中等	较差	差
x	$a_0 \sim a_1$	$a_1 \sim a_2$	$a_2 \sim a_3$	$a_3 \sim a_4$	$a_4 \sim a_5$

其中，$a_0 < a_1 < a_2 < a_3 < a_4 < a_5$。

经过研究与实例计算显示，单因素评价向量执行时需要遵循的基本原则：

1）大隶属度原则

若 $x \in (a_i, a_{i+1})$，则 $u_{i+1}(x) = \max\limits_{j=1, 2, \cdots, 5} \{u_j(x)\}$，$i = 0, 1, 2, 3, 4$。

2）区别性原则

当 $x_1 \neq x_2$ 时，必有 $u(x_1) \neq u(x)$。

3）一致性原则

当 $x_1 \rightarrow x_2$ 时，必有 $\| u(x_1) - u(x_2) \| \rightarrow 0$。

4）极限原则

当 $x \rightarrow a_0$ 时，$u(x) \rightarrow (1, 0, 0, 0, 0)$。

当 $x \rightarrow a_5$ 时，$u(x) \rightarrow (0, 0, 0, 0, 1)$。

2. 准确隶属函数

通过多次数值实验后并将传统岭形函数引入，可以达到符合以上原则的隶属函数，转变非等距区间线性变化为等距区间，采用对称形式岭形对于隶属度分布密度函数表示；按照极限准确得到准确的密度函数分布，可以获得准确隶属函数：

1）变换线性等区间

非等距的区间线性变化成等距区间方法如下，设：

$$s = \min\{a_1 - a_0, a_2 - a_1, a_3 - a_2, a_4 - a_3, a_5 - a_4\} \tag{3-19}$$

$$\begin{cases} a_0^* = a_0 \\ a_i^* = a_0^* + is \end{cases} \quad i = 1, 2, \cdots 5 \tag{3-20}$$

则:

$$x^* = a_0^* + \left(i + \frac{x - a_{i-1}}{a_i - a_{i-1}} \right) s \tag{3-21}$$

2) 左零点与右零点的确定

左零点的确定:

$$D(x) = -4s - 0.6a_0 + 1.6x^* \tag{3-22}$$

右零点的确定:

$$C(x) = s - 0.6a_0 + 1.6x^* \tag{3-23}$$

3) 分布密度函数的确定

当 $x^* < \dfrac{a_0^* + a_5^*}{2}$ 时,

$$f(y) = \begin{cases} 0.5 - 0.5\sin\dfrac{\pi}{C(x^*) - x^*}\left(2x^* - y - \dfrac{C(x^*) + x^*}{2} \right) & y \in \left[\min\{2x^* - C(x^*),\, a_0^*\},\, x^* \right] \\ 0.5 - 0.5\sin\dfrac{\pi}{C(x^*) - x^*}\left(y - \dfrac{C(x^*) + x^*}{2} \right) & y \in \left[x^*,\, C(x^*) \right] \\ 0 & \text{else} \end{cases}$$

$$\tag{3-24}$$

当 $x^* \geqslant \dfrac{a_0^* + a_5^*}{2}$ 时,

$$f(y) = \begin{cases} 0.5 - 0.5\sin\dfrac{\pi}{x^* - D(x^*)}\left(2x^* - y - \dfrac{D(x^*) + x^*}{2} \right) & y \in \left[x^*,\, \min\{a_5^*,\, 2x^* - D(x^*)\} \right] \\ 0.5 - 0.5\sin\dfrac{\pi}{x^* - D(x^*)}\left(y - \dfrac{D(x^*) + x^*}{2} \right) & y \in \left[D(x^*),\, x^* \right] \\ 0 & \text{else} \end{cases}$$

$$\tag{3-25}$$

4) 确定隶属度方式

区间隶属度通过区间中平均分布密度进行表示:

$$u_i^* = \frac{1}{a_i^* - a_{i-1}^*} \int_{a_{i-1}^*}^{a_i^*} f(y)\,\mathrm{d}y \quad i = 1,\ 2,\ \cdots,\ 5 \tag{3-26}$$

归一化后,

$$u_i(x) = \frac{u_i^*}{\displaystyle\sum_{i=1}^{5} u_i^*} \quad i = 1,\ 2,\ \cdots,\ 5 \tag{3-27}$$

5) 隶属函数符合以上基本原则证明过程

证明:分布密度函数间距相等且对称,因此可以得出隶属度符合最大隶属度基本原则,如果 $x_1 \to x_2$,$f_1(y) \to f_2(y)$,得出隶属度符合一致性原则。而当 $x_1 \neq x_2$ 时,$f_1(y) \neq f_2(y)$,因此,它满足区别性原则。当 $x \to a_0$ 时 $C(x) \to a_1$,而当 $x \to a_5$ 时 $D(x) \to a_4$,因此,隶属函数满足极限性原则。得到隶属函数后,针对具体候选油藏,可得到具体油藏参数属于好、

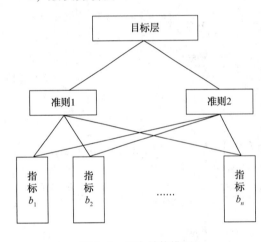

较好、中等、较差、差的程度。12 个因素便有 12 个单因素评价向量，它们组成了油藏注表面活性剂的评判矩阵 $R = (r_{ij})_{12 \times 5}$。

3. 权重的确定

在表面活性剂驱提高石油采收率评价时，可按两个层次进行分析。油藏特性、原油特性以及岩石特性 3 个不同指标排列为一个一级评价因素，原油密度、原油黏度、油藏深度、含油饱和度、油藏温度、油藏压力、储层厚度、油藏倾角、润湿性、孔隙度、渗透率以及非均质性等指标形成下一级评价因素。不同指标在方案评价内产生的作用与权重存在差别。在此调整权重与确定权重方式得出与真实情况相符的分析结果。下面列出当前应用较多的确定权重方式：

1) 专家评判法

该方法表现出较强主观性，评判的专家数量较多，最后对各个专家信息进行综合后获得，并不是科学的计算方法。

2) 层次分析法

层次分析法(简称 AHP)把复杂的问题分为若干层次，再判断各个层次中元素重要性构造判断矩阵。在这种判断矩阵基础上求得最大特征根与相应特征向量，从而得出每层内不同元素权重，再采用一致性检验获得相应权重。层次分析法中最重要的是判断构造矩阵，在此过程中需要对比两个不同元素重要性，常用的方法是九标度法，求特征向量时用的方法是求方根法。下面列出基本流程：

第一，创建层次结构模型。

创建分类指标集时可以显著得出层次结构模型，图 3-2 表示层次结构模型。

图 3-2　层次结构模型

第二，构造判断矩阵。

针对各层结构与上层结构内因素，对比本层中不同因素重要性与大小，采用适合的标度表示对比结果，表 3-4 为矩阵形式，也是判断矩阵。

表 3-4　层次分析标度表

标　度	含　义
1	表示两个因素相比，具有同样重要性
3	表示两个因素相比，一个比另一个稍微重要
5	表示两个因素相比，一个比另一个明显重要
7	表示两个因素相比，一个比另一个强烈重要
9	表示两个因素相比，一个比另一个极端重要
2、3、6、8	上述两相邻判断的中值
倒数	因素 i 与 j 比较得到的判断 B_{ij}，则因素 j 与 i 比较得到的判断 $B_{ji} = 1/B_{ij}$

由对目标层出发，表 3-5 为准则层中两个元素的判断矩阵。

表 3-5　准则层判断矩阵

关于目标层	准则 1	准则 2
准则 1	b_{11}	b_{12}
准则 2	b_{21}	b_{22}

针对准则层内任何元素可以创建指标层元素的判断矩阵，表 3-6 为基于准则 1 创建的判断矩阵。

表 3-6　基于准则 1 创建的判断矩阵

关于准则 1	指标 b_1	指标 b_2	……	指标 b_n
指标 b_1	b_{11}	b_{12}	……	b_{1n}
指标 b_2	b_{21}	b_{22}	……	b_{2n}
……	……	……	……	……
指标 b_n	b_{n1}	b_{n2}	……	b_{nn}

需要注意的是判断矩阵中标度要有权威认同。

第三，计算权重。

对于矩阵内各行中的全部元素几何平均值计算，获得向量：

$$M = \left[m_1, \ m_2, \ \cdots, \ m_n \right]^{\mathrm{T}}, \ m_i = \sqrt[n]{\prod_{j=1}^{n} b_{ij}}, \ (i = 1, \ 2, \ \ldots, \ n) 。 \tag{3-28}$$

归一化处理向量 M，获得相对权重向量：

$$W = \left[w_1, \ w_2 \cdots, \ w_n \right]^{\mathrm{T}}, \ w_i = m_i \Big/ \sum_{j=1}^{n} m_j 。 \tag{3-29}$$

第四，检验一致性。

客观事物复杂性较高，通常人们在判断时会存在心理波动，造成判断矩阵结果不准确。在此需要检验判断矩阵一致性，确保结果可靠性较高，下面为具体流程：

（1）最大特征值计算：

$$\lambda_{\max} = \frac{1}{n} \sum_{i=1}^{n} \frac{(PW)_i}{w_i} \tag{3-30}$$

（2）检验偏离一致性指标并计算：

$$CI = \frac{\lambda_{\max} - n}{n - 1} \tag{3-31}$$

（3）根据表 3-7 对随机一致性指标 RI 查询。

表 3-7　一致性指标 RI

N	1	2	3	4	5	6	7	8	9
RI	0	0	0.52	0.89	1.12	1.26	1.36	1.41	1.46

（4）对偏离一致性检验指标修正 $CR = CI/RI$。

一般情况下 $CR \leqslant 0.10$，表示判断矩阵符合要求的一致性，如果大于该值则表示需要对元素内标度值调整。

（5）计算组合权重。

折算最低层指标值目标层，计算求出指标最后权重。

3）完善层次分析法

层次分析法中最重要的是构造判断矩阵，采用更加科学与合理的方式定义 9 标度。对于判断矩阵的给出，专家和决策者往往觉得比较困难，且不容易适应和熟悉 1~9 的比较标度，经常难以给出一致性较好的判断矩阵。改进层次分析法就是为了解决这一问题而提出对比两个元素重要性，标记 9 标度为简单的 3 标度矩阵。用 3 标度构造判断矩阵方法如下：

$$C = \begin{bmatrix} C_{11} & C_{12} & \cdots & C_{1n} \\ C_{21} & C_{22} & \cdots & C_{2n} \\ \cdots & \cdots & \cdots & \cdots \\ C_{1n} & C_{2n} & \cdots & C_{nn} \end{bmatrix}$$

上述公式中，$C_{ij} = 2$ 表示第 i 个元素与第 j 个元素相比更重要，$C_{ij} = 1$ 表示第 i 个元素与第 j 个元素相比重要性相同，$C_{ij} = 0$ 表示第 i 个元素与第 j 个元素相比，重要性较小。

令 $r_i = \sum_{j=1}^{n} C_{ij} (i=1, 2, \cdots, n)$，设 b_m 为 r_{max} 与 r_{min} 比较时的一种标度，可将 3 标度转化为 9 标度：

$$b_{ij} = \begin{cases} \dfrac{r_i - r_j}{r_{max} - r_{min}} \times (b_m - 1) + 1 & r_i > r_j \\ 1 & r_{max} = r_{min} \\ \left[\dfrac{r_i - r_j}{r_{max} - r_{min}} \times (b_m - 1) + 1 \right]^{-1} & r_i < r_j \end{cases} \tag{3-32}$$

式中：

$$b_m = r_{max}/r_{min} \quad r_{max} = \max(r_i)(1 \leqslant i \leqslant n), \quad r_{min} = \min(r_i)(1 \leqslant i \leqslant n)。$$

应用最优传递矩阵概念改造矩阵 B，从而符合一致性需求。令 $a_{ij} = \lg b_{ij} (i, j = 1, 2, \cdots, n)$，$c_{ij} = \sum_{k=1}^{n} (a_{ik} - a_{jk})/n$，$b_{ij}^+ = 10^{c_{ij}} (i, j = 1, 2, \cdots, n)$，则矩阵 $B^+ = (b_{ij}^+)_{n \times m}$ 具有较好的一致性，可作为判断矩阵，用方根法求 B^+ 最大特征根对应的特征向量，可得权重计算结果（表3-8）。

表3-8　为 3 标度法权重确定矩阵形式。

题目	利用改进层次分析法确定指标权重				
填写方法	如果您认为指标 t_i 比 t_j 重要，则填写2；如果 t_i 与 t_j 同等重要，则填写1；如果 t_i 没有 t_j 指标重要，则填写0				
	t_1	t_2	t_3	……	t_n
t_1					
t_2					
t_3					
…					
t_n					

4. 确定适宜度

基于深入研究指标量化，采用指标隶属函数获得不同表面活性剂驱候选油藏各评价指标，并得到不同指标下的单因素评价矩阵，与上一节得到的指标权重相结合再分配权重，采用创建的模糊综合评判法多级评判单一油藏，并得到相应的评价指标 $Y = (y_1, y_2, \cdots, y_m)$，采用如下几种方式对评判对象评价。

1）最大隶属度法

对应于 $\max y_i$ 最大评判指标备择元素 v_L 的评判的结果，如下表示。

$$V = \{v_L \,|\, v_L \rightarrow \max y_i\} \tag{3-33}$$

例如，处于一级评判影响某油藏原油特性的各个单因素评价矩阵表示为，原油密度（0.576，0.398，0.026，0，0），剩余油饱和度（0.132，0.538，0.3，0.019，0.001），原油黏度（0.803，0.197，0，0，0），原油特性综合评价结果（0.516，0.359，0.118，0.007，0），基于最大隶属度原则，确定最佳原油特性适宜度。

最大隶属度法很可惜的是其舍去了其他指标提供的信息而只考虑了最大评判指标的贡献。

2）加权平均法

取不同备择元素 v_i 值作为评判的结果，如下表示：

$$V = \sum_{i=1}^{n} y_i v_i \bigg/ \sum_{i=1}^{n} y_i \tag{3-34}$$

如果评判指标 y_i 已归一化，则：

$$V = \sum_{i=1}^{n} y_i v_i \tag{3-35}$$

如果评判对象是数性量，则按最大隶属度法或加权平均法取值，便是对该量模糊综合评价的结果。如果评判对象是非数性量，则备择集将是：

$$V = \{好，较好，中等，差，较差\} \tag{3-36}$$

此时，无法用加权平均法，而只能用最大隶属度法。若要用加权平均法，需将备择元素数量化，即分别用一适当的数字来表示它们。

3）模糊分布法

该方式将评判指标设置为评判结果，或者为归一化评判指标。通过不同评判指标对各个对象特性分布状态评判，同时评判者对评判对象有更深层次的了解，并能作各种灵活的处理。

3.2　基于神经网络模型的表面活性剂驱油藏筛选评价方法

目前，表面活性剂驱油藏筛选评价指标主要为渗透率、润湿性、孔隙度、非均质性、油藏压力、油藏深度、储层厚度、油藏温度、原油黏度、原油密度、含油饱和度、传导率、驱动机制等，但评价指标建立不系统、重复，且部分指标无法量化，确定权重时采取的方法为人工方法、油藏数值模拟、数理统计方法，以上均认为储层物性相对于采收率的权重不变。

实际上，相对于采收率，各指标权重会随油藏特征而发生动态变化，例如对于高渗油藏，渗透率权重会很高，但对于低渗油藏含油饱和度权重会更高。针对该问题，本节引入神经网络方法对模糊评判法做了修正，论述了低渗透油藏表面活性剂驱优选评价模型的建立，并用实例论证了模型的可靠性。

3.2.1 神经网络模型概述

人工神经网络（ANN）是在模拟真实人脑神经网络基础上创建，模拟人脑与计算性能时利用多个交互连接的独立神经元实现。ANN 属于计算机信息处理系统，被称作神经计算机，其可以同时执行数据存储与数据处理，同时具有大规模模拟、并行处理流程、自适应能力以及自主学习能力等；最后是拥有强大的容错能力。此外，人工神经网络不需要考虑所研究系统和所处理数据的复杂性而直接反映出输入与输出数据之间隐含的非线性关系。由于具有该特殊能力可以在更多领域应用，包括环境科学工程、机械自动化、化学工程以及石油工程等。人工神经网络在识别信息处理模式、划分模型类型、预测数值分析、逼近函数、鉴定非线性或者线性多变量系统中得到广泛的应用。

神经网络组成部分包括输入层、最少一层的隐含层以及输出层。神经网络基本结构单元可以将信号神经元进行接收、处理以及输出，作为一个分线性元件实现多输入与单输出。一个具有代表性的神经元由 4 个基本元素组成，分别为输入向量、一系列连接点或者突触、输入信号调节器以及传递函数等。输入向量由 P 表示，主要功能为保存数据信息；一系列连接点被称作权值 W；输入信号调节器被称作偏置值 b，可以对神经元时间累计、空间以及偏差等调节；传递函数主要功能为对神经元参数输出区间限制，一般区间为 $[-1，1]$ 或者 $[0，1]$。图 3-3 表示神经元基本结构。

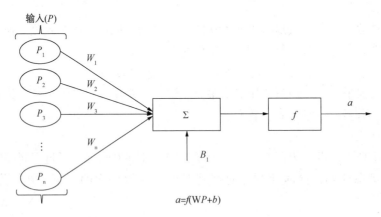

图 3-3 神经元基本结构

径向神经网络与反向传播神经网络是当前应用较多的神经网络模型。反向传播神经网络表示存在反向传播学习流程的前馈型神经网络，是所有神经网络里应用最多且最为经典的一种网络模型，是因为其具有可调性（可自行设置隐含层数）。图 3-4 表示一个三层输入、单输出神经网络模型结构图，可以准确查看信息流动状态。

BPNN 模型的设计过程如下：

（1）数据归一化：首先是将数据未均匀分布产生的误差降低，同时提高计算训练速度。

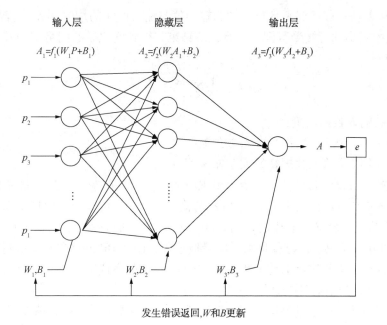

图 3-4　典型的三层反向传播神经网络模型结构图

归一化全部训练数据至一定范围内(通常为[-1, 1])。预处理该数据在创建与优化网络方面具有必要性，特别是输入变量与输出变量间属于相同数量级情况下应用，下面列出归一化公式：

$$P_{n, j} = 2 \frac{P_i - P_{\min}}{P_{\max} - P_{\min}} - 1 \tag{3-37}$$

式中　$P_{n, j}$——输入变量 P_i 的归一化值；

$P_{\min}$——P_i 变量内最小值；

$P_{\max}$——P_i 变量内最大值。

（2）网络基本结构：通过对分析研究问题的难易程度，通过试差法获得准确的网络结构参数，其中主要有各个隐含层中神经元数量、隐含层具体层数、学习算法以及相邻两个层间传递函数类型以及学习速率等。

（3）信息前向传递：输入层接收外部输入数据信息，采用偏置值 B、权值 W 以及适合的传递函数传递信息至第一隐含层，再继续传输最终到输出层后停止，产生的结果作为目标参数预测值。上述流程如图 3-4 所示。最终得到的预测结果可用式（3-38）来计算（以三层 BPNN 模型为例）：

$$\begin{aligned}
A_3 &= f_3(W_3 A_2 + B_3) \\
&= f_3\{W_3[f_2(W_2 A_1 + B_2)] + B_3\} \\
&= f_3[W_3(f_2\{W_2[f_1(W_1 P + B_1)] + B_2\}) + B_3]
\end{aligned} \tag{3-38}$$

式中　A_j——第 j 层输出值；

W_j——第 j 层权值；

B_j——第 j 层的输偏置值矩阵；

f_j——该层的传递函数（j 取值为 1，2，3）。

（4）计算误差：一般情况下评价参数为输出值与输入值间的均方误差。若误差较大则持续训练直至误差减小到可接受范围内，则训练结束，得到优化后的网络结构及参数值。MSE 的计算公式如下：

$$MSE = \frac{1}{n} \sum_{i=1}^{n} \left(\frac{a_i - t_i}{t_i} \right)^2 \tag{3-39}$$

式中　MSE——输入数据数量；

$\quad\quad a_i$——第 i 个输入数据目标参数预测值；

$\quad\quad t_i$——第 i 个输入数据初始实验输入值。

（5）对偏置值与权值调整：上一步内出现较大误差后，向输出层反馈误差信息，根据式（3-38）与式（3-39）对输出层中的 W 与和 B 调整，再进一步传递误差信息至隐含层，同时对隐含层 W 于 b 值重新调整。上述过程初始端为输出层，通过隐含层向输入层传输，最终到全部更新 W 和 B 后结束。该过程称为反向传播过程，即为 BP 网络单次训练过程。

（6）迭代训练：重复执行上述流程中的式（3-39），最终输出值与实际值间误差处于规定范围内，或者训练过程迭代次数最高后停止。

（7）测试网络性能：通过测试数据对于已优化的网络预测适应性、精度等训练。

径向基神经网络（RBFNN）属于前向神经网络，其中包含较多功能，分别为自适应学习、多参数非线性拟合以及迅速局部优化等。模型中只有一个隐含层，基本结构单元中包含各层神经元间、神经元中存在的置值、连接权值以及传递函数等。输入层神经元收到外部输入的信息并向隐含层传输，隐含层神经元通过传递函数转换已接收信息，向输出层传递，由此获得预测结果。与其他神经网络间差异表现在隐含层中的函数，设置距离函数为基函数，设置多维非负非线性径向为对称函数的传递函数，由此可以向局部最优值不断逼近。目前经常使用的径向基函数类型包括高斯函数、反常 S 型函数、拟多二次函数。

在相同时间创建径向基神经网络模型与训练，创建模型过程为优化网络结构参数流程。图 3-5 表示应用径向基神经网络结构。

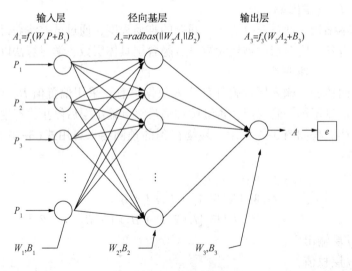

图 3-5　径向基神经网络模型结构图

下面为创建 RBFNN 模型的流程：

（1）归一化数据：采用归一化处理全部输入–输出数据组。

（2）选择与条件相符的径向基函数，获得准确的径向基函数宽度与中心，文章使用高斯函数为径向基函数，下面列出表达式：

$$\phi_i(p) = e^{\frac{\|p_i - \mu_i\|^2}{\delta_i^2}} \tag{3-40}$$

式中　　μ_i——第 i 个隐含层内神经元中心向量；

　　　　δ_i——第 i 个隐含层节点围绕中心点的宽度；

　　$\|p_i - \mu_i\|$——p_i 与 μ_i 间的欧式距离。

根据上述公式得出，参数值越小相应的径向基函数宽度逐渐变窄，径向基函数选择性相对提升。

（3）创建训练网络与径向基神经网络结构，获得的预测值，对比实验值，确定两者间误差，通过试差法将优化网络结构参数取代，从而获得网络结构效果最好的数据。

（4）通过测试数据对网络预测效果验证。

3.2.2　低渗致密油藏表面活性剂驱筛选评价体系的建立及实现

考虑油气渗流特征，明确了 10 个评价指标。这 10 个评价指标分为 3 类，地质特征指标、渗流特征指标和表面活性剂驱指标。地质特征指标包括地层倾角、储层厚度、孔隙度、非均质性(渗透率变异系数)；渗流特征指标包括原油黏度、渗透率、含油饱和度；表面活性剂驱指标包括原油密度、油藏温度、油藏压力。

上述 10 个评价指标可以按照属性分为效益型、成本型和固定型 3 类。效益型的评价指标值越大越好，成本型的评价指标值越小越好，固定性的评价指标值越接近于某一固定值越好。对于效益性参数进行规范化处理：

$$x_i = \frac{a_i - a_{\min}}{a_{\max} - a_{\min}} \tag{3-41}$$

BP 神经网络算法基本思路是对样本不停训练，最后形成一个神经网络模型，使得样本的输入节点在该计算模型下逼近输出节点。通过神经网络模型，可以用来判别输入节点的权重。一般认为，神经网络算法可靠性基础是需要不少于 100 个样本点来建立神经网络模型。本研究收集了 143 个样本点来满足可靠模型的建立。本方法中权重确定是先根据大量样本点建立可靠的神经网络模型，然后对于待评价的样本点，可用模型计算其各指标权重。

对于 m 个提高采收率方法筛选，每个方法具有 n 个筛选参数，则可建立 m 行 n 列候选油藏评价参数的相对优属度矩阵 R：

$$R_{ij} = \begin{bmatrix} r_{11} & r_{12} & \cdots & r_{1m} \\ r_{21} & r_{22} & \cdots & r_{2m} \\ \vdots & \vdots & \vdots & \vdots \\ r_{n1} & r_{n2} & \cdots & r_{nm} \end{bmatrix} \tag{3-42}$$

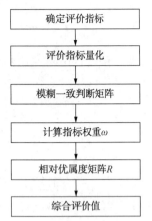

图 3-6 综合评价值的确定流程

所有筛选参数的权重向量为：

$$\omega = (\omega_1 \omega_2, \cdots, \omega_m)^T \quad (3-43)$$

可以得到各候选油藏的综合评价值为：

$$(V_1, V_2, \cdots, V_m)^T = R \times \omega \quad (3-44)$$

因此，综合评价值的确定流程见图 3-6，各油藏的综合评价值数组的确定流程如图 3-7 所示。

在研究过程中，收集了 143 个表面活性剂驱开发油田的油藏参数，进行归一化并通过神经网络算法建立模型，应用该模型分别计算待评价 6 个油藏的各指标权重，这 6 个油藏参数见表 3-9。这些油藏的相对隶属度矩阵 R 和综合评价值分别见图 3-8 和图 3-9。

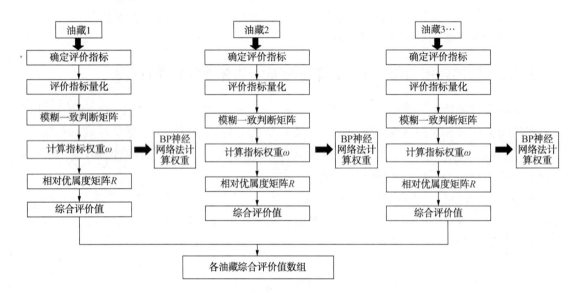

图 3-7 各油藏综合评价

表 3-9 待评价 6 个油藏参数

序 号	区 块	地层温度/℃	目前地层压力/MPa	砂岩厚度/m	渗透率/$10^{-3}\mu m^2$	孔隙度/%	层间非均质系数	原油地面黏度/mPa·s	含油饱和度/%	原油密度/(g/cm³)
1	砖井	51.2	9.3	10	8.2	15.9	0.70	10.11	40	0.85
2	郑寨子	58.25	8.6	15	11.5	11.8	0.70	11.25	42	0.843
3	油房庄	62.3	12.3	7	7.4	8.6	0.7	8.99	52	0.821
4	五星庄	65.5	8.66	9	9.9	9.6	0.70	8.56	42	0.822
5	红柳沟	65.24	8.5	6	10.1	10.8	0.7	8.79	47	0.822
6	学庄	57.23	8.5	8	11.1	11.3	0.7	13.64	55	0.842

$$R = \begin{pmatrix}
\begin{array}{ccccccc}
0.921107141 & 0.979560492 & 0.92383245 & 0.243693371 & 0.466550562 & 0.83010441 & 0.873347254 \\
0.871265082 & 0.968676364 & 0.295351638 & 0.007561437 & 0.631501303 & 0.87606753 & 0.872003643 \\
0.991015483 & 0.984703336 & 0.935852575 & 0.117357082 & 0.513205618 & 0.785147111 & 0.904956905 \\
0.997229558 & 0.854317119 & 0.984791654 & 0.192360342 & 0.503874607 & 0.722528016 & 0.99229163 \\
0.83760551 & 0.981073094 & 0.844843058 & 0.007561437 & 0.513205617 & 0.931258332 & 0.806166696 \\
0.954107176 & 0.896005307 & 0.843827098 & 0.012904994 & 0.415352054 & 0.851982031 & 0.649314488 \\
0.862850189 & 0.95252198 & 0.927266771 & 0.233426765 & 0.639694392 & 0.891117887 & 0.786012528 \\
0.966418104 & 0.980279028 & 0.860297504 & 0.027565859 & 0.513205618 & 0.908179886 & 0.997631286 \\
0.995587678 & 0.989452424 & 0.968478628 & 0 & 0.279930337 & 0.652300476 & 0.776567394 \\
0.986484387 & 0.983088792 & 0.968478628 & 0.31213741 & 0.279930337 & 0.652791792 & 0.591780842 \\
\hdashline
0.999855446 & 0.960526335 & 0.958175664 & 0.17182713 & 0.346968969 & 0.586434067 & 0.654672313 \\
0.973538398 & 0.952836764 & 0.839004712 & 0.151293918 & 0.731248223 & 0.961765071 & 0.906937533 \\
0.915554307 & 1 & 0 & 0.318331984 & 0.563449525 & 0.94731451 & 0.892743487 \\
0.992897773 & 0.964364757 & 0.958803576 & 0.318331984 & 0.352232033 & 0.984183516 & 0.799307562 \\
0.98260059 & 0.951763882 & 0.999131179 & 0.425070047 & 0.250861344 & 0.850977442 & 0.772000754 \\
0.587100616 & 0.812189639 & 0.918680968 & 0.202626947 & 0.781176842 & 0.738584195 & 0.738986138 \\
0.859933528 & 0.953730656 & 0.846416068 & 0.073717287 & 0.675227154 & 0.995483045 & 0.956651146 \\
0.876870244 & 0.978677555 & 0.8997922 & 0.118546629 & 0.458196052 & 0.933701741 & 0.941132073 \\
0.974715386 & 0.964779091 & 0.946920225 & 0.187710631 & 0.476494262 & 0.784878956 & 0.845376125 \\
0.912418494 & 0.942575677 & 0.928912605 & 0.181227374 & 0.619755256 & 0.771304799 & 0.937045964 \\
1 & 0.94181383 & 0.881590297 & 0.196466984 & 0.343138713 & 0.96467514 & 0.994344243 \\
0.986467272 & 0.955872774 & 0.912118548 & 0.149760314 & 0.599103714 & 0.731092005 & 0.797248169 \\
\end{array}
\end{pmatrix}$$

图 3-8　实例油藏的相对隶属度矩阵 R

$$V = \begin{pmatrix}
3.737884649 & 6.196022359 & & 2.698172229 & 10.71274973 & 32.13757241 \\
6.011831712 & 9.411551237 & & 3.998671763 & 15.51707608 & 48.14577354 \\
1.097297559 & 6.698644738 & & 9.12957722 & 0.405671642 & 65.63769522 \\
1.715353701 & 0.82754578 & \cdots & 1.443276754 & 0.255856946 & 9.274769716 \\
6.76355259 & 12.88823884 & & 4.592841028 & 5.781365967 & 33.75206771 \\
3.118222912 & 6.136702275 & & 2.30173996 & 4.344559394 & 17.21801203 \\
3.148110947 & 0.252286636 & & 0.355084785 & 0.22198235 & 7.916996024 \\
\end{pmatrix}$$

图 3-9　实例油藏的综合评价值

将各油藏指标权重分别代入模糊评判法计算评判值。表 3-10 从实例验证可以看出，对表面活性剂区块的优先动用排序结果与这些区块的预测最终采收率的排序十分吻合。

表 3-10　待评价油藏的最终评判值

油藏编号	1	2	3	4	5	6
评判值	0.6418	0.6037	0.836	0.8092	0.8319	0.8397
表面活性剂驱采收率/%	19.98	18.79	31.87	21.55	31.18	32.99

3.2.3　延长油田待开发表面活性剂驱区块适应性评价

目前共收集到 210 个区块储层基本物性数据：黏度分布在 $0.81 \sim 14.22 \text{mPa} \cdot \text{s}$，密度分布在 $0.74 \sim 0.88 \text{g/cm}^3$，孔隙度为 $6.4\% \sim 26\%$，渗透率分布为 $(0.01 \sim 70.43) \times 10^{-3} \mu\text{m}^2$。采用建立的油藏筛选评价方法，对油藏表面活性剂驱适应性进行了评价。由评价结果(图 3-10)可知，210 个区块中，有 57 个区块综合评价值较低，综合评价值在 0.5 以下，从第 3 章筛选评价方法部分，210 个区块中，有 153 个区块更适合表面活性剂驱，针对该 153 个区块，将采用开发的提高采收率评价软件分析其表面活性剂驱开发潜力。

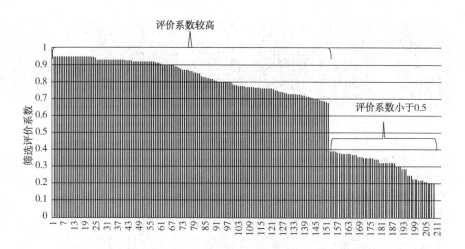

图3-10　210个区块筛选评价结果

3.3　驱油用表面活性剂性能指标优选评价方法

表面活性剂驱性能评价指标较多，而针对低渗致密油藏，由于其储层的复杂性，将对表面活性剂溶剂具有特殊的要求。本节通过数值模拟方法，揭示了界面张力、吸附量、黏度、注入浓度等性能指标对采收率的影响规律，明确表面活性剂驱油性能指标对采收率的敏感程度，为表面活性剂的研制提供参考，指导表面活性剂驱的现场实施。

3.3.1　常压时低渗致密油藏表面活性剂驱油性能指标优选

1. 常压油藏表面活性剂驱影响因素分析

1）1/4 五点井网机理模型

建立 1/4 五点井网机理模型对表面活性剂驱效果进行数值模拟研究（图3-11）。为避免原油脱气给方案对比带来影响，所有数值实验中控制生产井井底流动压力高于饱和压力，并设定注入井的注入量为一个定值，设置模拟时间为 7200d。模拟所用参数见表3-11。

表3-11　方案模拟参数表

变量	参数值（范围）				
	A	I	T	V	N
A	—	30	1.75×10^{-4}	5	$1 \times 10^{-4.5}$
I	0.0005	—	1.75×10^{-4}	5	$1 \times 10^{-4.5}$
T	0.0005	30	—	5	$1 \times 10^{-4.5}$
V	0.0005	30	1.75×10^{-6}	—	$1 \times 10^{-4.5}$
N	0.0005	30	1.75×10^{-6}	3	—

注：A 为表面活性剂在岩石表面最大吸附量，kg/m^3；I 为表面活性剂的注入浓度，kg/m^3；T 为加入表面活性剂后最小油水界面张力，N/m；V 为表面活性剂溶液的最大浓度，$mPa \cdot s$；N 为降低残余油饱和度所需的最小毛管数，无因次。

2）分析吸附量影响特征

表面活性剂在岩石表面会出现吸附问题，会直接影响表面活性剂驱油效果。在此设计 7 组表面活性剂驱实验与 1 组水驱对比实验，模拟表面活性剂的吸附量影响采收率的情况，见图 3-12~图 3-14。

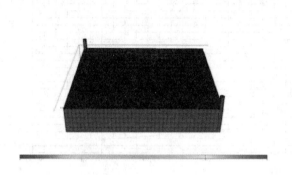

图 3-11 机理模型示意图

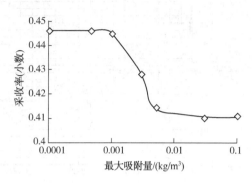

图 3-12 最大吸附量与采收率关系图

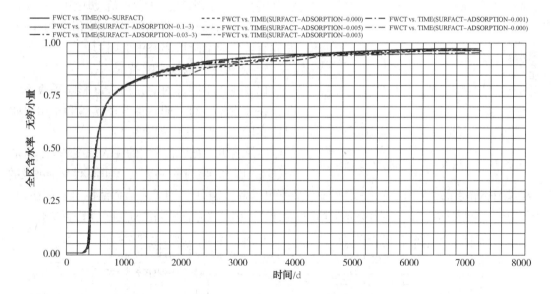

图 3-13 含水率变化图

结果表明，表面活性剂驱的采收率由最大吸附量下降至某个阈值后才会开始急剧升高，但达到这一阈值后，这时采收率随吸附量变化极小。这是由于表面活性剂最先消耗在水驱 PV 数较大、水驱效果较佳的注水井周边区域。因此，如果表面活性剂驱要发挥自身效果，需将其吸附量降低到某一值后，采收率才有提高的可能。

注入一定浓度的表面活性剂后，表面活性剂具有降水增油效果，表面活性剂驱含水率在 80%~90% 时存在一个台阶，此时含水率几乎不上升，并且吸附量越小台阶出现时间越早，台阶也越短越低，过了此阶段，表面活性剂驱含水率上升，并且吸附量越小含水上升越快；到模拟后期表面活性剂驱含水率与水驱含水率相差不大。

这 7 组表面活性剂驱实验均没有得到其他文献提及的一样降低注入压力的效果：一方面是因为加入表面活性剂后水的密度增大，增大了井筒内的水柱压力；另一方面是因为表面活

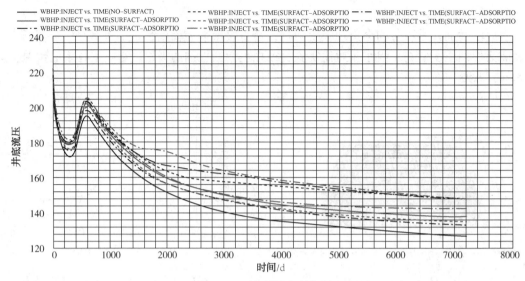

图 3-14　注入压力变化图

性剂溶液黏度比水大，增大了流动阻力；更深层的原因是表面活性剂没有发挥出其相应的作用，并没有乳化原油降低驱替中的阻力。

3）分析注入浓度影响特征

比较注入不同表面活性剂浓度影响采收率情况，在此设置 5 组表明活性剂驱实验和 1 组水驱对比实验，见图 3-15～图 3-17。

结果表明，表面活性剂的注入浓度越大，采收率越高。因为当吸附量一定时，表面活性剂能波及的

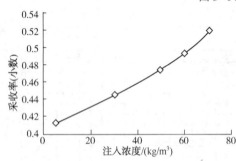

图 3-15　注入浓度与采收率关系图

区域随着注入浓度的增大而增大，总体的驱油效率也越高，不过应当注意：表面活性剂溶液密度也会随着浓度的增大而增大，此时注入压力增加，设置最佳注入浓度时要与油藏实际情况相结合。

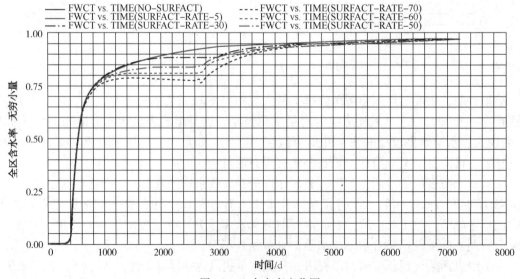

图 3-16　含水率变化图

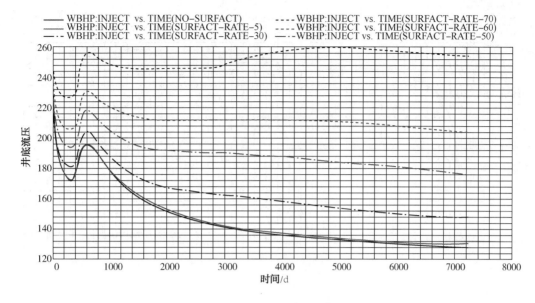

图 3-17　注入压力变化图

使用同一表面活性剂不同注入浓度时，表面活性剂注入浓度越高，含水率台阶越低越长，出现时间也越早；过了该阶段，含水率上升，注入浓度越高含水上升速度越大；模拟后期，含水率差别不大。

注入浓度越大，所需的注入压力就越大。同样，在该表面活性剂参数下并没有降低注入压力，应继续优化；实施表面活性剂驱时要根据油田实际情况选择注入浓度，避免超过地层破裂压力造成水窜影响开发效果。

4）分析油水界面张力影响特征

比较油水界面张力影响采收率情况时，通过设置 7 组表面活性剂驱实验和 1 组水驱对比实验，见图 3-18～图 3-22。

结果表明，当油水界面张力降到一定数

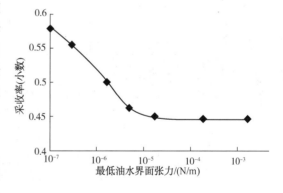

图 3-18　油水界面张力与采收率关系图

量级时，采收率才会出现明显升高。这是由于毛管数随着油水界面张力的下降而增大，当毛管数增大到一定值时可以降低残余油饱和度，从而显著提高驱油效率。

表面活性剂降低油水界面张力的性能越好，末期含水率越低，注入压力也越低。当油水界面张力降低到一定值时，含水率台阶消失，并且前期含水率比水驱时上升要快，中间存在一个突然下降的阶段，并且油水界面张力越低，下降的幅度越大。这一阶段正好对应着图 3-21 中的注入压力突降的阶段。该阶段过后，含水率上升且速率几乎不变，注入压力缓慢降低。因此，使用表面活性剂降低注入压力的关键在于表面活性剂降低油水界面张力的性能以及含水率的高低。

随着生产的进行，注入的表面活性剂也将逐步推进到生产井井底。在一定注入浓度

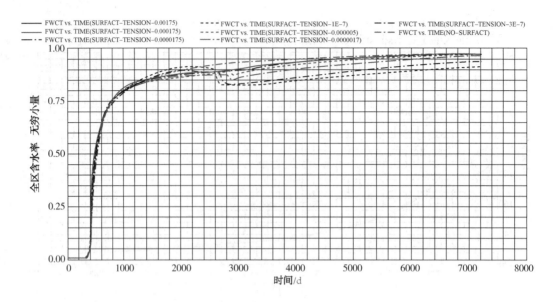

图 3-19　含水率变化图

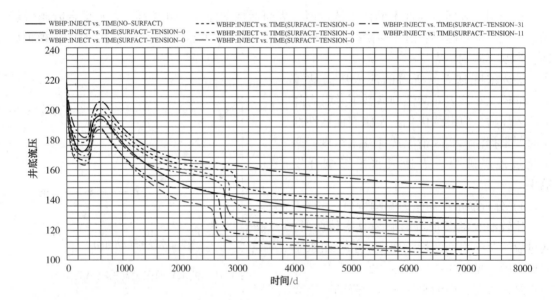

图 3-20　注入压力变化图

下，吸附量相同条件下，表面活性剂可以更好地降低油水界面张力基本性能，表面活性剂突破时间越短，累计产出量越低。这是由于注入的表面活性剂优先进入渗透性好的大孔隙，油水界面张力越低越有利于乳状液的稳定，而乳状液黏度比油黏度低更容易驱动，所以界面张力越低时表面活性剂突破时间越早；由于界面张力越低，小孔隙中的原油越容易被驱替，被动用的原油越多驱替阻力越大，表面活性剂的产出速度也越慢，所以累计产出量反而越小。

不过，要使表面活性剂达到超低界面张力需要花费大量的研发成本，在实际应用中应考虑经济效益，结合提高采收率的程度去选择表面活性剂。

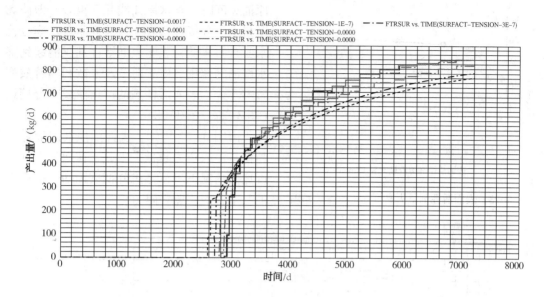

图 3-21　表面活性剂日均产出量图

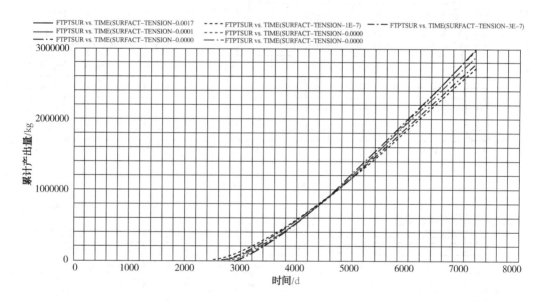

图 3-22　表面活性剂累计产出量图

5）分析黏度影响特征

经过对比与分析，表面活性剂溶液黏度影响实际采收率过程中，通过设置 6 组活性剂驱实验与 1 组水驱，见图 3-23～图 3-27。

根据图 3-23 显示，表面活性剂溶液黏度增加后相应的采收率也提高，由于表面活性剂溶液黏度较大，指进现象受其影响得到抑制，从而使驱油效率升高；随表面活性剂黏度的增加，驱替前缘随着趋于稳定状态，这时如果进一步增加黏度不仅不能有效提高采收率，反而会增大渗流阻力从而引起注入压力升高。

可以看出，黏度对含水率影响不是很大，当表面活性剂溶液黏度接近原油黏度或是大于

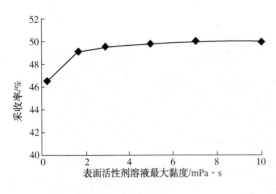

图 3-23 表面活性剂最大黏度与采收率关系图

原油黏度时，含水率曲线几乎重合；即使黏度与水十分接近，表面活性剂驱含水率也比水驱含水率低，表明表面活性剂驱能起到降水增油的作用。由于对波及系数和驱替效率影响不大，表面活性剂的产出曲线十分接近（图 3-27、图 3-28）。

由图 3-23 可知，表面活性剂溶液黏度越低，注入压力越低，因此，在保证有利流度比的情况下可以考虑降低表面活性剂溶液的黏度，减小驱替阻力。

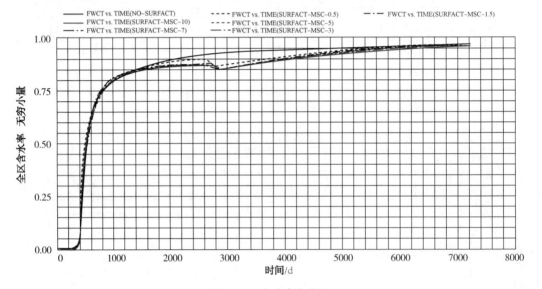

图 3-24 含水率变化图

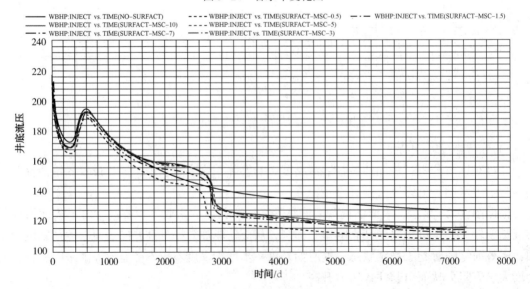

图 3-25 注入压力变化图

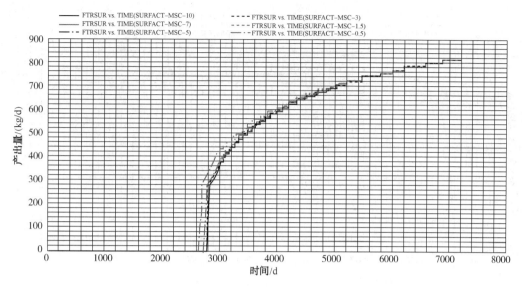

图 3-26 表面活性剂日均产出量图

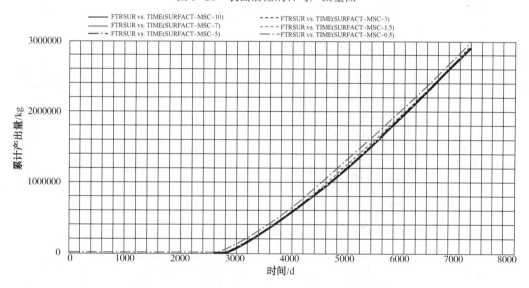

图 3-27 表面活性剂累计产出量图

6）毛管数影响特征分析

毛管数定义为油滴的驱替动力和黏滞阻力比值，表征了驱替油滴的难易程度。当毛管数增大到某一值时，残余油饱和度将减小，但文献显示该值在不同油藏中的变化范围并不一致。

对比毛管数对采收率的影响时，设计 6 组表面活性剂驱实验和 1 组水驱对比实验，见图 3-28~图 3-30。

结果表明，改变残余油饱和度所需的毛

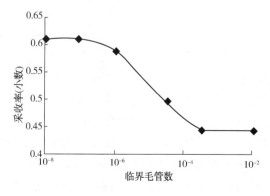

图 3-28 毛管数与采收率关系图

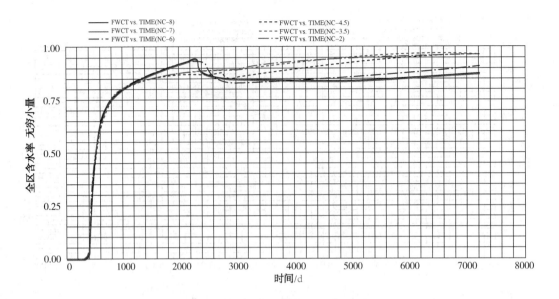

图 3-29 含水率变化图

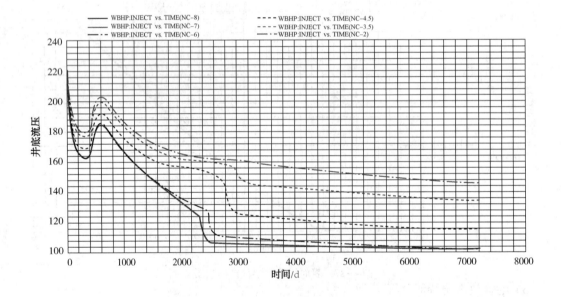

图 3-30 注入压力变化图

管数最低值与采收率间呈三段直线关系，被表面活性剂无法调整残余油饱和度，或者不能实现驱替原油，采收率几乎不会随着阈值的变化而变化；而当残余油饱和度还能被表面活性剂部分改变时，阈值的降低会使采收率线性增加。

含水率变化与改变界面张力时相似，并且 Nm 值主要受油水界面张力影响，由此我们可以判定表面活性剂驱含水率曲线形态的变化主要受 N 与 Nm 大小关系的影响。

可以确定在注入井本身没有污染的情况下，表面活性剂驱降低注入压力并非发生在所有时间段，也并非所有表面活性剂驱都能达到降低注入压力的效果，只有在 Nm 值比 N 值大，并且含水率在 80% 以上时才有可能达到降压增注的效果。

2. 分析敏感性

基于模拟结果得出，表面活性剂驱采收率高低与多个属性相关，其中包括吸附量、界面张力、浓度以及黏度等，同时地层属性也会产生一定影响。进行敏感性分析时，对各变量的取值进行归一化，并将其与采收率的关系绘于图 3-31。

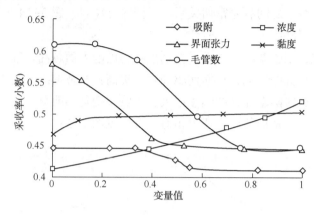

图 3-31　敏感性分析图

由图 3-31 可以看出，毛管数和界面张力对表面活性剂驱采收率影响最大，其次是表面活性剂浓度，表面活性剂吸附量以及表面活性剂溶液的黏度。

3.3.2　异常低压时低渗致密油藏表面活性剂驱油性能指标优选

1. 异常低压油藏表面活性剂驱影响因素分析

用相同分析方式，使用油藏数值模拟软件评价异常低压油藏表面活性剂驱影响因素。

1）吸附量影响特征分析

在异常低压油藏中，表面活性剂驱的采收率只有当吸附量降低到某一值时才能有较大提高，且之后吸附量的变化对采收率的影响极小。这是由于表面活性剂最先消耗在水驱 PV 数较大、驱替效果最好的注水井的近井地带，表面活性剂只有当注入的表面活性剂波及离注水井较远区域时，才能发挥其作用，采收率才会有显著的变化，如图 3-32 所示。

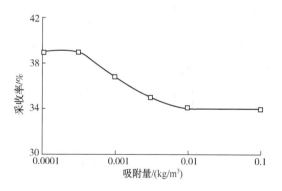

图 3-32　最大吸附量与采收率关系图

2）注入浓度影响特征分析

同正常压力油藏一样，异常低压油藏中采收率也随着表面活性剂的注入浓度的越大而越高。因为当吸附量处于一个定值，则注入浓度越高相应的表面活性剂能波及的区域增加，此时驱油效率也上升，在此要重点关注的是浓度上升后表面活性剂溶液密度也随之增加，在此需要增加注入压力，选择最佳注入浓度时要与油藏实际相结合，如图 3-33 所示。

3）油水界面张力影响特征分析

在异常低压条件下，随着界面张力降低，采收率没有明显变化，甚至采收率会在界面张力很低的情况下出现下降。在异常低压油藏，由于油水界面张力降低引起的注入压力降低使得生产压差缩小，产能下降，采收率提高幅度受限。从结果中看出，表面活性剂降压增注的效应与界面张力或毛管数之间有着密切关系，见图 3-34（a）、图 3-34（b）。

4）黏度影响特征分析

与常压油藏类似，采收率随着表面活性剂溶液黏度越大而越高。较大黏度的表面活性剂溶液有助于抑制黏性指标的影响，从而使驱油效率提高；驱替前缘在表面活性剂黏度大于原油黏度后趋于稳定，此时随着黏度的继续增大，采收率变化不明显，并且表面活性剂黏度的增大会使渗流阻力增大，从而使注入压力稍有上升，见图 3-35。

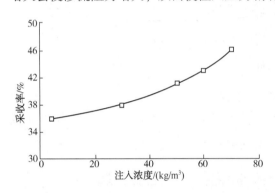

图 3-33　注入浓度与采收率关系图

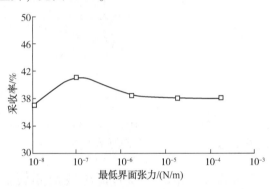

图 3-34（a）　油水界面张力与采收率关系图

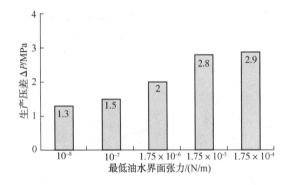

图 3-34（b）　油水界面张力与生产压差关系图

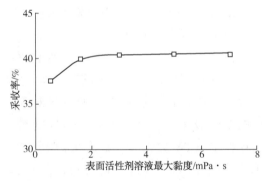

图 3-35　表面活性剂最大黏度与采收率关系图

5）毛管数影响特征分析

毛管数定义为油滴的驱替动力和黏滞阻力比值，表征了驱替油滴的难易程度。当毛管数增大到某一值时，残余油饱和度将减小。对于异常低压油藏，随着临界毛管数 N 变化，采收率变化幅度不大，存在一个峰值，见图 3-36。

2. 敏感性分析

从上述模拟结果可以看出，界面张力、吸附量、黏度、浓度这些表面活性剂的属性以及地层属性（毛管数）对表面活性剂驱采收率有着不同程度的影响。进行敏感性分析时，对各变量的取值范围进行归一化，并将其与采收率的关系绘于一张图上，见图 3-37。

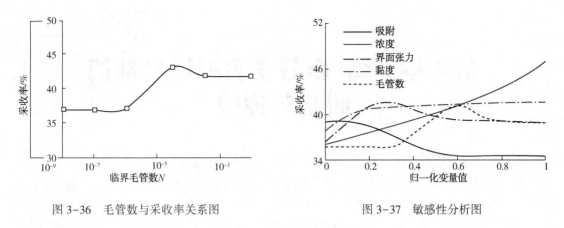

图 3-36　毛管数与采收率关系图　　　　　　　图 3-37　敏感性分析图

　　由图 3-37 可看出，对于异常低压油藏，影响采收率因素如下：注入浓度、临界毛管数 N 值，界面张力、黏度及吸附量，其中注入浓度的影响最显著。

第4章　高/小分子表面活性剂的
研制与评价

　　根据毛管准数理论，油水界面张力越低越好，至少达到超低($1×10^{-3}$mN/m)数量级，才能有效提高驱油效率。因此，能否将油水界面张力降至超低已作为衡量表面活性剂性能优劣的最重要的标准。但是，表面活性剂驱油过程中，在低渗油藏的微、纳米孔隙中发生运移，发生了复杂的物理化学变化，诸如物理吸附、化学吸附及色谱分离等现象，在近井地带大量损耗，活性降低，不能长时间、远距离的保持超低界面张力。第3章论述了表面活性剂的驱油性能指标对采收率影响的敏感程度，不能单纯依靠降低油水界面张力来提高原油采收率，而是应该考虑多个性能指标的综合作用。一些实验研究表明，表面活性剂的乳化能力能触发微流启动调节机制，起到一定的调驱作用，进而扩大波及体积，因此，表面活性剂乳化能力对采收率的贡献不可忽视。本章以高分子表面活性剂为主剂，并与小分子表面活性剂复合，制备得到高性能驱油体系，体系兼顾了小分子表面活性剂所具备的超低表界面张力性能和高分子表面活性剂对乳化油滴的稳定作用，使得油滴在运移驱替过程中保持稳定，不易破乳形成二次吸附或多次吸附，提高了驱油效率。

4.1　阴离子两亲高分子表面活性剂的
合成及溶液性质

　　本节以苯乙烯和丙烯酸丁酯作为亲油单体，以 2-丙烯酰胺基-2-甲基丙磺酸为亲水单体，以偶氮二异丁腈为引发剂，在 N,N-二甲基甲酰胺中通过自由基溶液共聚合法制备了系列阴离子两亲高分子表面活性剂。利用红外光谱(FTIR)、核磁共振法(H^1NMR 和 C^{13}NMR)对合成共聚物的结构进行表征；利用 GPC 测定了合成产物的相对分子质量及其分布；考察了合成共聚物在水中的溶解性能；对合成共聚物水溶液的增比黏度、表面张力和临界胶束浓度测定；对本章制备的亲水基团种类和含量不同的系列两亲共聚物在水溶液中的聚集行为进行研究，同时对合成共聚物在水溶液中形成的聚集体胶束的尺寸和形貌进行测定；考察了合成产物水溶液的黏度随剪切速率的变化关系；讨论了合成共聚物的两亲结构与其水溶液性能的关系。

4.1.1　阴离子两亲高分子表面活性剂的合成

1. 实验原料、试剂及仪器

实验过程中所用的具体原料及试剂见表4-1。

实验过程中所用的仪器及设备见表4-2。

表 4-1　实验原料及试剂

试剂名称	级　别	生产厂商
苯乙烯(St)	分析纯	上海山浦化工有限公司
丙烯酸丁酯(BA)	分析纯	天津市河北区海晶精细化工厂
2-丙烯酰胺基-2-甲基丙磺酸(AMPS)	分析纯	Aldrich
偶氮二异丁腈(AIBN)	分析纯	上海山浦化工有限公司
N,N-二甲基甲酰胺(DMF)	分析纯	天津市化学试剂一厂
氯化钠	分析纯	天津市百市化工有限公司
甲醇	分析纯	天津市富宇精细化工有限公司
乙醚	分析纯	天津市富宇精细化工有限公司
无水乙醇	分析纯	天津市天利化学试剂有限公司

表 4-2　实验仪器及设备

仪器名称	型　号	生产厂家
恒温水浴锅	DK-2000-III L	天津泰斯特仪器有限公司
精密增力电动搅拌器	JJ-1	常州国华电器有限公司
电子天平	PB2002-N	上海 Mettler-Tolteo 集团
恒温干燥箱	WHL-25	天津泰斯特仪器有限公司
真空干燥箱	DZ-2BC II	天津泰斯特仪器有限公司
循环水式多用真空泵	SHB-III	郑州长城科工贸有限公司
乌氏黏度计	内径 0.4~0.5	长沙明瑞化工有限公司
傅立叶红外光谱仪	VECTOR-22	德国 Bruker 公司
核磁共振波谱仪	AVANCE 400MHZ	德国 Bruker 公司
界面张力仪	Jzhy1-180	承德试验机有限责任公司
凝胶渗透色谱(GPC)	515-2414	美国 Water 公司
透射电子显微镜(TEM)	JEM-100CX II	日本 JEOL 公司
共轴圆筒旋转式流变仪	AR2000ex	美国 TA 公司

2. 合成工艺

按照图 4-1 的工艺流程制备系列亲水基团含量不同的阴离子两亲高分子表面活性剂,制备的具体过程如下:

将全部的反应单体和大部分有机助溶剂(DMF)加入三口烧瓶中,在搅拌下加热升温至 80~90℃,然后向体系中滴加引发剂溶液(AIBN 和剩余的有机助溶剂 DMF 的混合物),控制滴加时间为 0.5~1h,然后在 80~90℃条件下继续保温反应 3~4h,直至转化率达到 96%,然后停止加热,并在搅拌下将体系冷却至室温,最终产物为黄色半透明且具有一定黏度的体系，即制备了具有亲水基团和疏水基团的阴离子两亲高分子表面活性剂（APS）。将制得 APS 系列共聚物在乙醚中进行沉析，得到初提纯共聚物。将初提纯聚合物溶于甲醇，然后将共聚物的甲醇溶液加入乙醚中进行沉析，反复溶解、沉析三次，再将沉析物于 50℃ 下真空干燥，即得到纯化的 APS 共聚物。

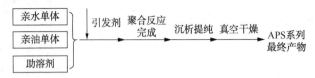

图 4-1　阴离子两亲高分子表面活性剂的制备流程图

APS 系列共聚物的合成方案如表 4-3 所示，本研究具体讨论内容如下：讨论了亲水单体 AMPS 用量对 APS 系列共聚物结构及溶液性能的影响，样品编号标记为 APSA1、APSA2、APSA3、APSA4，分别表示亲水单体 AMPS 的摩尔含量占单体总摩尔含量的 25%、30%、40%、50%。

表 4-3　APS 系列共聚物的合成方案

原料　　　样品编号	St/g	BA/g	AMPS/g
APSA1	5.00	5.00	6.00
APSA2	5.00	5.00	7.66
APSA3	5.00	5.00	12.01
APSA4	5.00	5.00	18.01

3. 合成原理

本实验采用无规自由基溶液共聚合方法制备了一系列的阴离子两亲高分子表面活性剂 APS，其合成原理见图 4-2。

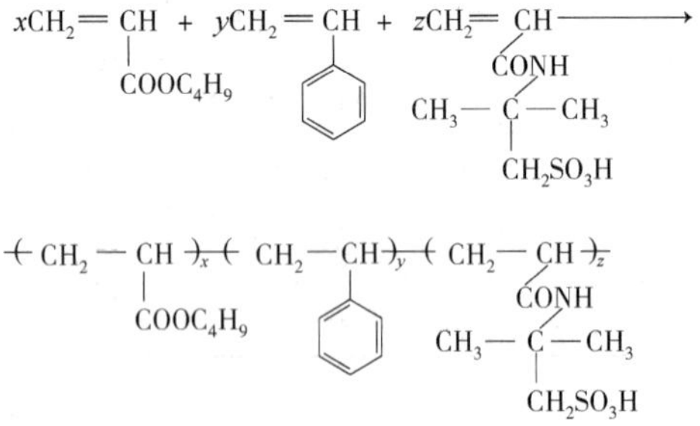

$$x\,CH_2=CH + y\,CH_2=CH + z\,CH_2=CH \longrightarrow$$

(结构式略)

$$\left(CH_2-CH\right)_x \left(CH_2-CH\right)_y \left(CH_2-CH\right)_z$$

(结构式略)

图 4-2　APS 系列共聚物的合成原理

4.1.2　合成高分子表面活性剂的相对分子质量测试与结构分析

（1）相对分子质量测试。采用 0.1mol/L 硝酸钠（NaNO₃）水溶液溶解 APS 系列共聚物样品。以 0.1mol/L NaNO₃ 水溶液为流动相，流量 1mL/min，以聚乙二醇为标样，通过凝胶渗透色谱测定 APS 系列共聚物的数均相对分子质量(M_n)、重均相对分子质量(M_w)和相对分子质量的多分散性系数(M_w/M_n)。

（2）红外光谱分析。利用涂膜法将 APS 系列共聚物的无水乙醇溶液均匀涂于 KBr 盐片上进行红外光谱测试，扫描范围为 $4000 \sim 400\text{cm}^{-1}$。

（3）核磁共振分析。以氘代二甲基亚砜（DMSO-d6）为溶剂，以四甲基硅烷（TMS）为内标，测定 APS 系列共聚物的 H^1NMR 和 C^{13}NMR 谱图。

（4）阴离子两亲高分子表面活性剂的溶解性能。将 0.1gAPS 系列共聚物溶于 10mL 去离子水中，观察其溶解性能。本书考察了亲水基团含量对 APS 系列共聚物在水中的溶解性的影响。

（5）阴离子两亲高分子表面活性剂黏度的测定。室温下将精确称取的 APS 系列共聚物溶于 NaCl 溶液（其浓度为 0.1mol/L，记为 0.1M，下同）中配成共聚物溶液，在 25℃下，使用乌氏黏度计测定浓度范围为 $0.05 \sim 7\text{g/L}$ 的 APS 系列共聚物溶液的流出时间和纯 0.1M NaCl 溶液的流出时间，反复测试 3 次取平均值。

数据处理公式如下：

$$\eta_{sp} = \eta_r - 1 = \eta/\eta_0 - 1 \approx t/t_0 - 1 \tag{4-1}$$

式中，η_{sp} 为增比黏度，η_r 为相对黏度，η 为溶液黏度，η_0 为纯溶剂黏度，t 和 t_0 分别为 APS 系列共聚物溶液和纯 0.1M NaCl 溶液的流出时间。相对黏度是溶液黏度与纯溶剂黏度的比值，是一个无因次的量，一般来说，高分子溶液的相对黏度的值要大于 1，这说明相对黏度随着高分子溶液浓度的增加而增加。增比黏度也是一个无因次的量，是指相对于溶剂来说溶液黏度增加的分数。

（6）阴离子两亲高分子表面活性剂表面张力的测定。APS 系列高分子表面张力的测定方法同方法（1）。

（7）阴离子两亲高分子表面活性剂聚集行为的研究。

（8）阴离子两亲高分子表面活性剂流变特性的研究。

故采用同心圆筒测量系统进行测试，其结构参数为：锥形转子的半径为 14mm，定子的半径为 15mm，浸没高度为 42mm。样品溶液需在测定温度下恒定 10min 后再进行测试。

稳态流变实验：在 25℃下测定样品溶液的黏度、剪切应力与剪切速率的关系，其中，样品溶液浓度为 10g/L，剪切速率扫描范围为 $0.001 \sim 100\text{s}^{-1}$。

（9）阴离子两亲高分子表面活性剂油水界面张力的测定。

APS 系列高分子表面张力的测定方法同方法（2）。

4.1.3　结果与讨论

1. 相对分子质量测试

由 GPC 测得的 APS 系列共聚物的数均相对分子质量(M_n)、重均相对分子质量(M_w)和相对分子质量多分散性系数的数据见表 4-4。从表 4-4 中数据可知，APSA 系列共聚物的重均相对分子质量相近，都在 10^4 这个数量级范围内；其相对分子质量的多分散性系数也相近，约为 $1.22 \sim 1.28$ 之间。另外，还可知随着亲水单体 AMPS 含量的增加，CPSD 系列共聚物分子上的疏水链段(苯环和—C$_4$H$_9$链段)个数依次减少，从APSA1的349个减少到APSA4的175个；而亲水基团—SO$_3$H个数依次增大，从APSA1的116个增加到APSA4的175个。

表4-4 APS系列共聚物的相对分子质量

样品编号	$M_w/10^4$	M_w/M_n	每个分子链上含的苯环个数	每个分子链上含的—C$_4$H$_9$个数	每个分子链上含的—SO$_3$H个数
APSA1	4.45	1.26	192	157	116
APSA 2	4.63	1.22	174	142	135
APSA 3	4.71	1.28	133	108	161
APSA 4	4.64	1.24	96	79	175

2. 结构分析

1) 红外分析

图4-3为APSA系列共聚物的红外光谱图。由图4-3(a)可见，对于APSA1、APSA2、APSA3、APSA4 4条曲线，在1638cm^{-1}处都不存在C══C双键的吸收峰，说明单体发生了共聚反应。在2958cm^{-1}和2875cm^{-1}处出的峰分别为饱和烷基—CH$_3$中C—H键的不对称伸缩振动吸收峰和对称伸缩振动吸收峰，而1381cm^{-1}处出的峰则是烷基—CH$_3$中C—H键的面内弯曲振动吸收峰；3027cm^{-1}处出的峰为苯环上的不饱和══C—H的伸缩振动吸收峰，771cm^{-1}和701cm^{-1}处出的峰为苯环上五个相邻氢原子的══C—H的面外弯曲振动吸收峰，而在1495cm^{-1}处出的峰为苯环碳骨架的伸缩振动吸收峰，这说明分子中存在苯环，也就表明St已经共聚到ASPA共聚物分子链上；1727cm^{-1}处出的峰为酯基中C══O的伸缩振动吸收峰，1228cm^{-1}处出的峰是酯基中C—O的伸缩振动吸收峰，这表明BA已经共聚到ASPA共聚物分子链上；3450cm^{-1}处出的峰为N—H单键的伸缩振动吸收峰，3315cm^{-1}处出的峰为—OH的伸缩振动吸收峰，1660cm^{-1}处出的峰为—CONH的—C══O的伸缩振动吸收峰，1550cm^{-1}处出的峰为—CONH的—NH的面内弯曲振动吸收峰，1452cm^{-1}处出的峰为C—N的伸缩振动吸收峰，1186cm^{-1}和1043cm^{-1}处出的峰为—S══O的反对称和对称伸缩振动吸收峰，622cm^{-1}处出的峰为S—O的伸缩振动吸收峰，这些说明AMPS已经共聚到ASPA共聚物分子链上。同时，由图4-3还可知，随着AMPS用量增加，—OH的伸缩振动吸收峰(3315cm^{-1}处)的强度逐渐增强，而酯基中的—C══O的伸缩振动吸收峰(1727cm^{-1}处)强度逐渐减弱，见图4-3(b)和图4-3(c)，这表明APSA共聚物分子链上的磺酸基团—SO$_3$H含量随着AMPS用量增加而增多，这个结果与经由相对分子质量计算得出的每个分子链上—C$_4$H$_9$基团个数逐渐降低、—SO$_3$H个数依次增多相符(表4-4)。

2) 核磁谱图分析

(1) APSA3共聚物的H^{1}NMR谱图分析。

图4-4为APSA3的H^{1}NMR图谱。由H^{1}NMR图中曲线可知，化学位移$\delta = 6.90 \sim 7.35$之间为苯环上的H质子的化学位移(标记为a)，$\delta = 2.05 \sim 2.36$之间为与苯环和—C══O相连的—CH的H质子的化学位移(标记为d)，这说明共聚物分子链含有苯环；$\delta = 4.10$为与酯基中的C—O相连的—CH$_2$-的H质子的化学位移(标记为b)，$\delta = 1.10 \sim 1.72$之间为

—C₄H₉和共聚物主链中的—CH₂—的 H 质子的化学位移(标记为 e)，$\delta = 0.85$ 为—CH₃的 H 质子的化学位移(标记为 f)，这说明共聚物分子链含有 BA 的—COOC₄H₉链段；$\delta = 2.90$ 为与—SO₃H 相连的—CH₂—的 H 质子的化学位移(标记为 c)，这说明共聚物分子链中含有磺酸基团。综合上述分析，H¹NMR 图谱证明了 APSA3 为苯乙烯、丙烯酸丁酯和 2-丙烯酰胺基-2-甲基丙磺酸的无规共聚产物。对于 APSA1、APSA2、APSA4 来说，H¹NMR 图中个 H 质子化学位移的出峰位置与 APSA3 基本相同。

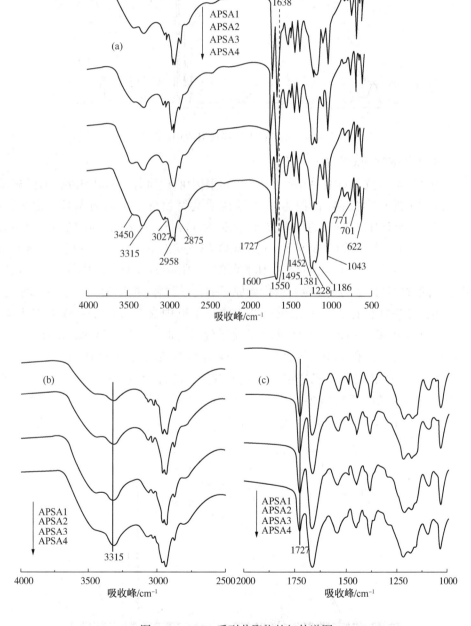

图 4-3　APSA 系列共聚物的红外谱图

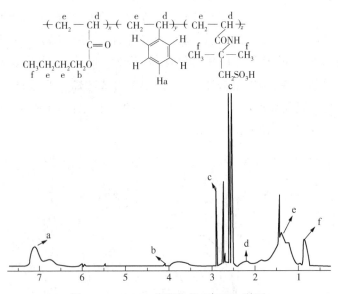

图 4-4　APSA3 共聚物的 H¹NMR 谱图

（2）APSA3 共聚物的 C¹³NMR 谱图分析。

图 4-5 为 APSA3 的 C¹³NMR 图谱。由 C¹³NMR 图中曲线可知，$\delta = 126.72 \sim 129.57$ 处为苯环碳骨架中碳原子的化学位移（标记为 b），这说明共聚物分子链含有苯环；化学位移 $\delta = 164.56$ 为羰基—C=O 中 C 原子的化学位移（标记为 a），$\delta = 63.65$ 为与酯基中的 C—O 相连的—CH₂—的 C 原子的化学位移（标记为 c），$\delta = 30.88$ 为—C₄H₉中—CH₂—的 C 原子的化学位移（标记为 f），$\delta = 19.01$ 为—C₄H₉中与—CH₃相邻的—CH₂—的 C 原子的化学位移（标记为 h），此范围出的峰同时也是共聚物主链碳骨架中碳原子的化学位移（标记为 h），$\delta = 14.08$ 为—CH₃的 C 原子的化学位移（标记为 i），这说明共聚物分子链中含有 BA 的—COOC₄H₉链段；$\delta = 60.77$ 为与—SO₃H 相连的—CH₂—的 C 原子的化学位移（标记为 d），$\delta = 52.16$ 为—CONH—相连的季碳碳原子的化学位移（标记为 e），$\delta = 26.37$ 为与季碳相连的—CH₃的 C 原子的化学位移（标记为 g），这说明共聚物分子链中含有磺酸基团。综合上述分析，C¹³NMR 图谱证明了 APSA3 为苯乙烯、丙烯酸丁酯和 2-丙烯酰胺-2 甲基丙磺酸的无规共聚产物。对于 APSA1、APSA2、APSA4 来说，C¹³NMR 图中各 C 原子化学位移的出峰位置与 APSA3 基本相同。

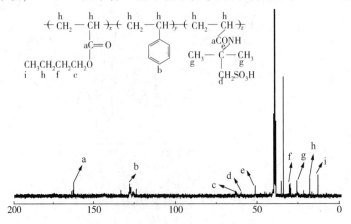

图 4-5　APSA3 系列共聚物的 C¹³NMR 谱图

3. 阴离子两亲高分子表面活性剂的溶解性能

在其他反应条件相同的情况下，考察了共聚物可溶时磺酸亲水基团的最低含量。磺酸亲水基团含量对 APSA 系列共聚物溶解性的影响见表 4-5，根据表中的结果可以知道，当磺酸亲水基团的摩尔含量低于 25% 时，合成的共聚物不再溶于水，故本书重点讨论磺酸亲水基团含量分别为 25%、30%、40%、50% 的 APSA 系列共聚物的溶液性能及聚集行为。

表 4-5　APSA 系列共聚物在水中的溶解性

样　品	磺酸亲水基团的摩尔含量/%	共聚物溶解性
APSA1	25	溶解
APSA 2	30	溶解
APSA 3	40	溶解
APSA 4	50	溶解
其他	<25	不溶解

4. 阴离子两亲高分子表面活性剂增比黏度的测定

1）浓度对阴离子两亲高分子表面活性剂增比黏度的影响

图 4-6 为 APSA 系列共聚物在 0.1M NaCl 水溶液中的增比黏度在 25℃ 下随共聚物浓度变化的曲线图。APSA 共聚物溶液的增比黏度随着共聚物浓度也呈现复杂的曲线关系。由图 4-6 可知，APSA 系列共聚物溶液的增比黏度随共聚物浓度总体上呈现上升趋势，曲线在初始的增大后出现了一个较平缓的阶段（2~3g/L 之间），这表明在此浓度范围内，APSA 共聚物分子开始发生分子内或/和分子间缔合，形成聚集体胶束。这个结果与表面张力测试得到的 APSA 共聚物的临界胶束浓度相近。

2）温度对阴离子两亲高分子表面活性剂增比黏度的影响

图 4-7 是 APSA 系列共聚物在 0.1M NaCl 水溶液中的增比黏度在 5g/L 的浓度下随测试温度变化的曲线图。由图 4-7 可知，APSA 系列共聚物溶液的增比黏度随温度总体上呈现下降趋势，这表明随温度的增加，卷曲的高分子链段的运动速率增大，变成柔顺的线性链段。同时可以看出，磺酸亲水基团含量最高的 APSA4 黏度下降幅度最大，这可能是由于温度增加，也可提高磺酸基团亲水活性，促进了链段在水中的分散。

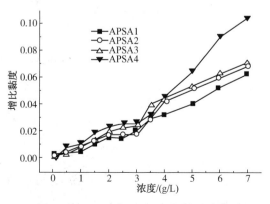

图 4-6　APSA 在 0.1M NaCl 溶液中的
增比黏度与共聚物浓度的关系

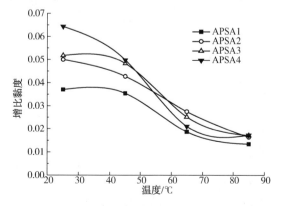

图 4-7　APSA 在 0.1M NaCl 溶液中的
增比黏度与测定温度的关系（C_{p}：5g/L）

5. 阴离子两亲高分子表面活性剂的表面张力及临界胶束浓度

图 4-8 为 $T=25℃$ 时，APSA 系列共聚物在 0.1M NaCl 溶液中的表面张力随共聚物浓度变化的曲线图。APSA 共聚物溶液的表面张力随共聚物浓度增大而降低，当降低到一定值后，溶液的表面张力随共聚物浓度增加变化不大。从图 4-8 还可以看出随亲水单体 AMPS 用量的增加，APSA 共聚物溶液的表面张力逐渐增高，这表明 APSA 共聚物降低溶液表面张力的能力和效率随亲水单体含量增加明显降低。这是因为随着 AMPS 含量增加，共聚物的亲油链段含量相对减少（表 4-6），共聚物的疏水性降低，而亲水基团含量的增加使得更多的共聚物分子溶于溶液，加之—SO_3H 强烈的水合作用，共聚物分子离开溶液进入空气/水界面的变得更加困难，致使 APSA 共聚物降低溶液表面张力的能力和效率均下降，其临界胶束浓度随着 AMPS 用量增加而逐渐增大（表 4-6）。

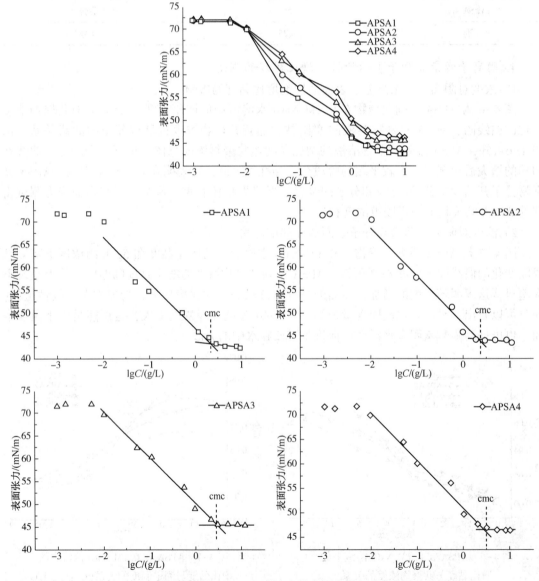

图 4-8　APSA 共聚物在 0.1M NaCl 溶液中的表面张力与共聚物浓度的关系

由表面张力和 APSA 共聚物浓度的关系曲线，可以得到 APSA 共聚物的临界胶束浓度及最低表面张力(图 4-8 和表 4-6)。

表 4-6　APSA 共聚物在气液界面最低表面张力

样品名	临界胶束浓度 CMC/(g/L)	最低表面张力 γ_{cmc}/(mN/m)
APSA1	2.20	43.26
APSA2	2.27	43.98
APSA3	2.71	45.77
APSA4	3.00	46.72

由图 4-8 及表 4-6 中数据可知，APSA 系列共聚物分子的临界胶束浓度范围为 2.20~3.00g/L 之间，最低表面张力约为 45mN/m，从以上数据还可知，吸附在溶液表面的 APSA 共聚物分子面积随着分子链上亲水基团—SO₃H 含量增多(疏水基团含量相应减少)而增大。另外，还可以推测 APSA 共聚物分子上的大部分疏水链段(—C₄H₉ 链段和苯环)在溶液表面呈现垂直指向空气的定向排列构象从而降低了溶液的表面张力，其在溶液表面的吸附构象见图 4-9。然而，由于—C₄H₉ 链段和苯环太短，疏水吸附层厚度本身比较小，加之—SO₃H 强烈的水合作用引起了表

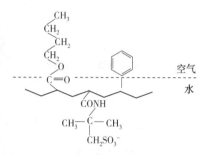

图 4-9　APSA 吸附构象的局部
放大示意图

面活性剂分子间的缔合，降低了 APSA 系列共聚物降低溶液表面张力的能力和效率，尤其是 APSA4 只能将溶液的表面张力降至 46.72mN/m。

6. 阴离子两亲高分子表面活性剂聚集体胶束尺寸

采用 Zano ZS 3500 型 Zeta 电位粒径分析仪测定了 APSA 共聚物聚集体胶束粒径的大小及分布情况。图 4-10 为 APSA 系列共聚物在 0.1M NaCl 溶液中形成的聚集体胶束的粒径及分布图。为研究聚合物胶束形态，所以样品浓度须大于聚合物临界胶束浓度，设计浓度为 C_P = 10g/L。由图 4-10 可知，APSA 系列共聚物聚集体胶束尺寸及分布情况相似，均呈现单峰分布，胶束尺寸主要分布在 20~40nm 处。同时，随着分子链上亲水基团—SO₃H 含量增加，APSA 共聚物的聚集体胶束粒径逐渐减小。

7. 阴离子两亲无规共聚物聚集体胶束模型

APS 系列共聚物高分子链在溶液中聚集形成的分子内和/或分子间聚集体单核胶束及多核胶束示意图见图 4-11。

8. 阴离子两亲高分子的稳态剪切实验研究

图 4-12 为 APSA 系列共聚物在 0.1M NaCl 溶液中的黏度在 25℃下随剪切速率的变化曲线。从图中曲线可以看出，对于 APSA 系列共聚物，在低剪切速率范围内(0.001~0.1s⁻¹)，APSA 共聚物溶液的黏度随剪切速率增加而降低，呈现剪切变稀现象；当剪切速率大于 0.1s⁻¹ 时，APSA 共聚物溶液的黏度随剪切速率增加不再变化，呈现牛顿流体行为。APSA 共聚物在溶液中形成具有不同粒径的单核和多核聚集体胶束，各胶束粒子在引力和双电层相互斥力的共同作用处于动态平衡，胶束粒子运动具有一定的黏滞阻力，因此溶液具有一定的黏

度。在低剪切速率范围内，APSA 共聚物溶液的黏度随着剪切速率增加而减小，这是因为剪切速率增大，作用在聚集体胶束上的剪切应力随着增加，聚集体胶束及胶束间的相互碰撞、缠结作用减弱甚至被破坏，使得聚集体胶束的流体力学体积减小、黏滞阻力减小，溶液的黏度随之减小。当剪切速率大于 $0.1s^{-1}$ 时，APSA 共聚物在溶液中形成的聚集体主要是球状的单核聚集体胶束，且胶束粒子均匀分散在体系中，因此体系呈现牛顿流体行为。从图 4-12 中数据还可发现，在低剪切速率范围内，随共聚物分子链上亲水基团—SO_3H 含量增加，APSA 共聚物溶液的黏度逐渐增加。分子链上亲水基团—SO_3H 含量增加，其形成的聚集体胶束粒子的双电层作用相应增强、流体力学体积增大、黏滞阻力增大，因此 APSA 共聚物溶液的黏度逐渐增大。

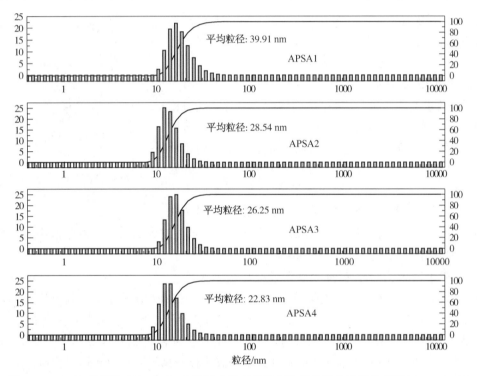

图 4-10　APSA 共聚物在 0.1M NaCl 溶液中形成的聚集体胶束的粒径及分布图（C_P：10g/L）

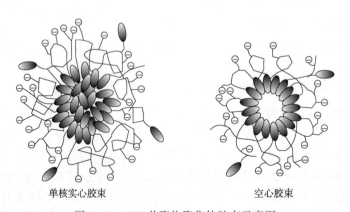

单核实心胶束　　　　　　空心胶束

图 4-11　APS 共聚物聚集体胶束示意图

多核实心胶束

图 4-11　APS 共聚物聚集体胶束示意图(续)

9. 阴离子两亲高分子表面活性剂溶液与原油间的界面张力

1) AMPS 含量对油水界面张力的影响

图 4-13 为 25℃时，浓度为 0.5%的 4 类不同磺酸基团含量的阴离子两亲高分子表面活性剂溶液与原油最低界面张力曲线。可知油水界面张力基本随磺酸基团含量上升而降低。4 组表面活性剂最低界面张力值依次为 APSA4>APSA2＝APSA3>APSA1。

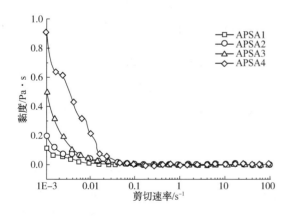

图 4-12　APSA 共聚物在 0.1M NaCl 溶液中的黏度-剪切速率关系曲线(C_p：10g/L)

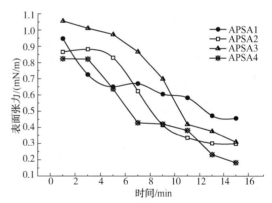

图 4-13　APSA 共聚物在矿化度为 50000g/L 溶液中的界面张力曲线

同时根据以上研究结果可得，以 2-丙烯酰胺基-2-甲基丙磺酸(AMPS)含量为 40%的 APSA3 型阴离子两亲高分子表面活性剂具有低表面张力、较低的油水界面张力、较低的临界胶束浓度和低吸附量的综合优点，根据课题需要，选择 APSA3 阴离子两亲高分子表面活性剂作为驱油体系中复配用高分子表面活性剂，同时对此类高分子表面活性剂相关驱油性能进行研究表征。

2）浓度对界面张力的影响

图 4-14 为 25℃时不同浓度的阴离子两亲高分子表面活性剂溶液与原油最低界面张力曲线。由图 4-14 可知随浓度增加，油水间界面张力下降这是因为在溶液浓度很低时，APSA3 主要溶解在水溶液中，而在两相界面间的吸附量较少，故此时水溶液界面张力下降的很少；随溶液浓度继续增加，APSA3 分子在两相界面上的吸附量增大，界面张力急剧下降。

3）温度对界面张力的影响

图 4-15 为温度对阴离子两亲高分子表面活性剂溶液与原油界面张力的影响曲线。如图所示，界面张力随温度增高而降低，这是因为随着温度升高，高分子链的布朗运动变快，分子链间的距离变大，使得分子间的范德华力减小，增大了阴离子两亲高分子表面活性剂分子在油水两相界面上的有序排布。这与表面张力分析结果是吻合的。

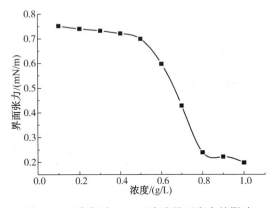

图 4-14　浓度对 APSA3 溶液界面张力的影响 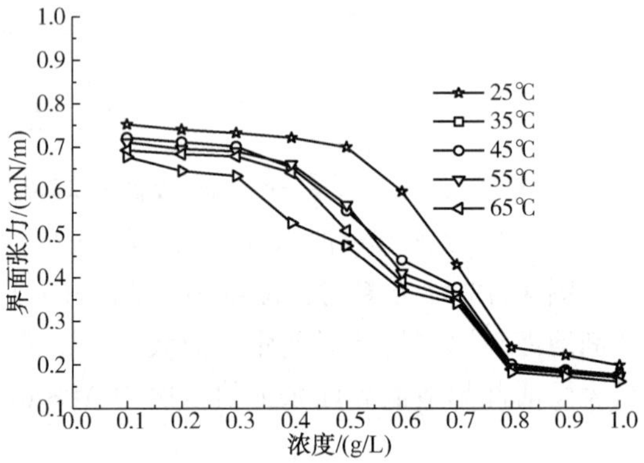　　　图 4-15　温度对 APSA3 溶液界面张力的影响

10. 阴离子两亲高分子表面活性剂与小分子表面活性剂复配后的协同效应

以石油磺酸盐+聚醚磺酸盐+6501+OP-10 作为小分子表面活性剂体系与阴离子两亲高分子表面活性剂进行复配，在阴离子两亲高分子表面活性剂不同加入量的条件下，对油水界面张力与原油乳化性能进行测定。

1）油水界面张力研究

图 4-16 表征了阴离子两亲高分子表面活性剂在小分子表面活性剂体系中加入量与油水界面张力间的关系。如图所示，当阴离子两亲高分子表面活性剂的加入量在 0%~20%的区间内，界面张力均可达到 10^{-3}mN/m 超低界面张力，而加入量达到 30%时，油水界面张力大于 10^{-3}mN/m。另外由图可知，当阴离子两亲高分子表面活性剂加入量为 10%时，界面张力较为稳定，油滴基本无收缩现象。

2）原油乳化稳定性

图 4-17 为 APSA3 型阴离子两亲高分子表面活性剂含量对于驱油剂原油乳化稳定性的影响，由图可知，未加入高分子表面活性剂时，表面活性剂对原油乳化稳定性最差，静止 5h 后油水分层，随着 APSA3 用量增加，乳化稳定性也相应增强。只是由于高分子表面活性剂的增黏作用提高了原油与表面活性剂分子间的吸附性能，增加了表面活性剂分子包裹原油分子的稳定性。

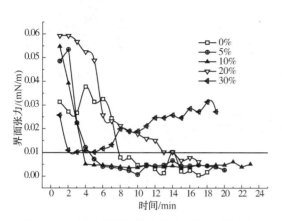

图 4-16　阴离子两亲高分子表面活性剂用量
对驱油体系界面张力的影响

（阴离子两亲高分子表面活性剂加入量从左至右：
0%、5%、10%、20%、30%）

图 4-17　阴离子两亲高分子表面活性剂含量
对驱油体系乳化稳定性的影响

4.2　阴离子表面活性剂的筛选

大量文献研究报道了石油基阴离子表面活性剂可明显降低石油与表面活性剂水溶液间的界面张力。石油基的阴离子表面活性剂是通过磺化、硫化和羧化石油提炼物等方法制得的一类表面活性剂，由于此类表面活性剂拥有原油相似或相同的碳链结构，根据相似相容原理，此类表面活性剂与原油具有更强的结合力，因此拟定了石油基阴离子表面活性剂作为主表面活性剂。同时研究了烷基苯磺酸盐、烷基羧酸盐、聚醚磺酸盐性能，并比较了上述 5 类表面活性剂复配后的综合性能。

4.2.1　阴离子表面活性剂表面张力

表面活性剂表面张力测试方法（以下称方法一）：

如图 4-18 所示，将一个用直径 $2r$ 的铂丝制成的内径 $2R'$ 的圆环平置于液面，当圆环被向上缓慢提起时，在圆环的内外表面会形成与环表面相垂直的液膜；内外液膜表面张力的合力竖直向下与拉力平衡。

当液膜被切断的瞬间，设此时液体的表面张力为 σ 总拉力与圆环重力的差为 f，则有：

$$f = 2\pi R'\sigma + 2\pi\sigma(R'+r) \tag{4-2}$$

如果令 $R = R' + r$，则式（4-2）可改为：

$$\sigma = \frac{f}{4\pi R} \tag{4-3}$$

测试条件：将石油磺酸盐、烷基羧酸盐、石油羧酸盐、聚醚磺酸盐、烷基磺酸盐表面活性剂配制为 5 组不同浓度的水溶液，通过英国 Camtel 公司的 CCA-100 型表面张力测量仪进行测定。

由图 4-19 可见，阴离子表面活性剂的表面活性由大至小依次为：石油磺酸盐、聚醚磺酸盐、烷基苯磺酸盐、石油羧酸盐、烷基羧酸盐。

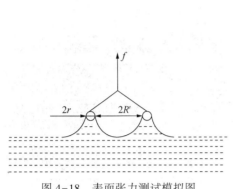
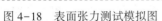

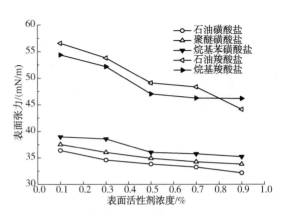

图 4-18　表面张力测试模拟图　　　　图 4-19　不同阴离子表面活性剂水溶液的表面张力

4.2.2　阴离子表面活性剂界面张力

表面活性剂界面张力测定方法(以下称方法二):

采用旋滴法测定油水界面张力,其基本原理是根据 Bashforth-Adams 方程从液滴的形状和尺寸求出界面张力,通过旋转使液滴处于一定的离心力场之中,调节转速可改变液滴的平衡形状以便于测定。

测定的方法如下:

(1)预置温度:

根据实验所需温度,设定加热控温装置,等待温度升至所需温度并稳定。

(2)注样:

① 注入外相液体。将外相液体用 5ml 注射器缓缓注满离心管,注射过程中注意使针头在液体内,防止注入气泡。将外相液体注满细管右套。将细管插入细管右套,直至硅橡胶垫封住管口。多余的液体通过细管右套侧面的小孔排除。

② 注入内相流体。用微注射器慢慢吸取一定量的内相液体,略大于根据界面张力大小所需注入的量。将微注射器针头向上轻压活塞,使可能有的气泡排出,直至从针头滚出液滴为止。将已经注好内相液体的离心管管口向下倾斜 10°~20°,用吸好内相的微注射器经过孔塞或右套的导向孔,轻轻插入,挤出适量的液滴,迅速撤出针头,并使离心管保持水平,以防止液滴移向离心管底部或管口。

③ 离心管的装入。用镜头纸擦净离心管外壁的液体,将离心管装入仪器的旋转轴内,旋紧压紧帽。

(3)观测:

① 根据实验设定所需的实验转速,按下转速开关键,使离心管在设定的转速下旋转。

② 旋转调角度旋钮调节离心管的水平,使管中内相液滴稳定。

③ 调节显微镜目镜焦距,使分划板上的刻线清晰,再调节显微镜的物距,使视野中的内相液滴清晰。

(4)读数:

如果把显微镜视野中的液滴视作椭圆,长轴直径一记作 L,短轴直径一记作 D,那么,当 $L/D>4$ 时,只需读取 D 值。因此,在实验时,应该选取合适的转速,使得 $L/D>4$,此时用下述方法测量 D 值。转动显微镜的测量线移动钮，使显微镜内分划板上的平行刻度线之一与视野内液滴的一个边缘重合，按下显微镜数显控钮中的清零键，再转动刻线移动旋钮，使同一条刻度线与液滴的另一个边缘重合，读取并记录读数并根据 Bashforth-Adalns 方程，用美国科诺 TX500H 旋转滴超低界面张力仪测得的界面张力用(4-4)式计算：

$$\sigma = \frac{0.5615 \times \Delta\rho \times Y^3}{T^2} \tag{4-4}$$

式中　σ——界面张力；

　　　T——仪器转速；

　　　$\Delta\rho$——两液相密度差；

　　　Y——液滴宽度。

T、$\Delta\rho$、Y 是测定值，0.5615 为仪器常数。根据式(4-4)即可算出。测定时应用转速 6000r/min，可测低至 10^{-6} mN/m 的界面张力。

测试条件：

将表面活性剂通过矿化度 50000mg/L 水配制成 5 组不同浓度的水溶液为水相；航空煤油为油相；然后在 45℃、50000mg/L 的矿化度条件下测定油水间界面张力随时间的变化曲线。

测试条件：将石油磺酸盐与聚醚磺酸盐按不同比例复配，取复配表面活性剂乳液配制浓度为 0.25%，矿化度为 50000mg/L 的表面活性剂水溶液为水相；航空煤油为油相；然后在 45℃条件下测定油水间界面张力随时间的变化曲线，见图 4-20。

通过图 4-20 可以发现，石油磺酸盐-聚醚磺酸盐复配体系的表面张力、界面张力与单一的石油磺酸盐相比明显降低，说明两类阴离子表面活性剂具有较好的协同效应。对比 3 组比例发现当石油磺酸盐与聚醚磺酸盐配比为 3∶1 时，表面张力与界面张力最低。

1. 石油磺酸盐-聚醚磺酸盐复配体系耐盐性测试

测试方法：将石油磺酸盐与聚醚磺酸盐按不同比例复配，取复配表面活性剂乳液配制浓度为 0.25%，矿化度为 5×10^4 mg/L 的表面活性剂水溶液，观察比较复配体系与单一石油磺酸盐水溶液耐盐性差异。

通过图 4-21 可以发现，复配后乳液外观透明，耐盐性有明显改善，说明石油磺酸盐与聚醚磺酸盐配伍型良好，聚醚磺酸盐的加入可有效提高主表面活性剂的耐盐性，稳定性提高。

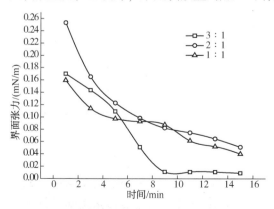

图 4-20　不同浓度石油磺酸盐-聚醚磺酸盐
溶液的界面张力

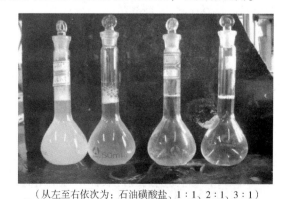

（从左至右依次为：石油磺酸盐、1∶1、2∶1、3∶1）

图 4-21　不同浓度石油磺酸盐-聚醚磺酸盐
溶液耐盐性

2. pH 值

实验方法：不同比例的复配体系各取 0.25g，加入矿化度 50000mg/L 的矿化水 50g，摇匀，室温下静置 30min 后表面测试表面活性剂水溶液 pH 值，见表 4-7。

表 4-7　不同浓度石油磺酸盐-聚醚磺酸盐溶液 pH 值

复配类型	1∶1	2∶1	3∶1
pH 值	7	7	7

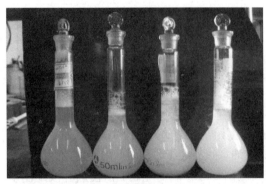

（从左至右依次为：石油磺酸盐、1∶1、2∶1、3∶1）

图 4-22　不同浓度石油磺酸盐-烷基苯
磺酸盐溶液耐盐性

3. 石油磺酸盐-烷基苯磺酸盐复配研究

耐盐性测试：测试方法同(1)。

由图 4-22 可见，烷基苯磺酸盐与石油磺酸盐复配后，体系浑浊，所以可排除烷基苯磺酸盐。

通过研究阴离子表面活性剂界面张力、耐盐性及 pH 值；比较了单一阴离子表面活性剂及复配后的阴离子表面活性剂的性能，选择石油磺酸盐-聚醚磺酸盐配比为 3∶1 复配体系(以下简称 SA)作为阴离子型表面活性剂。

4.3　非离子型表面活性剂的筛选

根据表面活性剂复配规律研究，非离子表面活性剂与阴离子表面活性剂复配后，可减低临界胶束浓度，并可提高降低表界面张力的能力。所以以阴离子表面活性剂筛选结果为基础，选择石油磺酸盐-聚醚磺酸盐复配体系作为驱油剂的主表面活性剂与非离子型表面活性剂进行复配筛选。

4.3.1　SA 与单一非离子型表面活性剂复配讨论

SA 体系与单一非离子型表面活性剂复配方案见表 4-8。

表 4-8　SA 体系与单一非离子表面活性剂复配

体　系	Span80	TX-10	6501	2A1	OP-10
SA	A	B	C	D	E

1. 表面活性剂界面张力测定

测试方法同方法二。

将 5 组不同比例的复配表面活性剂通过矿化度 50000mg/L 水配制成 0.5% 的浓度，此为水相；油相为航空煤油；然后在 45℃、50000g/L 的矿化度条件下测定界面张力随时间的变化曲线。石油磺酸盐-聚醚磺酸盐与非离子表面活性剂的复配比例分别为 1∶1、2∶1、3∶1。

由图 4-23 可以看出,石油磺酸盐-聚醚磺酸盐与 Span80、6501 及 OP-10 复配后界面张力较低,最低可达到 10^{-3}mN/m,说明非离子表面活性剂 Span80、6501 和 OP-10 与石油磺酸盐复配具有优良的协同效应。而 TX-10、2A1 与阴离子表面活性剂复配后界面张力较高。根据相容原则,提高表面活性剂和油相的相容性,不但可以降低平衡界面张力,而且可以提高表面活性剂在油相中的吸附速度,使油水接触后的瞬时界面张力降低得更快。由于非离子表面活性剂 Span80、6501 和 OP-10 的亲油性优于 TX-10 与 2A1,所以其界面张力更低。

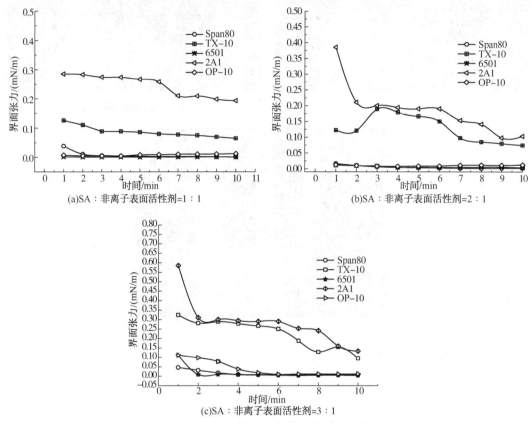

图 4-23 不同复配比例体系的界面张力

2. 耐盐性测试

如图 4-24 所示,TX-10 与 OP-10 与 SA 复配后耐盐性能最佳,这主要是由于 TX-10 与 OP-10 为亲水性非离子表面活性剂,与阴离子复配后,亲水基团数量增多的缘故。

3. pH 值

实验方法:将 5 类不同比例的复配表面活性剂各取 0.25g,加入矿化度 50000mg/L 的矿化水 50g,摇匀,室温下静置 30min 后表面测试表面活性剂水溶液 pH 值,见表 4-9。

表 4-9 SA 体系与单一非离子表面活性剂复配 pH 值

比 例	A	B	C	D	E
1:1	7	6~7	7	6	7
2:1	7	6~7	7	6	7
3:1	7	6~7	7	7	7

(a)SA：非离子表面活性剂=1：1　　　　　　　　(b)SA：非离子表面活性剂=2：1

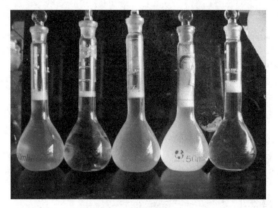

(c)SA：非离子表面活性剂=3：1

图4-24　不同配比下的耐盐性能

　　通过比较石油磺酸盐与非离子表面活性剂复配，明显可以看出，石油磺酸盐-聚醚磺酸盐体系与非离子表面活性剂复配，其体系耐盐性、降低油水间界面张力及原油乳化性能均优于石油磺酸盐与非离子表面活性剂复配体系，所以本研究选择石油磺酸盐-聚醚磺酸盐-非离子表面活性剂体系。

4.3.2　石油磺酸盐-聚醚磺酸盐-非离子型表面活性剂体系研究

　　以石油磺酸盐-聚醚磺酸盐体系作为阴离子表面活性剂，对3类非离子表面活性剂进行两两复配，得出3组配方对比复配结果，并通过界面张力，耐盐性对3组驱油体系进行表征说明。配方如下：

　　A：石油磺酸盐+聚醚磺酸盐+Span80+6501。

　　B：石油磺酸盐+聚醚磺酸盐+OP-10+6501。

　　C：石油磺酸盐+聚醚磺酸盐+OP-10+Span80。

　　1. 界面张力测试

　　由图4-25和图4-26可以看出，配方A与B在5×10^4 mg/L矿化度时界面张力可达到

10^{-3} mN/m，而当矿化度达到 10×10^4 mg/L 时，只有配方 A 可以达到 10^{-3} mN/m 超低界面张力。

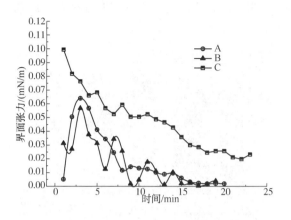

图 4-25　5×10^4 mg/L 矿化度下油水界面张力

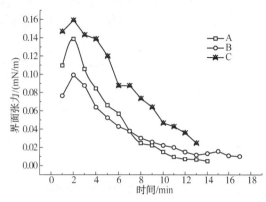

图 4-26　10×10^4 mg/L 矿化度下油水界面张力

2. 耐盐性测试

根据图 4-27 与图 4-28 可以看出随着矿化度的增加，表面活性剂溶液的透明度下降，其中 B 体系和 C 体系下降最明显，稳定性下降，此结果与界面张力结论相吻合。同时根据长 2 与长 6 油层不同特点，初选择 A：石油磺酸盐+聚醚磺酸盐+Span80+6501 复配体系作为长 6 油层主力驱油体系框架；初步确定 B：石油磺酸盐+聚醚磺酸盐+OP-10+6501 体系作为长 2 油层主力驱油体系框架。

图 4-27　5×10^4 mg/L 矿化度下复配体系的外观

图 4-28　10×10^4 mg/L 矿化度下复配体系的外观

4.4　助表面活性剂的影响

4.4.1　小分子醇加入对界面张力影响

如图 4-29，5 种醇所对应的驱油剂作用下，油水界面张力都可达到 10^{-3} mN/m。其中甲醇和乙醇维持低界面张力的时间较长，稳定性较好。

4.4.2　小分子醇加入对驱油剂乳化能力的影响

由图 4-30 可知，甲醇、乙醇、正丙醇、正丁醇和 1,4-丁二醇所对应的驱油剂对于原油的乳化能力并没有多大的差异。

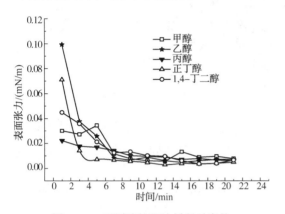

图 4-29　不同醇的驱油剂所对应的
油水界面张力

图 4-30　不同醇的驱油剂所对应的
原油乳化效果

由于不同低相对分子质量的醇所对应的驱油体系在溶液稳定性、降低油水界面张力和乳化原油方面并没有太大的差异，可以说明低相对分子质量的醇的加入对于驱油体系最主要的作用是增加表面活性剂的溶解度，增加驱油用表面活性剂乳液的稳定性。同时在考虑成本的前提下，确定采用甲醇。

4.5　高/小分子表面活性剂驱油性能评价

通过对阴离子表面活性剂和非离子表面活性剂筛选、高分子表面活性剂的合成及性能研究，研发出适用于不同地层条件的表面活性剂驱油复合体系。对于长 2 油层体系为石油磺酸盐+聚醚磺酸盐+OP-10+6501+阴离子两亲高分子表面活性剂 APSA3 复配体系，此体系编号为 SKD201；适用于长 6 油层的驱油体系为石油磺酸盐+聚醚磺酸盐+Span80+6501+阴离子两亲高分子表面活性剂 APSA3 复配体系，此体系编号为 SKD601。

4.5.1　SKD201 驱油性能评价

1. 油水界面张力评价

1）SKD201 在不同矿化度下油水界面张力

图 4-30 是 SKD201 在 40℃时不同矿化度下油水界面张力曲线图，由图可以看出驱油剂具有较高的耐盐性，在矿化度为 100000mg/L，40℃时，油水界面张力仍能达到 10^{-3} mN/m 超低数量级，可以满足高盐地层的应用。同时可以看出，当矿化度为 50000mg/L 时，油水界面张力在 10^{-3} mN/m 超低数量级维持时间最长。根据 R 平衡值理论，水相（w）的电解质浓度对离子表面活性剂分子的极性基有影响。具有超低界面张力的体系存在一个含盐度范围，在此范围内体系具有超低界面张力值，而超出该浓度范围，则界面张力上升。一般来说，油

相中的表面活性剂浓度随水相中盐浓度的增大而增大。在低盐浓度条件下，大部分表面活性剂存在于水相，仅有极少量的表面活性剂进入界面或油相；在高盐浓度下，表面活性剂优先溶解于油相，因而，仅有极少量的表面活性剂进入界面或水相。然而，在某一中等盐浓度时，水相和油相中的表面活性剂浓度近似相等，油水界面的表面活性剂浓度最高，界面张力最低，这一中等盐浓度称为最佳含盐度。当体系处在最佳含盐需求量状态(表面活性剂增溶油和增溶水的能力相同)时，体系形成最低界面张力盐浓度的增加，使更多的表面活性剂分子参与形成胶束，导致界面张力降低。但随着盐浓度的进一步增加，界面张力经历一个最低值，然后由于表面活性剂大部分进入了油相，油水界面吸附失去了平衡，导致界面张力的回升。

如图 4-31 所示，随着矿化度的增加，虽然都可达到 10^{-3} mN/m 的超低界面张力，但在 50000mg/L 的矿化度下，超低界面张力维持时间最长，油滴回缩最慢，所以对于 SKD201，矿化度为 50000mg/L 是此体系的最佳含盐度。

2) SKD201 在不同浓度下油水界面张力

图 4-32 为 SKD201 在 40℃时不同浓度的驱油剂水溶液所对应的油水界面张力曲线图，由图可以看出驱油剂具有较高的表面活性。设定矿化度为 50000mg/L，40℃时，浓度在 0.1%~0.9%的变化范围内，油水界面张力仍能达到 10^{-3} mN/m 超低数量级。

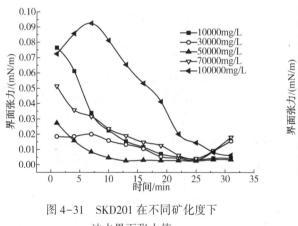

图 4-31　SKD201 在不同矿化度下
油水界面张力值

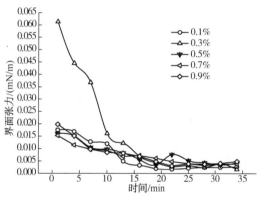

图 4-32　不同浓度的 SKD201 对应的
油水界面张力

·　为研究表面活性剂的浓度与油水动态界面张力的关系，考察表面活性剂在不同浓度下降低油水动态界面张力的能力，配制浓度变化范围在 0.1%~0.9%的表面活性剂 SKD201 溶液，进行了油水动态界面张力的测量。图 4-32 是不同浓度的表面活性剂 SKD201 对航空煤油油水体系的动态界面张力变化情况。从图可以看出，在较高浓度条件下，表面活性剂能将油水动态界面张力 5min 内降至 10^{-3} mN/m，随浓度的增加，维持超低界面张力的时间也增加，而在较低浓度下，界面张力达到 10^{-3} mN/m 超低界面张力所用时间增加，回缩现象更为明显，但是最终的界面张力仍能维持在 10^{-3} mN/m 数量级。

3) SKD201 在不同温度下油水界面张力

取驱油剂 0.25g，加入 50000mg/L 矿化水至 100g，搅拌均匀作为水相；航空煤油作为油相，使用 TX-500 型界面张力仪在不同温度下测试油水间界面张力。

由图 4-33 可以看出随温度的增加，界面张力降低到 10^{-3} mN/m 所需时间减少。80℃时，可在 1min 内瞬间达到超低界面张力，这是由于温度的增加，提高了表面活性剂的运移速度，使得表面活性剂能更快地富集至油水界面间，所以温度越高，界面张力降低速度越快。说明温度越高，表面活性剂活性越强。此外，SKD201 体系在 20~80℃ 的宽温度范围内均可达到 10^{-3} mN/m 超低界面张力，说明此体系使用范围广，性能优良。

4）二价钙镁离子含量对 SKD201 驱油体系界面张力的影响

如图 4-34 所示，驱油剂 SKD201 在二价钙镁离子含量 2000~5000mg/L 范围内，油水界面张力均可达到 10^{-3} mN/m 超低界面张力，满足设计要求。

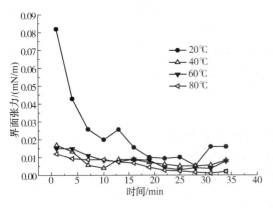

图 4-33　不同温度时 SKD201 对应的
油水界面张力

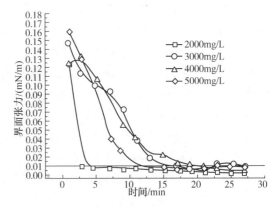

图 4-34　二价钙镁离子含量对 SKD201
驱油体系界面张力的影响

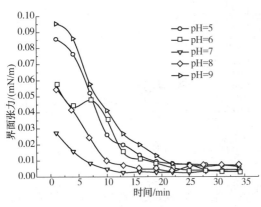

图 4-35　pH 值对 SKD201 驱油体系
界面张力的影响

5）pH 值对 SKD201 驱油体系的影响

取驱油剂 0.25g，加入 50000mg/L 矿化水至 100g，搅拌均匀，使用冰醋酸和氨水对驱油剂水溶液的 pH 值进行调节（pH 值范围为 5~9）；观察不同 pH 值条件下水溶液的稳定性，测试油水间界面张力。

由图 4-35 所示，SKD201 驱油体系在较宽的 pH 值范围（5~9）内均可达到超低油水界面张力，说明此体系具有优良的耐酸碱性，可适应不同 pH 条件原油储层。

2.SKD201 表面活性剂-原油乳化液稳态流变测试

1）原油流变测试

取原油 24mL 置于流变仪圆筒模具中，在不同温度下（25℃ 与 45℃），测试原油黏度随剪切速率增大（1~1000rad/s）的变化

分析油水乳化液在不同剪切速率时的黏度变化对于分析表面活性剂驱油机理至关重要，所以首先应研究原油在不同温度条件下的流变性能。图 4-36 是 25℃ 与 45℃ 时五里湾超低渗油层原油的流变曲线。由图可知随着温度的升高，原油黏度降低，此结果符合 Andrade 方程：

$$\ln\eta = \ln k + E/RT \tag{4-5}$$

式中，k 是给定切应力下表示聚合物特征及其相对分子质量的常数；E 为摩尔流动活化能；

R 为气体常数；T 是绝对温度。另外，25℃时黏度随剪切速率的增加而减小；而 45℃时，黏度几乎不随剪切速率的增加而减小，这说明，在 25℃时原油表现为假塑性流体的特性，而 45℃时原油表现为牛顿流体特性。

2）不同驱油剂浓度条件下油水乳化液流变性测试

图 4-37 显示了不同活性剂含量下原油乳化液的黏度-剪切率关系曲线。由图可知随表面活性剂浓度的增加乳液黏度增大。根据表面活性剂乳化机理，对原油的乳化形成了 O/W 乳液，即形成了外部亲水的乳胶粒的微观结构，随着活性基团数目的增加，乳胶粒表面离子基团分布密度增大，根据扩散双电层理论，双电层作用相应增强，乳液的 ζ 电位提高，粒子间的排斥作用增加；另外，随表面活性剂浓度增加，乳化包裹的所形成的粒子数目增加，总表面积增大，粒子表面吸附的水合层体积相应增加，粒子运动时阻力增加，因此随浓度的增加黏度相对上升。

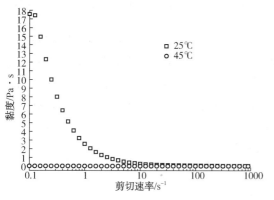

图 4-36　原油在不同温度下的流变曲线　　　　图 4-37　不同浓度时油水乳化液的流变曲线

表面活性剂浓度范围由 0.5%~0.9% 时，乳液黏度随剪切速率的增加而减小，呈现了剪切变稀的现象。这是由于在高速剪切下，外层亲水的粒子形态发生破坏，水合层体积减小，黏度下降。在浓度为 0.9% 时，此种现象尤为明显。而浓度为 0.1%~0.3% 时，乳液黏度基本不随剪切率的变化而变化，呈现牛顿流体行为，说明在浓度为 0.1%~0.3% 时，表面活性剂对油滴基本上未形成包裹或包裹差。

3）不同矿化度的水乳液流变性测试

图 4-38 为水乳液黏度与矿化度的关系曲线。由图可知，随矿化度的增加，即驱油剂溶液含盐量增加，水乳液黏度增加，这是由于溶液中含盐量增加，水中离子含量增加，表面活性剂分子亲水端在油水中的定向排布更加有序，减少了在油水两相界面的杂乱无规律排列，提高了活性成分有效作用浓度。另外，在剪切速率低，矿化度 $>7\times10^4$ mg/L 时黏度在 0.8Pa·s 以上，表明此体系的在低温低剪切时乳化稳定性较高。

4）不同温度条件下水乳液流变性测试

图 4-39 为不同温度条件下，油水乳液随剪切速率的增加黏度的变化曲线。由图可知，温度越高，黏度越低，在 25℃时随剪切速率的增加黏度下降，而在 45℃和 65℃时，黏度与剪切速率的关系表现为先增加后平衡的关系，而且黏度变化较小，这与图 4-36 是相符合的，说明在 25℃时油水乳液表现为假塑性流体特征，45℃与 65℃时油水乳液基本表现为牛顿流体特性。此外对比不同温度时油水界面张力曲线可以看出，温度增加，提供了更高的表面活性。

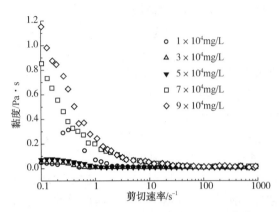

图4-38 不同矿化度时油水乳化液流变曲线

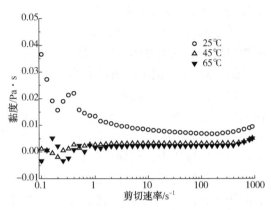

图4-39 不同温度时油水乳化液的流变曲线

3. SKD201表面活性剂的吸附性能测试

Gibbs公式对表面活性剂在固体上的吸附虽然有效，但因为固体不能流动，没有简单的方法可以测定固体/溶液的界面张力，因而吸附量不能由固/液界面张力变化来计算。然而固体自溶液中的吸附量很容易直接测定。将一定量的固体与一定量已知浓度的溶液在一定温度下一同振荡，待达到平衡后，离心分离，取上层清液，测定其浓度，自浓度的改变可计算出每克固体对表面活性剂的吸附量按式(4-6)计算。

$$\Gamma = \frac{(C_0 - C_1) \times V}{G} \tag{4-6}$$

式中 Γ——吸附量，mg/g油砂；

      C_0——表面活性剂初始浓度，mg/L；

      C_1——表面活性剂平衡浓度，mg/L；

      V——吸附体系中溶液总体积，L；

      G——吸附剂的质量，g。

一般吸附5次后溶液界面张力仍然达到超低界面张力，认为吸附性能良好(表4-10、表4-11)。

表4-10   SKD201表面活性剂的吸附比较

类 型	界面张力值/(mN/m)				
	吸附1d后	吸附1d后	吸附1d后	吸附1d后	吸附1d后
0.3%表面活性剂溶液	0.00437	0.00779	0.00397	0.00536	0.00841
0.5%表面活性剂溶液	0.00166	0.00195	0.00437	0.00705	0.00855

表4-11   45℃时SKD201吸附量数据表

吸附前表面活性剂浓度/%	0.10	0.20	0.30	0.40	0.50
吸附后消耗海明体积/mL	5.82	9.37	13.05	21.57	24.39
吸附后表面活性剂浓度/%	0.082	0.175	0.254	0.369	0.423
吸附量/(mg/g)	0.13	0.12	0.14	0.11	0.12

0.3%、0.5%SKD201 表面活性剂溶液与航空煤油的界面张力在吸附 5d 后均能保持在 10^{-3}mN/m 超低值，通过吸附量数据可以看出，浓度为 0.3% 时吸附量达到了饱和，吸附后浓度可为 0.254%，通过浓度图对比可知，此浓度下油水界面张力可达到 10^{-3}mN/m，因此该表面活性剂体系的抗吸附性能良好。

4. SKD201 表面活性剂的乳化性能

表面活性剂的乳化驱油机理：表面活性剂体系对原油具有较强的乳化能力，在水油两相流动剪切的条件下，能迅速将岩石表面的原油分散、剥离，形成水包油（O/W）型乳状液，从而改善油水两相的流度比 M 值，提高波及系数。同时，由于表面活性剂在油滴表面吸附而使油滴带有电荷，油滴不易重新粘回到地层表面，从而被活性水夹着带着流向采油井。

乳化性能评价方法（方法四）：以一定的转速搅拌原油和表面活性剂水溶液，原油可乳化在水中。原油在水中乳化所需转速越低，说明表面活性剂越容易乳化原油。因此本书中以乳化最小转速表征表面活性剂的乳化性能。该参数是由 MC1 流变仪（德国）改造而成的装置测得。测定方法如下：向恒温量筒中加入 15mL 表面活性剂待测溶液和 10mL 稠油；预热 10min 后，设定一定速率搅拌，观察 10min 内原油能否在完全分散进入表面活性剂水溶液。若原油能在 10min 内分散进入水相，则将转速降低 25r/min 继续实验；否则，将转速提高 25r/min 继续实验，一直找出能使原油在水中分散所需的最小转速，来表征表面活性剂的乳化能力（表 4-12~表 4-14）。

表 4-12　不同温度下 SKD201 驱油体系最小乳化转速的测定

代　号	不同温度（℃）时最小乳化转速/（r/min）			
	20	40	60	80
SKD201	575	525	500	500

表 4-13　不同浓度下 SKD201 驱油体系最小乳化转速的测定

代　号	不同浓度（%）时最小乳化转速/（r/min）				
	0.1	0.3	0.5	0.7	0.9
SKD201	625	575	500	425	375

表 4-14　不同矿化度下 SKD201 驱油体系最小乳化转速的测定

代　号	不同矿化度/（mg/L）时最小乳化转速/（r/min）				
	10000	30000	50000	70000	100000
SKD201	600	550	500	500	525

（1）随着矿化度的增加 SKD201 的最小乳化转速都出现"抛物线"的趋势变化，该现象和盐含量对界面张力的影响规律相似，存在最佳盐含量。

（2）随着温度和浓度的增加，SKD201 的最小乳化转速明显降低，乳化能力显著增强，这与温度与浓度对界面张力的影响规律相似，说明温度与浓度的增加可提高表面活性剂分子运动速率；提高表面活性剂在界面上的富集度。

5. 驱油效率评价

如图 4-39 驱替实验流程示意图所示，通过室内岩心驱替实验，对 SKD201 表面活性剂驱油体系驱油效率进行研究，重点评价室内岩心驱替驱油效率的提高及表面活性剂降压增注的效果。驱替实验方法如下（方法五）：

1）岩心准备

实验用岩心为人造岩心和天然岩心，人造岩心为东北石油大学采油重点实验室制、天然岩心为延长油田吴起超低渗区块岩心。按 SY/T 5336 中 4.5.1 的规定，在做实验前要先将岩心放在恒温箱内高温 80℃ 烘干 12h，使其充分的干燥。把岩心放入岩心夹持器内，使岩心居中，两边加上方岩心堵头，拧紧堵头；在岩心加持器的一端安装真空表，另一端接上真空泵。打开真空泵，抽真空 4~6h，至岩心夹持器内真空达到 0.1MPa，然后对岩心饱和地层水并测量岩心水相渗透率和孔隙体积。

2）饱和油

将岩心装入岩心夹持器中，在实验温度下饱和原油（原油为延长油田吴起超低渗区块离心破乳原油）。饱和时间大于 4h，含有饱和度大于 70%；计算饱和油体积、含油饱和度，束缚水饱和度。将饱和油的岩心在模拟地层温度的条件下（室内采用 60℃）对饱和岩心进行老化，老化时间为 8h。

3）水驱替阶段

油田注入水（水样为双宁双河注入水样）驱油，驱替条件（环压 5MPa、驱替压力 2MPa），至采出液含水达到 98%，计算水驱采收率。

4）驱油剂驱替阶段

水驱结束后，注入设计体积的驱油剂。根据实验要求，在可驱油剂后注入保护段塞，然后注水，至采出液含水达 98%，计算最终采收率，平行绝对误差小于 3.0%。

（1）人造岩心驱替实验。

① 不同渗透率的人造岩心，SKD201 驱油体系驱油累计效率评价。

如表 4-15 和图 4-40，在不同渗透率的人造岩心下，浓度为 0.5% 的 SKD201 驱油体系的室内岩心驱替增产效率都可达到 10% 以上。对比不同渗透率条件下驱替曲线可知（图 4-41），渗透率越大，驱替效率越高。

表 4-15　SKD201 驱油体系在不同渗透率时驱替效率表

岩心编号	表面活性剂浓度/%	岩心长度/cm	岩心直径/cm	渗透率/$10^{-3}\mu m^2$	孔隙度/%	水驱效率/%	表面活性剂驱效率/%	备注
6-2	0.5	4.844	2.506	1.00	8.86	28.3	40	
8-1	0.5	4.448	2.506	5.00	13.95	32.9	43.46	
11-1	0.5	4.824	2.500	10.00	14.85	35	46.1	人造岩心
15-2	0.5	5.050	2.500	15.00	20.43	54.01	65.5	
19-1	0.5	4.998	2.504	20.00	22.15	57.19	67.28	

② 不同浓度的 SKD201 驱油剂人造岩心驱油累计效率评价。

本实验比较了 3 组不同浓度的 SKD201 驱油剂溶液在 $10×10^{-3}\mu m^2$ 渗透率条件时，水驱效率和表面活性剂驱油效率。

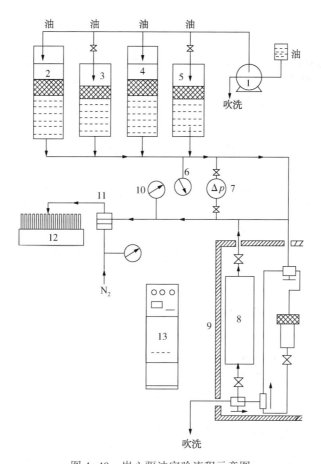

图 4-40　岩心驱油实验流程示意图

1—泵；2—盛油活塞容器；3—盛驱动水活塞容器；4、5—盛驱油剂活塞容器；

6—压力表；7—压力传感器；8—岩心夹持器；9—恒温箱；10—压力表；

11—回压控制阀；12—流出物收集器；13—记录仪

由表 4-16 和图 4-42 可以看出，随浓度增加，表面活性剂驱油采收率有一定的增加。当浓度为 0.3% 时，采收率增加到 10.4%，说明 SKD201 在较低浓度下仍具有稳定的驱油效率，当浓度为 0.5% 和 0.7% 时，采收率增加值分别为 11.1% 和 11.99%。

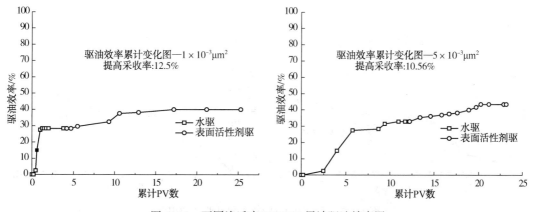

图 4-41　不同渗透率 SKD201 累计驱油效率图

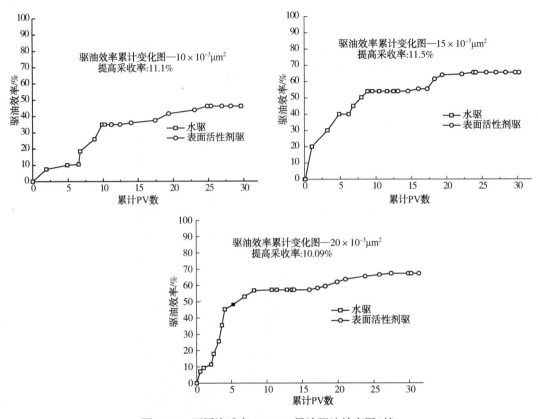

图4-41　不同渗透率SKD201累计驱油效率图(续)

表4-16　不同浓度的SKD201驱油剂人造岩心驱替效率表

岩心编号	表面活性剂浓度/%	岩心长度/cm	岩心直径/cm	渗透率/$10^{-3}\mu m^2$	孔隙度/%	水驱效率/%	表面活性剂驱效率/%	备注
10-1	0.3	4.977	2.506	10.00	14.52	34.4	44.8	
11-1	0.5	4.824	2.500	10.00	14.85	35	46.1	人造岩心
13-2	0.7	5.140	2.500	10.00	14.43	35.86	47.85	

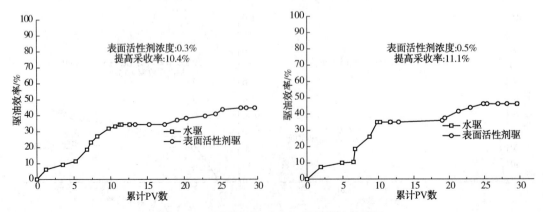

图4-42　不同浓度SKD201累计驱油效率图

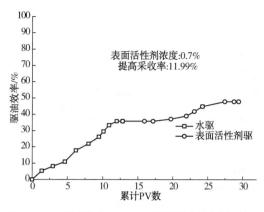

图 4-42 不同浓度 SKD201 累计驱油效率图(续)

（2）天然岩心驱替实验。

由于延长油田油层基本处于超低渗透区块，所以本课题组主要研究了具有超低渗透率的天然岩心在不同浓度表面活性剂驱油体系条件下的驱替效率。表 4-17 和图 4-43 所示，选取渗透率均低于 $0.5 \times 10^{-3} \mu m^2$ 的 3 块天然岩心，在不同浓度条件下，SKD201 驱油体系的室内岩心驱替增产效率都可达到 10% 以上。对比不同浓度条件下驱替曲线可知，当浓度为 0.3% 时，采收率增加到 10.65%，当浓度为 0.5% 和 0.7% 时，采收率增加值分别为 11.66% 和 12.79%。

表 4-17 不同浓度的 SKD201 驱油剂天然岩心驱替效率表

岩心编号	表面活性剂浓度/%	岩心长度/cm	岩心直径/cm	渗透率/$10^{-3} \mu m^2$	孔隙度/%	水驱效率/%	表面活性剂驱效率/%	备　注
wq-1-a	0.3	5.822	2.506	0.33	13.72	57.69	68.34	
wq-2-a	0.5	6.296	2.504	0.31	13.48	54.17	65.83	天然岩心
wq-3-a	0.7	5.824	2.507	0.34	14.85	53.25	66.04	

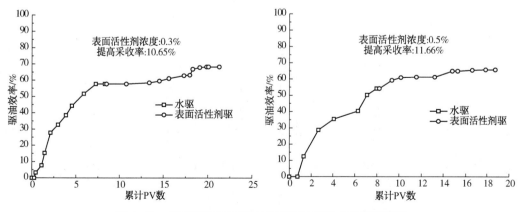

图 4-43 不同浓度的 SKD201 驱油剂天然岩心驱替效率图

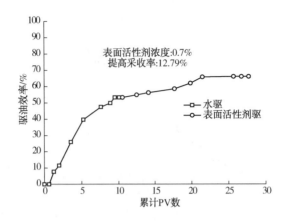

图 4-43　不同浓度的 SKD201 驱油剂天然岩心驱替效率图(续)

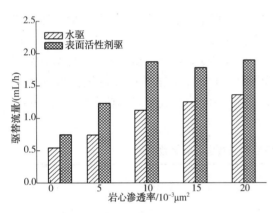

图 4-44　不同渗透率时 SKD201
驱替平均流量图

（3）人造岩心降压增注实验。

由图 4-44 和图 4-45 可知，对于不同渗透率的人造岩心及不同浓度的表面活性剂驱油剂，SKD201 表面活性剂驱油剂加入后，驱替流量明显增加，提高比例为 1.2 ~ 2.0 之间，说明 SKD201 驱油体系在人造岩心中具有明显的降压增注效果。

（4）天然岩心降压增注实验。

由图 4-46 可知，对于超低渗透率的天然岩心，不同浓度的 SKD201 表面活性剂驱油剂加入后，驱替流量明显增加，提高比例为 1.3 ~ 1.7 之间，说明 SKD201 驱油体系在超低渗透率天然岩心中也具有良好的降压增注效果。

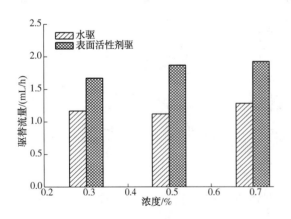

图 4-45　不同浓度时 SKD201 驱替
平均流量图

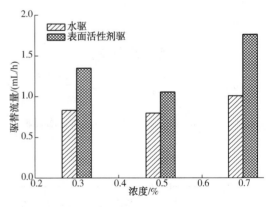

图 4-46　不同浓度的 SKD201 驱油剂
天然岩心驱替平均流量图

4.5.2　SKD601 驱油性能评价

1. SKD601 油水界面张力评价

1）SKD601 在不同矿化度下油水界面张力

图 4-47 是 SKD601 在 60℃时不同矿化度下油水界面张力曲线图，由图可以看出驱油剂具有较高的耐盐性，在矿化度为 120000mg/L、40℃时，油水界面张力仍能达到 10^{-3}mN/m 超低数量级，可以满足高盐地层的应用。同时可以看出，随着矿化度的增加，油水界面张力在 10^{-3}mN/m 超低数量级维持时间也相应延长，当矿化度达到 100000mg/L，超低界面张力维持时间最长，继续增加矿化度，达到 120000mg/L 时，超低界面张力维持时间明显降低。根据 R 值理论，矿化度为 100000mg/L 的盐浓度称为最佳含盐度。此浓度时体系处在最佳含盐需求量状态（表面活性剂增溶油和增溶水的能力相同）时，体系形成最低界面张力盐浓度的增加，使更多的表面活性剂分子参与形成胶束，导致界面张力降低。但随着盐浓度的进一步增加，界面张力经历一个最低值，然后由于表面活性剂大部分进入了油相，油水界面吸附失去了平衡，导致界面张力的回升。

2）SKD601 在不同浓度下油水界面张力

图 4-48 是 SKD601 在 60℃时不同浓度的驱油剂水溶液所对应的油水界面张力曲线图，由图可以看出驱油剂具有较高的表面活性。设定矿化度为 100000g/L，60℃时，浓度在 0.1%~0.9%的变化范围内，油水界面张力仍能达到 10^{-3}mN/m 超低数量级。

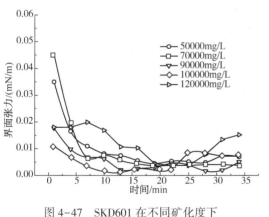

图 4-47　SKD601 在不同矿化度下
油水界面张力值

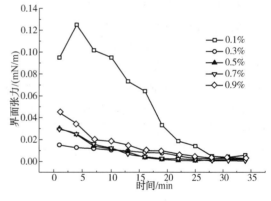

图 4-48　SKD601 在不同浓度下
油水界面张力值

3）SKD601 在不同温度下油水界面张力

由图 4-49 可以看出随温度的增加，界面张力降低到 10^{-3}mN/m 所需时间减少。80℃时，可在 1min 内瞬间达到超低界面张力，这是由于温度的增加，提高了表面活性剂的运移速度，使得表面活性剂能更快地富集至油水界面间，所以温度越高，界面张力降低速度越快。此外，SKD601 体系在 20~80℃的宽温度范围内均可达到 10^{-3}mN/m 超低界面张力，说明此体系使用范围广，性能优良。

4）二价钙镁离子含量对 SKD601 驱油体系界面张力的影响

如图 4-50 所示，驱油剂 SKD601 在二价钙镁离子含量 2000~5000g/L 范围内，油水界面张力均可达到 10^{-3}mN/m 超低界面张力，满足设计要求。

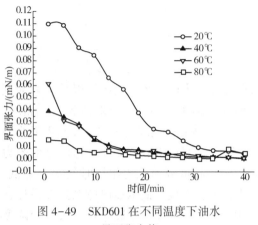

图 4-49 SKD601 在不同温度下油水
界面张力值

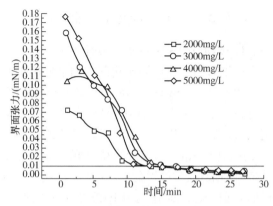

图 4-50 二价钙镁离子含量对 SKD601
驱油体系界面张力的影响

5）pH 值对 SKD601 驱油体系的影响

取驱油剂 0.25g，加入 50000g/L 矿化水至 100g，搅拌均匀，使用冰醋酸和氨水对驱油剂水溶液的 pH 值进行调节（pH 值范围为 5~9）；观察不同 pH 值条件下水溶液的稳定性，测试油水间界面张力。

由图 4-51 所示，SKD601 驱油体系在较宽的 pH 值范围（5~9）内均可达到超低油水界面张力，说明此体系具有优良的耐酸碱性，可适应不同 pH 条件原油储层。

2. SKD601 表面活性剂-原油乳化液稳态流变测试

1）不同驱油剂浓度条件下油水乳化液流变性测试

图 4-52 显示了不同活性剂含量下原油乳化液的黏度-剪切率关系曲线。由图可知随表面活性剂浓度的增加乳液黏度增大。根据表面活性剂乳化机理，对原油的乳化形成了 O/W 乳液，即形成了外部亲水的乳胶粒的微观结构，随着活性基团数目的增加，乳胶粒表面离子基团分布密度增大，根据扩散双电层理论，双电层作用相应增强，乳液的 ζ 电位提高，粒子间的排斥作用增加；另外，随表面活性剂浓度增加，乳化包裹的所形成的粒子数目增加，总表面积增大，粒子表面吸附的水合层体积相应增加，粒子运动时阻力增加，因此随浓度的增加黏度相对上升。

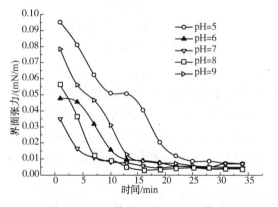

图 4-51 pH 值对 SKD601 驱油体系
界面张力的影响

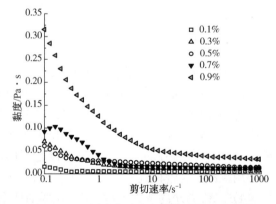

图 4-52 不同浓度时油水乳化液的流变曲线

表面活性剂浓度范围为 0.3%~0.9% 时，乳液黏度随剪切速率的增加而减小，呈现了剪切变稀的现象。这是由于在高速剪切下，外层亲水的粒子形态发生破坏，水合层体积减小，黏度下降。在浓度为 0.9% 时，此种现象尤为明显。而浓度为 0.1% 时，乳液黏度基本不随剪切速率的变化而变化，呈现牛顿流体行为，说明在浓度为 0.1% 时，表面活性剂对油滴基本上未形成包裹。

2）不同矿化度条件下油水乳化液流变性测试

图 4-53 为水乳液黏度与矿化度的关系曲线。由图可知，随矿化度的增加，即驱油剂溶液含盐量增加，水乳液黏度增加，这是由于溶液中含盐量增加，水中离子含量增加，表面活性剂分子亲水端在油水中的定向排布更加有序，减少了在油水两相界面的杂乱无规律排列，提高了活性成分有效作用浓度。

3）不同矿化度度条件下油水乳化液流变性测试

图 4-54 为不同温度条件下，油水乳液随剪切速率的增加黏度的变化曲线。由图可知，温度越高，黏度越低，在 25℃ 时随剪切速率的增加黏度下降，而在 45℃ 和 65℃ 时，黏度与剪切速率的关系表现为先增加后平衡的关系，而且黏度变化较小，说明在 25℃ 时油水乳液表现为假塑性流体特征，45℃ 与 65℃ 时油水乳液基本表现为牛顿流体特性。

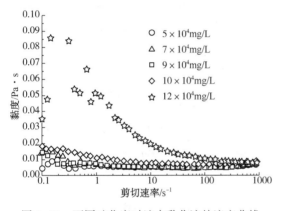

图 4-53　不同矿化度时油水乳化液的流变曲线

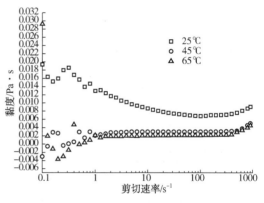

图 4-54　不同温度时油水乳化液的流变曲线

3. SKD601 表面活性剂的吸附性能测试

测试方法同方法三，测试结果见表 4-18、表 4-19。

表 4-18　SKD601 表面活性剂的吸附比较

类　型	界面张力值/（mN/m）				
	吸附 1d 后	吸附 1d 后	吸附 1d 后	吸附 1d 后	吸附 1d 后
0.3% 表面活性剂溶液	0.00524	0.00583	0.00782	0.00815	0.00871
0.5% 表面活性剂溶液	0.00108	0.00237	0.00568	0.00649	0.00703

0.3%、0.5%SKD601 表面活性剂溶液与航空煤油的界面张力在吸附 5d 后均能保持在 10^{-3}mN/m 超低值，通过吸附量数据可以看出，浓度为 0.3% 时吸附量达到了饱和，吸附后浓度可为 0.241%，通过浓度图对比可知，此浓度下油水界面张力可达到 10^{-3}mN/m，因此该表面活性剂体系的抗吸附性能良好。

表 4-19　60℃时 SKD601 吸附量数据表

吸附前表面活性剂浓度/%	0.10	0.20	0.30	0.40	0.50
吸附后消耗海明体积/mL	6.57	11.56	14.70	22.80	27.53
吸附后表面活性剂浓度/%	0.079	0.183	0.241	0.382	0.488
吸附量/(mg/g)	0.14	0.12	0.15	0.13	0.07

4. SKD601 表面活性剂的乳化性能(表 4-20~表 4-22)

表 4-20　不同温度下 SKD601 驱油体系最小乳化转速的测定

代　号	不同温度(℃)时最小乳化转速/(r/min)			
	20	40	60	80
SKD601	475	425	400	350

表 4-21　不同浓度下 SKD601 驱油体系最小乳化转速的测定

代　号	不同浓度(%)时最小乳化转速/(r/min)				
	0.1	0.3	0.5	0.7	0.9
SKD601	575	525	450	425	375

表 4-22　不同矿化度下 SKD601 驱油体系最小乳化转速的测定

代　号	不同矿化度/(mg/L)时最小乳化转速/(r/min)				
	50000	70000	90000	100000	120000
SKD601	550	525	500	450	500

结论:

(1) 随着矿化度的增加 SKD601 的最小乳化转速都出现"抛物线"的趋势变化,该现象和盐含量对界面张力的影响规律相似,存在最佳盐含量。

(2) 随着温度和浓度的增加,SKD601 的最小乳化转速明显降低,乳化能力显著增强,这与温度与浓度对界面张力的影响规律相似,说明温度与浓度的增加可提高表面活性剂分子运动速率,提高表面活性剂在界面上的富集度。

5. SKD601 原油采收率实验

1) 人造岩心驱替实验

(1) 不同渗透率的人造岩心,SKD601 驱油体系驱油累计效率评价。

通过室内岩心驱替实验(实验方法五),对 SKD601 表面活性剂驱油体系驱油效率进行研究,结果见表 4-23、图 4-55。

通过表 4-23 和图 4-55 可知,在不同渗透率下,SKD601 驱油体系的室内岩心驱替增产效率都可达到 10%以上。对比不同渗透率条件下驱替曲线可知,渗透率越大,驱替效率越高。

表 4-23　SKD601 驱油体系在不同渗透率时驱替效率表

岩心编号	表面活性剂浓度/%	岩心长度/cm	岩心直径/cm	渗透率/$10^{-3}\mu m^2$	孔隙度/%	水驱效率/%	表面活性剂驱效率/%	备注
6-1	0.5	5.122	2.506	1.00	7.98	25.1	39.2	
8-2	0.5	4.968	2.506	5.00	12.5	29.4	41.49	
12-2	0.5	4.988	2.500	10.00	14.35	40.11	51.08	人造岩心
15-1	0.5	5.15	2.500	15.00	19.21	47.92	59.85	
19-2	0.5	4.448	2.504	20.00	21.49	55.31	66.81	

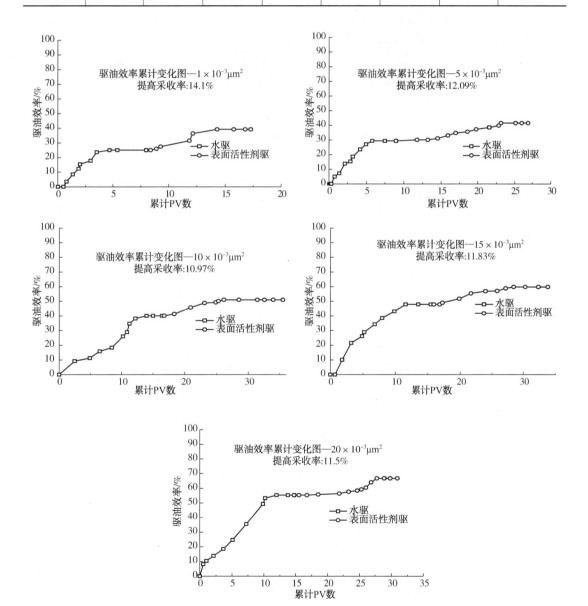

图 4-55　不同渗透率 SKD601 累计驱油效率图

（2）不同浓度的 SKD601 驱油剂人造岩心驱油累计效率评价。

本实验比较了 3 组不同浓度的 SKD601 驱油剂溶液在 $10 \times 10^{-3} \mu m^2$ 渗透率条件时，水驱效率和表面活性剂驱油效率。

由图 4-56 和表 4-24 可以看出随浓度增加，表面活性剂驱油采收率有一定的增加。当浓度为 0.3% 时，采收率增加到 9.78%，说明 SKD601 在较低浓度下仍具有稳定的驱油效率，当浓度为 0.5% 和 0.7% 时，采收率增加值分别为 10.97% 和 12.44%。

表 4-24 不同浓度的 SKD601 驱油剂人造岩心驱替效率表

岩心编号	表面活性剂浓度/%	岩心长度/cm	岩心直径/cm	渗透率/$10^{-3} \mu m^2$	孔隙度/%	水驱效率/%	表面活性剂驱效率/%	备注
12-1	0.3	4.544	2.506	10.00	13.97	39.89	49.97	人造岩心
12-2	0.5	4.988	2.500	10.00	14.35	40.11	51.08	
13-1	0.7	5.025	2.500	10.00	14.66	39.05	51.49	

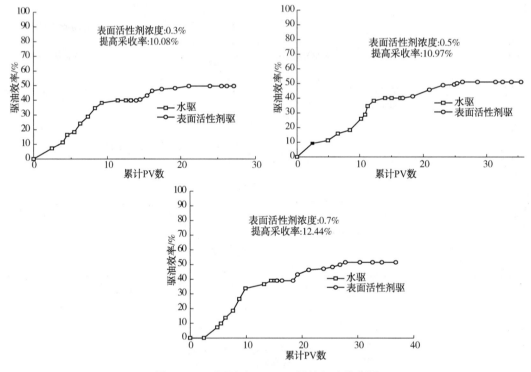

图 4-56 不同浓度 SKD601 累计驱油效率图

2）天然岩心驱替实验

由于延长油田油层基本处于超低渗透区块，所以本课题组主要研究了具有超低渗透率的天然岩心在不同浓度表面活性剂驱油体系条件下的驱替效率。

如表 4-25 和图 4-57 所示，选取渗透率均低于 $0.5 \times 10^{-3} \mu m^2$ 的 3 块天然岩心，在不同浓度条件下，SKD601 驱油体系的室内岩心驱替增产效率都可达到 10% 以上。对比不同浓度条件下驱替曲线可知，当浓度为 0.3%、0.5% 和 0.7% 时，采收率增加值分别为 11.6%、12.53% 和 13.37%。

表 4-25　不同浓度的 SKD601 驱油剂天然岩心驱替效率表

岩心编号	表面活性剂浓度/%	岩心长度/cm	岩心直径/cm	渗透率/$10^{-3}\mu m^2$	孔隙度/%	水驱效率/%	表面活性剂驱效率/%	备　注
wq-1-b	0.3	5.822	2.506	0.33	13.85	52.74	64.34	
wq-2-b	0.5	6.296	2.504	0.31	13.39	53.89	66.42	天然岩心
wq-3-b	0.7	5.824	2.507	0.34	14.47	49.67	63.04	

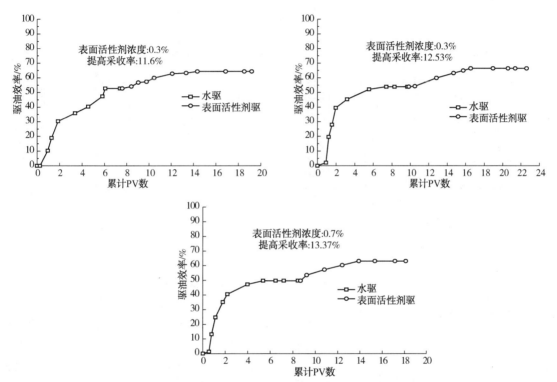

图 4-57　不同浓度的 SKD601 驱油剂天然岩心驱替效率图

3）乳化性能对于驱替效率的影响

本实验通过比较两类驱油剂的驱替效率，表征乳化性能对于驱替效率的影响。实验以渗透率 $10\times10^{-3}\mu m^2$ 的人造岩心作为驱替岩心，将浓度为 0.3% 的表面活性剂溶液进行室内驱替，驱替结果见表 4-26。

表 4-26　SKD600 与 SKD601 驱油剂驱替效率表

岩心编号	表面活性剂	岩心长度/cm	岩心直径/cm	渗透率/$10^{-3}\mu m^2$	孔隙度/%	水驱效率/%	表面活性剂驱效率/%	备　注
14-1	SKD600	4.685	2.503	10.00	13.98	42.85	49.96	人造岩心
12-2	SKD601	4.988	2.500	10.00	14.35	40.11	51.08	

如表4-26所示，原油乳化能力较差的SKD600型驱油剂，其室内驱替增产效率为7.11%；而具有优良乳化性能的SKD601型驱油剂，其室内驱替增产效率为10.79%。以上结论说明优良乳化性能的表面活性剂驱油剂，可明显提高原油采收率。

4）SKD601降压增注实验

（1）人造岩心降压增注实验。

由图4-58和图4-59可知，对于不同渗透率的人造岩心及不同浓度的表面活性剂驱油剂，SKD601表面活性剂驱油剂加入后，驱替流量明显增加，提高比例为1.1~1.7之间，其降压增注效果。

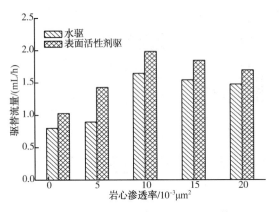

图4-58　不同渗透率时SKD601驱替平均流量图

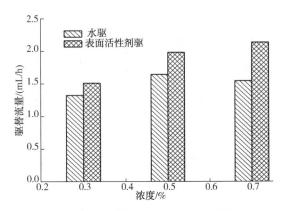

图4-59　不同浓度时SKD601驱替平均流量图

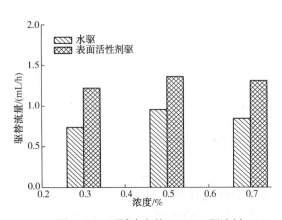

图4-60　不同浓度的SKD601驱油剂天然岩心驱替平均流量图

（2）天然岩心降压增注实验。

由图4-60可知，对于超低渗透率的天然岩心，随SKD601表面活性剂驱油剂浓度增加，驱替流量明显增加，提高比例为1.4~1.7之间，说明SKD601驱油体系在超低渗透率天然岩心中也具有良好的降压增注效果。

总结：

通过室内岩心驱替实验可知，两类表面活性剂驱油体系均具有良好的室内驱替增产效果，表面活性剂驱油剂驱替增产效率均可达到10%以上；同时两类驱油剂通过人造岩心和天然岩心驱替实验均可证明，其优良的降压增注效果，达到了室内应用研究效果，符合课题设计要求。

第5章 延长油田油藏环境微生物多样性

油藏微生物菌种多样性分析（microbial diversity analysis）是提取目标油藏油水样品进行菌种分离培养，对油藏内生长生活的所有菌种进行分离鉴定，从而对目标油藏微生物菌种组成进行分析研究，判定菌属亲缘关系、菌种进化程度、菌种分布主从关系，对油藏的后期开发中有效驱油菌株的构建有指导作用，也对目标油藏所在地微生物种质资源调查提供基础资料。据查，油藏微生物菌群多样性分析尚无直接定义，对其概念的理解可以从微生物种质资源调查、生物多样性保护、微生物群落结构解析等方面进行。生物种质资源（germplasm resources）又称遗传资源或基因资源，是生命延续和种族繁衍的保证，丰富多样的生物种质资源也是生物多样性保护的核心，是人类社会生存和发展的战略性资源。人类生存环境的改善和生活质量的提高，以及可持续发展和生物技术的发展主要依靠生物种质资源中宝贵基因的开发与利用，生物种质资源的保护与利用是国家和地区可持续发展的迫切需要。对于油藏内的生物种质资源，主要是指油藏内微生物种质资源，反映油藏内生物组成规律，对深入认识油藏、合理开发油藏、保护油藏环境等方面具有重要意义。

利用微生物及其代谢产物来提高原油采收率，首先必须了解油藏内源微生物种类，需要进行油藏微生物菌种多样性分析，这是人们在对微生物驱油技术（MEOR）研究中得出的结论。油藏微生物是微生物采油技术发挥作用的根本和物质基础，油藏中的微生物群落结构复杂，并存在动态变化的过程，同时，群落对环境的应激是一个复杂的过程，优势菌的种类更替、丰度变化等各个阶段和过程，都蕴含着大量具有指导意义的信息，因而在微生物采油的应用中，首先对油藏中的微生物群落结构进行研究就非常有必要。本章以延长油田 PQ 区块和 WJW 区块典型油藏为研究对象，解析油藏内源微生物的多样性，为生物表面活性剂的研发提供物质基础。

5.1 油藏内源微生物多样性检测方法

目前，油藏微生物菌种多样性分析尚未形成完整技术，科研人员多是从油藏菌种群落结构、菌种分子生态分析等角度进行研究，没有形成完整的对油藏微生物菌种多样性分析技术的认识。国内外微生物驱油领域的群落研究，已经积累了不同油藏环境中微生物生态大量的描述性研究成果，而微生物群落研究面临最大的挑战就是如何将微生物群落结构与其功能联系起来，尽管各种分子分析方法从不同侧面提供了大量的群落结构信息，甚至能说明微生物的组成和数量，但这些方法很难直接提供足够的群落功能信息，有时反而不得不借助纯培养方法才能给出初步的群落功能信息。目前尚未见到系统的油藏微生物群落功能研究成果，只能从侧面进行了解。现在国外已开始涉及油藏微生物生态定量变化规律的机理研究，国内则尚未进入该阶段，稍有滞后。本节详细阐述了分析生物学检测油藏内源微生物菌种多样性的方法及检测流程。

5.1.1 分子生物学检测微生物菌种多样性方法

分子生物学(molecular biology)是从分子水平研究生物大分子的结构与功能从而阐明生命现象本质的科学,自 20 世纪 50 年代以来,分子生物学是生物学的前沿与生长点。随着分子生物学技术的发展,DNA 标记技术已经成为探讨种群多样性、种群遗传变异的重要选择。通过从环境样品中提取和纯化总 DNA,设计适合的引物(primer)进行目的基因 PCR(polymerase chains reaction)扩增、测序,对序列结果进行生物信息学分析,即可得到相应的多样性分析结果。

多样性检测的分子标记主要包括:限制性片段长度多态性(RFLP)、随即扩增多态性 DNA(RAPD)、DNA 扩增指纹分析(DAF)、扩增片段长度多态性(AFLP)、16SrRNA 基因序列分析等,目前应用较为广泛的是基于微生物 16SrRNA 特异性基因序列的标记技术。

16SrRNA 为原核生物核糖体中一种核糖体 RNA,大小约 1.5kb 左右。其种类少、含量大(约占细菌 RNA 含量的 80%),分子大小适中,存在于所有的生物中,特别是其进化具有良好的时钟性质,在结构和功能上具有高度的保守性,素有"细菌化石"之称。16SrRNA 既能体现不同菌属之间的差异,又能利用测序技术来较容易地得到其序列,故被微生物学家及分类学家所接受。

微生物的 16SrRNA 可变区序列因不同微生物菌属而异,恒定区序列基本保守,可以利用恒定区序列设计引物将 16SrRNA 片段扩增出来,利用可变区序列的差异来对不同菌属、菌种的微生物进行分类鉴定。通过对其序列的分析,可判定不同菌属、菌种间遗传关系的远近(图 5-1)。

可变区(variableregion) V1 ~ V10):V1:61 ~ 106bp;V2:121 ~ 240bp;V3:436 ~ 500bp;V4:588 ~ 67lbp;V5:734 ~ 754bp;V6:829 ~ 857bp;V7:990 ~ 1045bp;V8:1118 ~ 1160bp;V9:1240 ~ 1298bp;V10:1410 ~ 1492bp。

图 5-1 微生物 16SrRNA 可变区序列

5.1.2 微生物菌种多样性检测流程

焦磷酸测序是一种基于聚合原理的 DNA 测序(确定 DNA 中核苷酸的顺序)方法。它与桑格法(Sanger)不同,技术原理不是双脱氧核苷酸碱基参与的链终止反应,而是依靠核苷酸掺入中焦磷酸盐的释放。454 焦磷酸测序原理主要是应用 DNA 聚合酶、ATP 硫酸化酶、双磷酸酶和荧光素酶的协同作用,将 PCR 反应中的每一个碱基(dNTP)延伸与荧光信号的一次释放联系起来,依据荧光信号的有无或强度,实现实时测定 DNA 序列的目的。在 454 高通量测序过程中,A、T、G、C 4 种碱基分别存储在独立的试剂瓶中,每一步反应中 4 种碱基依次加入反应池,每当碱基对结合,就会释放出焦磷酸(PPi),同时这个焦磷酸在酶的催化作用下,把荧光素氧化,同时发出光信号,通过光信号读取出这一位置的碱基信息,由此实现读取出这一位置的碱基信息。454 高通量测序的全部实验步骤可粗略分为:样品预处理、文库制备、PCR 及上机测序。

1. 16SrRNA 测序实验流程(图 5-2)

图 5-2　16SrRNA 测序实验流程

1) 目标片段 PCR 扩增

通常以微生物核糖体 RNA 等能够反映菌群组成和多样性的目标序列为靶点，根据序列中的保守区域设计相应引物，并添加样本特异性 Barcode 序列，进而对 rRNA 基因可变区(单个或连续的多个)或特定基因片段进行 PCR 扩增。

PCR 扩增采用 NEB 公司的 Q5 高保真 DNA 聚合酶，并严格控制扩增循环数，使循环数尽可能低的同时，进行目标片段 PCR 扩增，保证同一批样本的扩增条件一致。

2) 扩增产物回收纯化

PCR 扩增产物通过 2%琼脂糖凝胶电泳进行检测，并对目标片段进行切胶回收，回收采用 AXYGEN 公司的凝胶回收试剂盒。

3) 扩增产物荧光定量

参照电泳初步定量结果，将 PCR 扩增回收产物进行荧光定量，荧光试剂为 Quant-iT Pico Green dsDNA Assay Kit，定量仪器为 Microplate Reader(BioTek，FLx800)。根据荧光定量结果，按照每个样本的测序量需求，对各样本按相应比例进行混合。

4) 测序文库制备

采用 Illumina 公司的 TruSeq Nano DNA LT Library Prep Kit 制备测序文库。

(1) 首先对上述扩增产物进行序列末端修复，通过试剂盒中的 End Repair Mix2 切除 DNA 序列 5′端的突出碱基，同时添加一个磷酸基团、补齐 3′端的缺失碱基。

(2) 在 DNA 序列的 3′端添加 A 碱基以防止 DNA 片段自连，同时保证目标序列能与测序接头相连(测序接头 3′端有一个突出的 T 碱基)。

(3) 在序列 5′端添加含有文库特异性标签(即 Index 序列)的测序接头，使 DNA 分子能被固定在 Flow Cell 上。

(4) 采用 BECKMAN AMPure XP Beads，通过磁珠筛选去除接头自连片段，纯化添加接头后的文库体系。

(5) 对上述连上接头的 DNA 片段进行 PCR 扩增，从而富集测序文库模板，并采用 BECKMAN AMPure XP Beads 再次纯化文库富集产物。

(6) 通过 2%琼脂糖凝胶电泳，对文库做最终的片段选择与纯化。

5) 454 高通量测序

(1) 上机测序前，需要先对文库在 Agilent Bioanalyzer 上进行质检，采用 Agilent High Sensitivity DNA Kit。合格的文库有且只有单一的峰，且无接头。

(2) 采用 Quant-iT Pico Green dsDNA Assay Kit 在 Promega Quanti Fluor 荧光定量系统上对文库进行定量，合格的文库浓度应在 2nM 以上。

(3) 将合格的各上机测序文库(Index 序列不可重复)梯度稀释后，根据所需测序量按相应比例混合，并经 NaOH 变性为单链进行上机测序。

（4）使用 MiSeq 测序仪进行 2×300bp 的双端测序，相应试剂为 MiSeq Reagent Kit V3（600 cycles）。

由于 MiSeq 测序读长较短的特性，同时也为了保证测序质量，建议目标片段的最佳测序长度为 200~450bp。

核糖体 RNA 含有多个保守区和高度可变区，通常我们利用保守区域设计引物来扩增 rRNA 基因的单个或多个可变区，然后测序分析微生物多样性。由于 MiSeq 测序读长的限制，同时也为了保证测序质量，最佳测序的插入片段范围是 200~450bp。

2. 生物信息学分析流程（图 5-3）

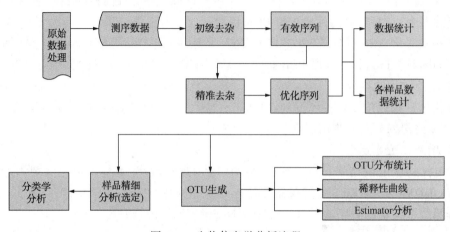

图 5-3　生物信息学分析流程

1）原始数据整理、过滤及质量评估

为了整合原始双端测序数据，首先采用滑动窗口法对 FASTQ 格式的双端序列逐一作质量筛查：窗口大小为 10bp，步长为 1bp，从 5′端第一个碱基位置开始移动，要求窗口中碱基平均质量≥Q20（即碱基平均测序准确率≥99%），从第一个平均质量值低于 Q20 的窗口处截断序列，并要求截断后的序列长度≥150bp，且不允许存在模糊碱基（Ambiguous base）N。随后，利用 FLASH 软件，对通过质量初筛的双端序列根据重叠碱基进行配对连接：要求 Read 1 和 Read 2 两条序列的重叠碱基长度≥10bp，且不允许碱基错配。最后，根据每个样本所对应的 Index 信息（即 Barcode 序列，为序列起始处用于识别样本的一小段碱基序列），将连接后的序列识别分配入对应样本（要求 Index 序列完全匹配），从而获得每个样本的有效序列。

2）疑问序列的剔除及序列数统计

首先运用 QIIME 软件（定量了解微生物生态学）识别疑问序列。除了要求序列长度≥150bp，且不允许存在模糊碱基 N 之外，我们还将剔除：①5′端引物错配碱基数>1 的序列。②含有连续相同碱基数>8 的序列。随后，通过 QIIME 软件调用 USEARCH 检查并剔除嵌合体序列。

3）OTU 划分和分类地位鉴定

OTU（Operational Taxonomic Units，操作分类单位）是在系统发生学或群体遗传学研究中，为了便于进行分析，人为给某一个分类单元（品系、属、种、分组等）设置的同一标志。要了解一个样品测序结果中的菌种、菌属等数目信息，就需要对序列进行归类操作（cluster）。

通过归类操作，将序列按照彼此的相似性分归为许多小组，一个小组就是一个 OTU。根据指定的相似度(96%、97%或者98%)，对所有序列进行 OTU 划分并进行生物信息统计分析。

使用 QIIME 软件，调用 UCLUST 这一序列比对工具，对前述获得的序列按 97%的序列相似度进行归并和 OTU 划分，并选取每个 OTU 中丰度最高的序列作为该 OTU 的代表序列。随后，根据每个 OTU 在每个样本中所包含的序列数，构建 OTU 在各样本中丰度的矩阵文件(即 OTU table)，该矩阵文件可转换为"BIOM(Biological Observation Matrix)"这一更便于传输、储存并兼容于其他分析工具的文件格式。

对于每个 OTU 的代表序列，在 QIIME 软件中使用默认参数，通过将 OTU 代表序列与对应 Greengenes 数据库的模板序列相比对，获取每个 OTU 所对应的分类学信息。对于不同类别的序列，分别采用各自特定的数据库作为 OTU 分类地位鉴定的模板序列。

值得注意的是，虽然理论上所有的微生物序列都应当能在种甚至菌株水平得到鉴定，但由于微生物种类繁多，目前上述常用数据库还很难包罗万象；加之测序读长的限制，因此，在实际分析过程中，并非所有 OTU 代表序列都能获得属或种水平的分类学信息(即在对应的分类学水平尚且属于"Unclassified")。也总是有可能遇到某些较为新奇、尚未被充分研究的微生物，此为正常现象。

4) OTU 精简和分类鉴定结果统计

将丰度值低于全体样本测序总量 0.001%(十万分之一)的 OTU 去除，并将去除了稀有 OTU 的此丰度矩阵用于后续的一系列分析。

5) Alpha 多样性分析

(1) Rarefaction 稀疏曲线：获得 OTU 丰度矩阵之后，可以进行一系列的分析，比如计算每个样本群落的多样性(即 Alpha 多样性)。首先，可以绘制稀疏曲线(Rarefaction curve)，以此评判每个样本的当前测序深度是否足以反映该群落样本所包含的微生物多样性。稀疏曲线是生态学领域的一种常用方法，通过从每个样本中随机抽取一定数量的序列(即在不超过现有样本测序量的某个深度下进行重抽样)，可以预测样本在一系列给定的测序深度下，所可能包含的物种总数及其中每个物种的相对丰度。因此，通过绘制稀疏曲线，还可以在相同的测序深度下，比较不同样本中 OTU 数的多少，从而在一定程度上衡量每个样本的多样性高低。

(2) 丰度等级曲线：与稀疏曲线不同，丰度等级曲线(Rank abundance curve)将每个样本中的 OTU 按其丰度大小沿横坐标依次排列，并以各自的丰度值为纵坐标，用折线或曲线将各 OTU 互相连接，从而反映各样本中 OTU 丰度的分布规律。对于微生物群落样本，该曲线可以直观地反映群落中高丰度和稀有 OTU 的数量。

(3) Alpha 多样性指数计算。原始数据中，不同样本的测序量往往不一致，因此，在进行数据分析时，需要考虑不同样本测序量的差异。目前最常用的校正测序深度的方法是，对 OTU 丰度矩阵中的全体样本，根据最低测序深度统一进行随机重抽样，也就是所谓的"拉平处理"，从而在一致的测序深度获得稀疏化(Rarefied)OTU 丰度矩阵。同根据测序量直接换算为相对丰度百分比的方法相比，拉平处理可以更好地避免测序深度导致的样本间差异，从而更为客观地反映不同样本间菌群的 Alpha 和 Beta 多样性差异。因此，我们在 Alpha 和 Beta 多样性分析时，都是对经过拉平处理的数据进行分析，从而最大程度上保证分析的一致性和可靠性。

为了比较不同样本的多样性，首先对 OTU 丰度矩阵中的全体样本在 90% 的最低测序深度水平，统一进行随机重抽样(即"序列量拉平处理")，从而校正测序深度引起的多样性差异。随后，使用 QIIME 软件分别对每个样本计算上述 4 种多样性指数。

6) 分类学组成分析

(1) 各分类水平的微生物类群数统计。根据 OTU 划分和分类地位鉴定结果，可以获得每个样本在各分类水平的具体组成。由门、纲、目、科、属、种组成的不同分类水平，相当于以不同的分辨率查看群落组成结构。首先，可以比较不同样本在各分类水平所含有的微生物类群数量，也可以使用 R 软件将上述数据绘制成柱状图，以直观地比较不同样本在同一水平的分类单元数的差异。

(2) 各分类水平的分类学组成分析。使用 QIIME 软件，获取各样本在门、纲、目、科、属 5 个分类水平上的组成和丰度分布表，并通过饼图、柱状图或面积图呈现分析结果。根据研究对象是单个或多个群落样本，绘图结果可能会以不同方式进行展示。

(3) 样本(组)间分类学组成的差异分析。根据每个样本在各分类学水平的组成和序列分布，可以逐一比较每个分类单元在两个或多个样本(组)之间的丰度差异，并通过统计检验评价差异是否显著。

(4) 结合聚类分析的群落组成热图。将各分类水平的群落组成数据根据分类单元的丰度分布或样本间的相似程度加以聚类，根据聚类结果对分类单元和样本分别排序，并通过热图加以呈现。通过聚类，可以将高丰度和低丰度的分类单元加以区分，并以颜色梯度反映样本之间的群落组成相似度。使用 R 软件，对丰度前 50 位的属进行聚类分析并绘制热图。

7) Beta 多样性分析

Beta 多样性分析的主要目的是考察不同样本之间群落结构的相似性。主要通过主成分分析(Principal Component Analysis，PCA)、多维尺度分析(Multidimensional Scaling，MDS)和聚类分析(Clustering Analysis，CA)3 类方法，对群落数据结构进行自然分解并通过对样本排序(Ordination)，从而观测样本之间的差异。

(1) PCA 主成分分析。通过 R 软件，对属水平的群落组成结构进行 PCA 分析，并且以二维和三维图像描述样本间的自然分布特征。

(2) 基于 UniFrac 距离的 PCoA 主坐标分析。MDS 分析与 PCA 分析类似，但是它可以基于任意距离尺度(如 UniFrac 距离)评价样本之间的相似度。主坐标分析(Principal Coordinates Analysis，PCoA)是其中一种经典的 MDS 分析方法，通过对样本距离矩阵作降维分解，从而简化数据结构，展现样本在某种特定距离尺度下的自然分布。

首先使用 QIIME 软件，对 UniFrac PCoA 分析得到的前二维或三维数据作图，从而得知基于微生物系统发育关系的群落样本空间分布特征，量化样本间的差异和相似度。UniFrac 距离有 Unweighted 和 Weighted 之分，前者仅仅考虑 OTU 在样本中存在与否，而不考虑其丰度高低；后者则兼顾群落成员之间的系统发育关系以及它们在各自样本中的丰度高低。因此，Unweighted UniFrac 距离侧重于描述由群落成员的截然不同导致的样本差异，Weighted UniFrac 距离则侧重于描述由群落成员丰度梯度的改变导致的样本差异。

(3) 基于 UniFrac 距离的样本聚类分析。聚类分析主要指层次聚类(Hierarchical clustering)的分析方法，以等级树的形式展示样本间的相似度，通过聚类树的分枝长度衡量聚类效果的好坏。与 MDS 分析相同，聚类分析可以采用任何距离评价样本之间的相似度。

常用的聚类分析方法包括非加权组平均法（Unweighted Pair-Group Method with Arithmetic means，UPGMA）、单一连接法（Single-linkage Clustering）和完全连接法（Complete-linkage Clustering）等。

使用 QIIME 软件，对 Unweighted 和 Weighted 的 UniFrac 距离矩阵分别进行 UPGMA 聚类分析，并使用 R 软件进行可视化。

8）关联网络分析

优势物种互作 Spearman 关联网络分析：最近基于微生物成员之间相互关系的网络推断分析也逐渐开始流行。这类分析的根本目的是考察不同群落成员之间的相互作用，通过关联分析的方法，找寻群落成员在不同生境下共同出现（Co-occurrence）或彼此排斥（Co-exclusion）的相互作用模式，从而推断不同微生物类群之间可能的相互"协作"或"竞争"关系。

根据 OTU 或各分类单元在不同样本中的丰度分布，可以寻找彼此之间呈现正相关或负相关的微生物类群，进而构建优势微生物类群的关联网络，探索它们彼此相关的生态学意义。

使用 Mothur 软件，计算丰度位于前50位的优势属之间的 Spearman 等级相关系数，对其中 rho>0.6 且值<0.01 的相关优势属构建关联网络，并导入 Cytoscape 软件进行可视化。

9）菌群代谢功能预测

（1）PICRUSt 功能预测分析。

PICRUSt 分析的总体思路如下：

① 先根据已测微生物基因组的 16S rRNA 基因全长序列，推断它们的共同祖先的基因功能谱。

② 对 Greengenes 16S rRNA 基因全长序列数据库中其他未测物种的基因功能谱进行推断，构建古菌和细菌域全谱系的基因功能预测谱。

③ 将测序得到的 16S rRNA 基因序列数据与 Greengenes 数据库比对，寻找每一条测序序列的"参考序列最近邻居"，并归为参考 OTU。

④ 根据"参考序列最近邻居"的 rRNA 基因拷贝数，对获得的 OTU 丰度矩阵进行校正。

⑤ 最后，将菌群组成数据"映射"到已知的基因功能谱数据库中，实现对菌群代谢功能的预测。

（2）功能类群分布统计。

根据预测得到的各功能类群在各样本中的丰度分布，绘制柱形图或小提琴图进行展示。

（3）共有功能类群的 Venn 图分析。

根据预测得到的各功能类群在各样本中的丰度分布，使用 R 软件计算各样本（组）共有功能类群的数量，并通过 Venn 图直观地呈现各样本（组）所共有和独有的功能类群所占的比例。

（4）结合聚类分析的功能类群热图分析。

将预测得到的功能谱数据，根据功能类群的丰度分布或样本间的相似程度加以聚类，根据聚类结果对功能类群和样本分别排序，并通过热图加以呈现。通过聚类，可以将高丰度和低丰度的功能类群加以区分，并以颜色梯度反映样本之间的功能谱相似度。

使用 R 软件，对丰度前50位的功能类群进行聚类分析并绘制热图。

5.1.3 内源功能微生物检测方法

内源功能微生物包括石油烃氧化菌(hydrocarbon degradation bacteria，HDB)、腐生菌(Total General Bacteria，TGB)、硫酸盐还原菌(Sulfate-reducing Bacteria，SRB)，测定方法采用绝迹稀释法，即用无菌注射器将待测定的水样逐级注入测试瓶中，进行接种稀释置于30℃培养箱中，根据测试瓶阳性反应和稀释的倍数计算水样中细菌总数。

5.2 油藏原有内源微生物种类与丰度检测

5.2.1 样品采集

送检样品为采自延长油田PQ区块和WJW区块典型油藏的油水样品(表5-1，图5-4)。

表5-1 采样点信息

序号	经纬度	海拔高度/m	层位	含水量/%	3月产液量/m³	3月产油量/t	开采时间	开采地	样本名称备注
1	北纬 37°10′28″ 东经 109°10′36″	1470	长 4+5	0	0	0	2011-6-20	PQ 226	没有足够的水样
2	北纬 37°10′6″ 东经 109°10′56″	1520	长 6	43.51	12.71	6.1	2012-3-16	PQ176-4	PQ176.4
3	北纬 37°9′41″ 东经 109°11′17″	1450	长 2	74.38	40.55	8.84	2017-7-11	PQ 138-8	PQ138.8
4	北纬 37°9′41″ 东经 109°11′49″	1430					2017-7	PQ 177 注水站	PQ177 注水站
5	北纬 37°16′30″ 东经 109°5′56″	1390	长 2	88.92	132.05	12.43	2000-12-31	WJW202	WJW202 未注入激活剂
6	北纬 37°16′4″ 东经 109°5′33″	1400	长 2	88.42	93.58	9.21	2003-9-21	WJW199-1	WJW199.1 注入 内源激活剂

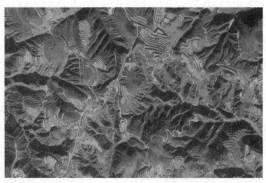

图5-4 采样点分布图

5.2.2　样品中细菌多样性分析

样品采集后马上运回实验室，并通过抽滤装置，将样品富集浓缩到 $0.45\mu m$ 的滤膜上，送至测序公司进行微生物菌群多样性组成分析。结果如下：

1. 细菌测序结果

每个样本均得到了 40000 个以上的高质量测序结果，且所得序列均大于 400bp，满足后续序列分析的需求（表 5-2）。

表 5-2　样本测序量统计表

样本名	测序量	样本名	测序量
WJW199.1	42074	PQ138.8	42271
WJW202	40795	PQ176.4	43566
PQ177	48152	total	216858

2. Alpha 多样性分析

稀疏曲线（Rarefaction curve）可以评判每个样本的当前测序深度是否足以反映该群落样本所包含的微生物多样性。所有曲线都趋于平缓，表明测序结果已足够反映当前样本所包含的多样性。

丰度等级曲线（Rank abundance curve）将每个样本中的 OTU 按其丰度大小沿横坐标依次排列，并以各自的丰度值为纵坐标，用折线或曲线将各 OTU 互相连接，从而反映各样本中 OTU 丰度的分布规律，见图 5-5、图 5-6。

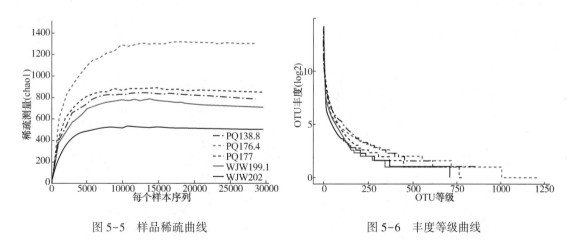

图 5-5　样品稀疏曲线　　　　　　　　图 5-6　丰度等级曲线

菌群多样性指数如下表所示。一般而言，Chao1 或 ACE 指数越大，表明群落的丰富度越高。因此 PQ176-4 井（PQ176.4）的细菌群落丰富度最高，WJW202 井的丰富度最低，而 WJW199-1 井由于注入了内源激活剂，与未注入激活剂的 202 井相比，微生物种类明显增多，说明油藏内源微生物被激活（表 5-3）。

表 5-3 菌群多样性指示表

样本名	Simpson	Chao1	ACE	Shannon
WJW199.1	0.578128	711.00	711.76	3.30
WJW202	0.755936	500.00	500.00	4.14
PQ177	0.944295	847.00	847.00	6.26
PQ138.8	0.937381	790.38	800.68	5.76
PQ176.4	0.878351	1295.56	1346.07	5.90

3. 分类学组成分析

1) 各分类水平的分类学组成分析

如表 5-4 所示，不同样本在各分类水平所含有的微生物类群数量不同，PQ176-4 井(PQ176.4)在各分类水平所含的细菌类群数量都是最高的，群落组成最为丰富。其次为 PQ138-8 井(PQ138.8)。注入内源激活剂的 WJW199-1 井(WJW199.1)与未注入激活剂的对照 WJW202 井(WJW202)相比，不同水平的群落丰度都有所增加。

表 5-4 各分类水平的微生物类群数统计表

样本名	门	纲	目	科	属	物种
WJW199.1	22	42	68	121	175	33
WJW202	22	28	52	84	104	20
PQ177	20	25	41	68	92	12
PQ138.8	21	35	70	116	204	29
PQ176.4	27	54	87	169	340	51

各样本在门、纲、目、科、属 5 个分类水平上的组成和丰度分布如图 5-7~图 5-11 所示。

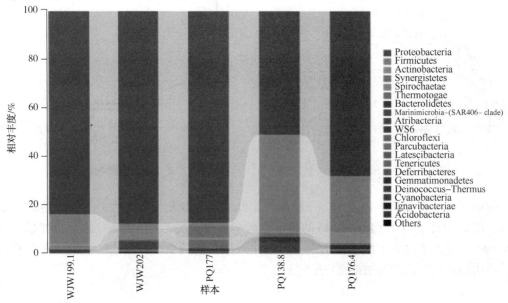

图 5-7 各样本在门分类水平上的组成和丰度分布图

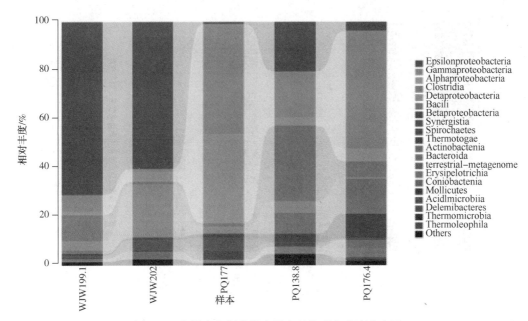

图 5-8　各样本在纲分类水平上的组成和丰度分布图

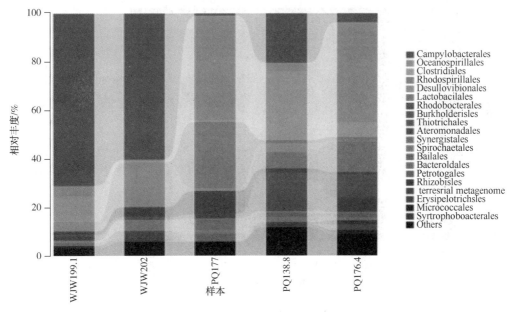

图 5-9　各样本在目分类水平上的组成和丰度分布图

　　从门分类水平看，5 个样品中的细菌主要由两大类组成，变形菌门（Proteobacteria）和厚壁菌门（Firmicutes），而变形菌门丰度最高，可达 55% ~ 85%。

　　从纲分类水平图看，5 个样品中含量最丰富的是变形菌纲细菌，主要为 α-变形菌纲（Alphaproteobacteria）、γ-变形菌纲（Gammaproteobacteria）和 ε-变形菌纲（Epsilonproteobacteria），其次是芽孢杆菌纲（Bacilli）细菌。

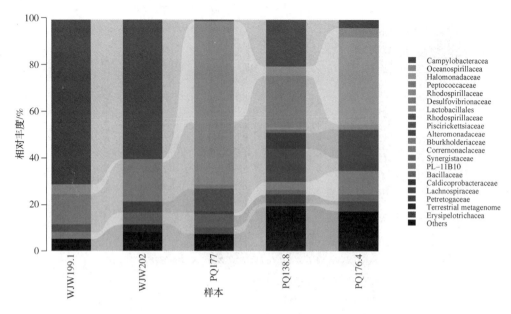

图 5-10　各样本在科分类水平上的组成和丰度分布图

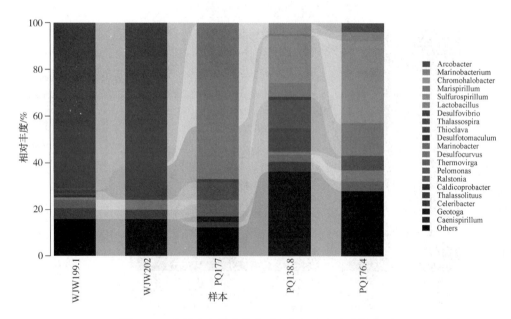

图 5-11　各样本在属分类水平上的组成和丰度分布图

从目分类水平图看，5 个样品中含量最丰富的是弯曲菌目（Campylobacterales）、梭菌目（Clostridiales）细菌和大洋螺目（Oceanospinllales）。

从科分类水平图看，PQ 区块细菌丰富度更高，而 WJW 区块则主要为弯曲菌科（弯曲菌科）细菌。

从属水平的群落组成看，WJW199-1 井（WJW199.1）和 WJW202 井（WJW202）的群落组

成与 PQ 区块的三口井的群落组成完全不同。说明地域对井中的微生物群落组成有着至关重要的影响。WJW 区块井中的优势菌属为弓形杆菌属（Arcobacter），是油田中的常见菌属，具有硫化物氧化和硝酸盐还原的功能，参与了油藏中氮、硫元素的代谢。PQ177、138-8 和 176-4 井的优势菌属分别为海细菌属（Marinobacterium）、硫黄单胞菌属（Sulfurospirillum）和色盐杆菌属（Chromohalobacter），它们均能能耐受高盐环境，属于微生物采油和环境修复的功能菌。

2）分类等级树

分类等级树展示了样本从门到属（从内圈到外圈依次排列）所有分类单元（以节点表示）的等级关系，在所有 5 个样本的中，所得结果均属于两个门，既厚壁菌门（Fimicuts）和变形菌门（Proteobacteria），见图 5-12。

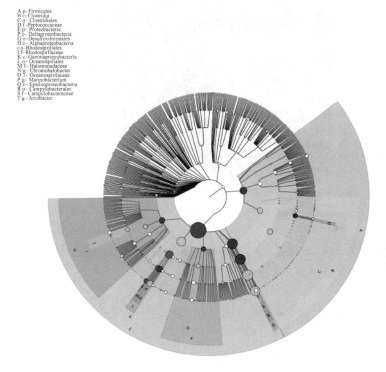

图 5-12　各样品的分类等级树

3）热图分析

对丰度前 50 位的属进行聚类分析并绘制热图，如图 5-13 所示。热图分析进一步证实了 WJW199-1 井（WJW199.1）和 WJW202 井（WJW202）的群落组成更为相近，而 PQ138-8 与 176-4 井的群落组成较为相似。

4. 样本间分类学组成的差异分析

根据每个样本在各分类学水平的组成和序列分布，可以逐一比较每个分类单元在两个或多个样本（组）之间的丰度差异，并通过统计检验评价差异是否显著。

绘制进化树，以确定相互之间的亲缘关系（图 5-14）。

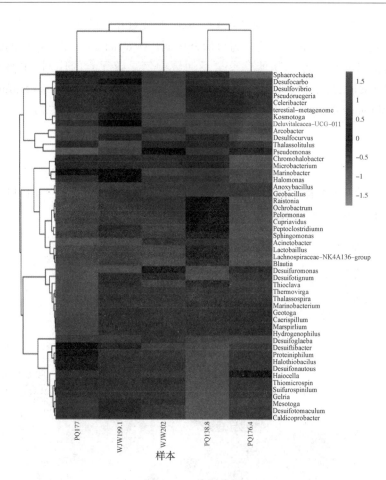

图 5-13　热图分析

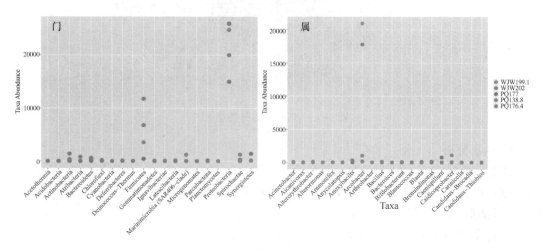

图 5-14　样本间分类学组成的差异分析

从图 5-14 可以看出，在属水平上，WJW 区块井中的优势菌属为弓形杆菌属（Arcobacter spp.），而 PQ 区块则菌属种类很多，但无优势菌属。

5. Beta 多样性分析

1）PCA 主成分分析

如图 5-15 所示，每个点代表一个样本，不同的点属于不同样本(组)，两点之间的距离越近，表明两个样本之间的微生物群落结构相似度越高，差异越小。结果与热图分析相似，WJW199-1 井(WJW199.1)和 WJW202 井(WJW202)的群落组成更为相近，而 PQ 区块油井的群落组成较为相近。

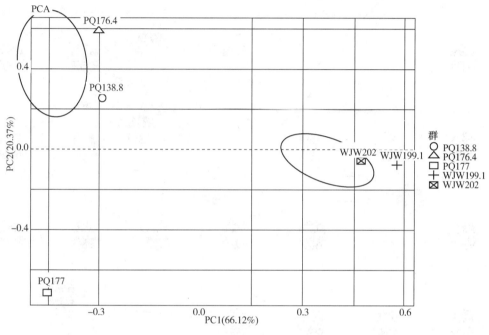

图 5-15 PCA 主成分分析

2）基于 UniFrac 距离的样本聚类分析

来自 WJW 区块和 PQ 区块的样品可分别聚为一类，图 5-16。

6. 关联网络分析

基于微生物成员之间相互关系的网络推断，通过关联分析的方法，找寻群落成员在不同生境下共同出现(Co-occurrence)或彼此排斥(Co-exclusion)的相互作用模式，从而推断不同微生物类群之间可能的相互"协作"或"竞争"关系。Chromohalobacter、贪铜菌属(Cupria-vidus)、乳球菌属(Lactobacillus)、裂孔菌属(Pelomonas)、微杆菌属(Microbacterium)与其他菌属都呈正相关，既共同出现的菌属较多；而脱硫化曲菌属(Desulfocurvus)与其他菌属都负相关，既彼此排斥，如图 5-17 所示。

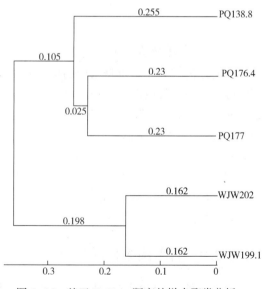

图 5-16 基于 UniFrac 距离的样本聚类分析

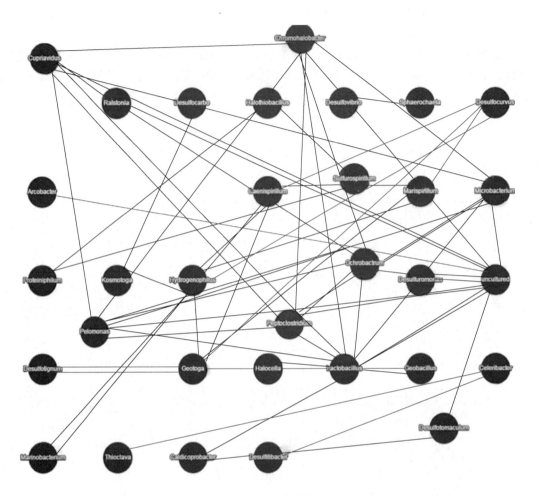

图 5-17 关联网络分析

7. 菌群代谢功能预测

以上分析的关注重点是菌群的组成和结构。对于微生物生态学研究，我们最关注的无疑是菌群所具备的代谢功能。根据已知的微生物基因组数据，对菌群组成的测序数据（典型的如 16S rRNA 基因的测序结果）进行菌群代谢功能的预测，从而把物种的"身份"和它们的"功能"对应起来。根据菌群代谢功能预测结果，我们一方面能一窥菌群功能谱的概貌，发挥菌群多样性组成谱测序性价比高的优势。

不同样本中相关功能基因的相对比例如图 5-18 所示，对于我们关注的异源物质代谢降解（Xenobiotics biodegradation and metabolism）的相关基因，PQ176-4 样本中的此类基因明显高于其他样品。

5.2.3 古生菌多样性分析

除细菌外，在油藏环境中，产甲烷菌等古生菌也占据了十分重要的地位，因此，需要对水样中的古生菌多样性进行分析。

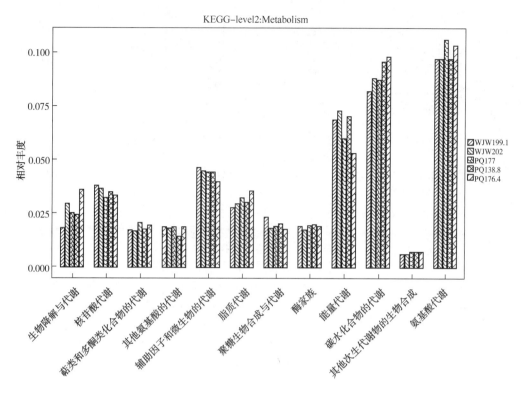

图 5-18 菌群代谢功能预测

1. 古生菌测序结果

如表 5-5 所示，每个样本均得到了 40000 个以上的高质量测序结果，且所得序列均大于 400bp，满足后续序列分析的需求。

表 5-5 样本测序量统计表

样本名	测序量	样本名	测序量
WJW199.1	66428	PQ138.8	70615
WJW202	29302	PQ176.4	64317
PQ177	59614	total	290276

2. Alpha 多样性分析

稀疏曲线(Rarefaction curve)可以评判每个样本的当前测序深度是否足以反映该群落样本所包含的微生物多样性。所有曲线都趋于平缓，表明测序结果已足够反映当前样本所包含的多样性，见图 5-19、图 5-20。

菌群多样性指数总结如表 5-6 所示。一般而言，Chao1 或 ACE 指数越大，表明群落的丰富度越高。因此 PQ 区块 138-8 井(PQ138.8)的古生菌群落比 PQ176-4 井(PQ176.4)丰富度高。而 WJW 区块 202 井的丰富度比 199-1 井低，这应该说明 199-1 井在注入内源激活剂后古生菌被激活，此结果与细菌的多样性分析结果一致。

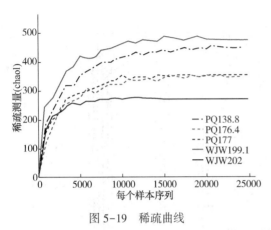

图 5-19 稀疏曲线

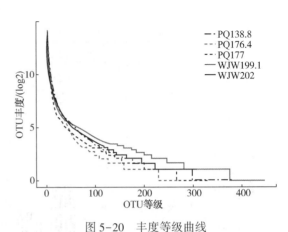

图 5-20 丰度等级曲线

表 5-6 菌群多样性指数表

样本名	Simpson	Chao1	ACE	Shannon
WJW199.1	0.919226	473.66	498.15	4.88
WJW202	0.615213	268.00	268.00	3.15
PQ177	0.768536	351.91	368.33	3.39
PQ138.8	0.903405	451.00	469.42	4.53
PQ176.4	0.837315	346.71	372.53	3.92

3. 分类学组成分析

1）各分类水平的分类学组成分析

如表 5-7 所示，不同样本在各分类水平所含有的古生菌的类群数量不同，PQ 的 3 口井在各分类水平所含的古生菌类群数量基本相似。注入内源微生物的 WJW199-1 井（WJW199.1）与未注入的对照 WJW202 井（WJW202）相比，不同水平的古生菌群落丰度都有所降低，表明注入内源微生物后，井内的古生菌群落发生了较大变化，特定功能的古生菌得到了富集。

表 5-7 各分类水平的微生物类群数统计表

样本名	门	纲	目	科	属	物种
WJW199.1	3	9	10	17	20	13
WJW202	8	16	12	17	29	12
PQ177	7	13	11	20	24	9
PQ138.8	5	10	10	15	19	9
PQ176.4	6	12	14	16	19	10

各样本在门、纲、目、科、属 5 个分类水平上的组成和丰度分布表如图 5-21~图 5-25 所示。

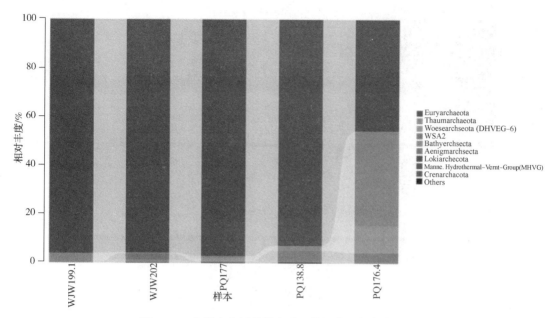

图 5-21　各样本在门分类水平上的组成和丰度分布图

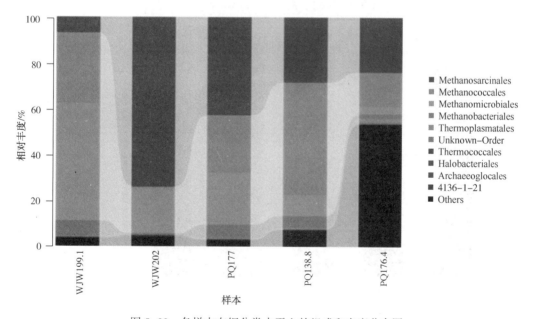

图 5-22　各样本在纲分类水平上的组成和丰度分布图

　　从属水平的古生菌群落组成看，WJW199-1 井（WJW199.1）和 WJW202 井（WJW202）的古生菌群落组成完全不同。202 井中的优势菌属为甲烷叶菌属（Methanolobus），是一种严格厌氧的产甲烷菌，而在 199-1 中，利用乙酸为碳源的甲烷热球菌属（Methanothermococcus）和耐盐的甲烷砾菌属（Methanocalculus）占主导。而 PQ 区块采油井中甲烷叶菌属（Methanolobus）和甲烷热球菌属（Methanothermococcus）均属于优势菌。

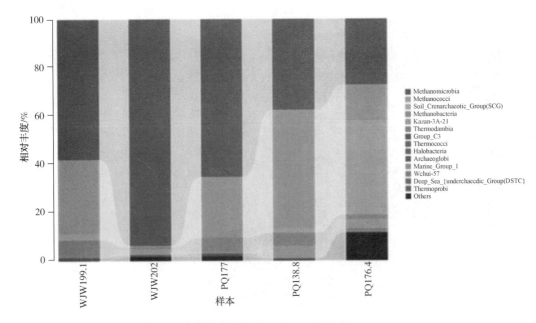

图 5-23　各样本在目分类水平上的组成和丰度分布图

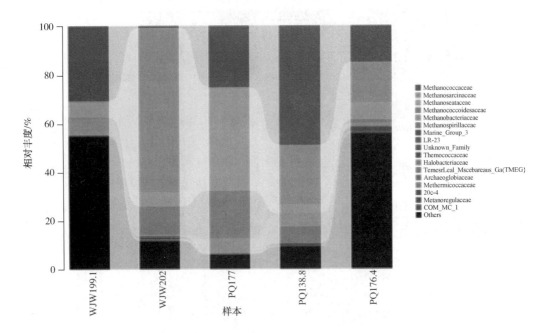

图 5-24　各样本在科分类水平上的组成和丰度分布图

2）分类等级树

分类等级树展示了样本从门到属（从内圈到外圈依次排列）所有分类单元（以节点表示）的等级关系，在所有 5 个样本的中，所得结果均属于两个门，既奇古菌门（Thaumarchaeota）和广古菌门（Euryarchaeota），如图 5-26 所示。

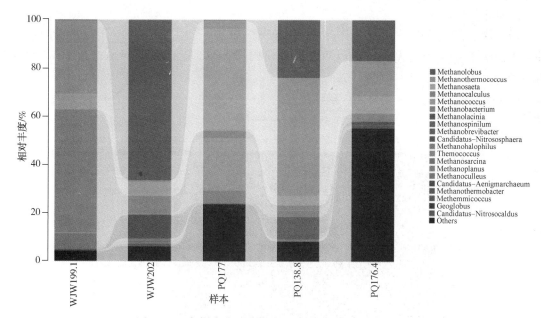

图 5-25　各样本在属分类水平上的组成和丰度分布图

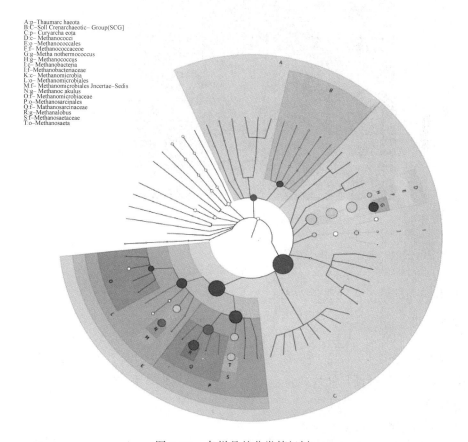

图 5-26　各样品的分类等级树

3）热图分析

对丰度前50位的属进行聚类分析并绘制热图，如图5-27所示。热图分析进一步证实了注入内源激活剂后的 WJW199-1 井（WJW199.1）比未注入激活剂的 WJW202 井（WJW202）的古生菌群落组成发生了很大的变化。

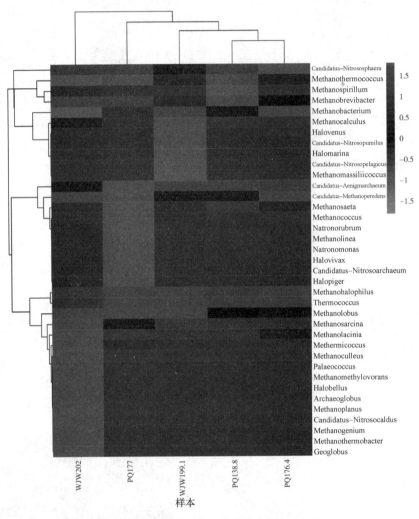

图5-27　古生菌热图分析

4. 样本间分类学组成的差异分析

根据每个样本在各分类学水平的组成和序列分布，可以逐一比较每个分类单元在两个或多个样本（组）之间的丰度差异，并通过统计检验评价差异是否显著。

在属水平上，202 井中的优势菌属为 Methanolobus，是一种严格厌氧的产甲烷菌，而在 199-1 中，耐盐的甲烷砾菌属（Methanocalculus）占主导，见图5-28。

5. Beta 多样性分析

PCA 主成分分析：

如图5-29所示，每个点代表一个样本，不同的点属于不同样本（组），两点之间的距离越近，表明两个样本之间的微生物群落结构相似度越高，差异越小。结果表明，PQ 区块古生菌距离较近，其古生菌群落结构较相似，而 WJW199-1 井（WJW199.1）和 WJW202 井（WJW202）的古生菌群落组成并不相近，不能聚为一类，说明内源激活剂的注入对古生菌的群落组成产生了很大的影响，这一结果与细菌不同。

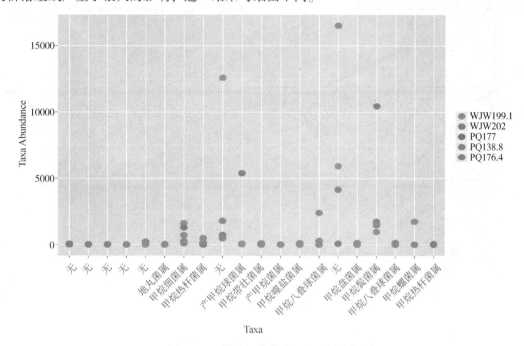

图 5-28　样品间分类学组成差异分析

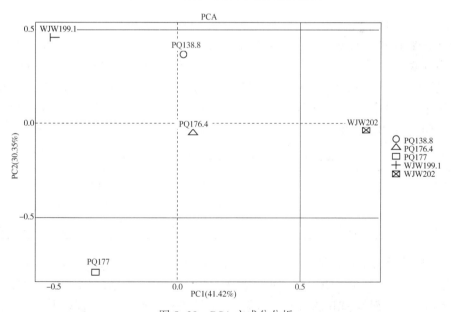

图 5-29　PCA 主成分分析

6. 关联网络分析

基于微生物成员之间相互关系的网络推断，通过关联分析的方法，找寻群落成员在不同生境下共同出现（Co-occurrence）或彼此排斥（Co-exclusion）的相互作用模式，从而推断不同微生物类群之间可能的相互"协作"或"竞争"关系。从图 5-30 可看出，与 Methanomethylo-vorans、Methanothermobacter、Halobellus 等菌属共同出现的菌属较多。

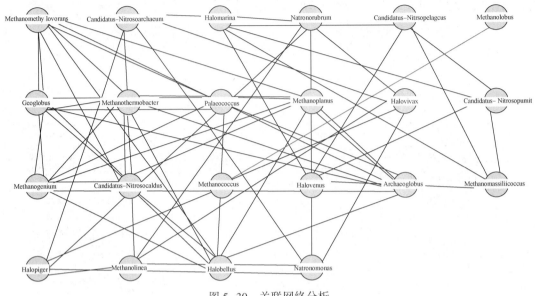

图 5-30　关联网络分析

5.3　油藏原有内源功能微生物组成分析

内源功能微生物包括石油烃氧化菌(Hydrocarbon Oxidizing Bacteria，HOB)、腐生菌(Saprophytic Bacteria，TGB)、硫酸盐还原菌(Sulfate-reducing Bacteria，SRB)，测定方法采用绝迹稀释法，即用无菌注射器将待测定的水样逐级注入测试瓶中，进行接种稀释置于 30℃ 培养箱中，根据测试瓶阳性反应和稀释的倍数计算水样中细菌总数。细菌总数(TB)通过逐级稀释水样涂布于 LB 固体培养基中，24h 后平板计数。分别采用相应的测试瓶测定 PQ176-4 和 PQ138-8 原水样中的 TGB、HOB、SRB，测试方法采用最大可能数法(MPN)。结果见表 5-8。

表 5-8　油藏原有内源功能微生物组成分析

原水样	TB/(CFU/mL)	TGB/(CFU/mL)	HOB/(CFU/mL)	SRB/(CFU/mL)
PQ176-4	$2.36×10^3$	$2.5×10^1$	$2.5×10^2$	ND
PQ138-8	$3.42×10^4$	$6×10^2$	$2.5×10^3$	$2.5×10^1$

MPN 三管法分析结果表明，PQ138-8 水样中的细菌数量明显高于 PQ176-4 水样，利于下一步激活有益菌。其中，HOB 的浓度高达 $2.5×10^3$ 个/mL，好氧的 TGB 浓度也较高，可达到($6×10^2$ 个/mL)，而且 SRB 的浓度仅为 $2.5×10^1$ 个/mL。平板菌落计数同时验证了样品中微生物浓度较高，在两个样品中检出浓度为 $10^3 \sim 10^4$ 个/mL，利于后续激活研究。

综上所述，本章利用分子生物学方法，结合多种生物信息学分析方法，对延长油田杏子川 PQ 区块和 WJW 区块所含微生物进行了多样性分析：

(1) 基因组 DNA 抽提符合扩增要求，引物设计正确，16srRNA 序列 PCR 扩增每个样本均得到了 40000 个以上的高质量测序结果，且所得序列均大于 400bp，满足后续序列分析的需求。

（2）PQ 区块和 WJW 区块样品均检测到了大量种属的本源微生物，说明这两个区块油藏环境微生物种群丰度及多样性程度都很高。但是，两个区块的微生物群落和丰度又有很大不同，说明地域与增产措施对井中的微生物群落组成有着至关重要的影响。PQ 区块水样中的细菌种类明显高于 WJW 水样，群落结构的复杂程度也更高。WJW 区块的优势菌属为弓形杆菌属（Arcobacter），是油田中的常见菌属，具有硫化物氧化和硝酸盐还原的功能，参与了油藏中氮、硫元素的代谢。PQ 区块的优势菌属分别为海细菌属（Marinobacterium）、硫黄单胞菌属（Sulfurospirillum）和色盐杆菌属（Chromohalobacter），能耐受高盐环境。另外，不同样本在各分类水平所含有的古生菌的类群数量也不同，PQ 区块古生菌群落丰富度较高。而注入内源激活剂的 WJW 区块油井与未注入激活剂的油井相比，井内的古生菌群落也发生了较大变化，特定功能的古生菌得到了富集。从古生菌群落组成看，注入激活剂的油井和未注入激活剂的油井的古生菌群落组成完全不同，未注入激活剂的油井优势菌属为甲烷叶菌属（Methanolobus），是一种严格厌氧的产甲烷菌，而注入激活剂的油井优势菌属为利用乙酸为碳源的甲烷热球菌属（Methanothermococcus）和耐盐的甲烷砾菌属（Methanocalculus）。另外，注入内源激活剂后，降低了有害菌硫酸盐还原菌（Desulfocurvus spp.）的丰度，而另一部分菌属尤其是具有产表面活性剂和解烃功能的假单胞菌（Pseudomonas spp）属得到了提高，这有利于油井的开采。

（3）由 OTU 聚类分析结果可知，延长油田油藏环境微生物多样性丰富，其中样品中微生物含量最丰富的是变形菌纲细菌，主要为 α-变形菌纲（Alphaproteobacteria）、γ-变形菌纲（Gammaproteobacteria）和 ε-变形菌纲（Epsilonproteobacteria），其次是芽孢杆菌纲（Bacilli）细菌，主要菌属为弧菌属（Vibrio）、芽孢杆菌属（Bacillus）、弓形杆菌属（Arcobacter）、硫黄单胞菌属（Sulfurospirillum）、乳球菌属（Lactococcus）、海洋生菌属（Oceanicola）、海杆菌属（Marinobacter）、假单胞菌属（Pseudomonas）、不动杆菌属（Acinetobacter）等。变形菌纲细菌占菌纲微生物总数的 58.57%，芽孢杆菌属（Bacillus）微生物占总含量的 18.80%，且这两种微生物菌纲在大部分样品中都有分布。

（4）微生物采油（MEOR）技术中，微生物一方面通过自身的代谢作用产生分解酶，裂解重质烃类和石蜡，降低原油黏度，改善原油的流动性能；另一方面，微生物还可代谢产生表面活性剂、聚合物、有机酸、醇类和二氧化碳等有利于驱油的产物。实验显示，延长油田油藏环境中弧菌属（Vibrio）、芽孢杆菌属（Bacillus）、海杆菌属（Marinobacter）以及假单胞菌属（Pseudomonas）不仅微生物数量丰富，而且还具有其各自特有的性能。弧菌属（Vibrio）是革兰氏阴性菌，兼性厌氧，多存在于水中，具有耐盐性能；芽孢杆菌属（Bacillus）是革兰氏阳性菌，需氧或兼性厌氧，能以石油为唯一碳源，可有效降解原油中的饱和烃、芳香烃、菲和烷基菲等成分，部分芽孢杆菌还具有耐热、耐盐的性能，具有较强的原油降解能力；海杆菌属（Marinobacter）为革兰氏阴性菌，无荚膜、无鞭毛，是中度嗜盐菌，可有效降解有机污染物；假单胞菌属（Pseudomonas）是专性需氧的革兰氏阴性菌，呈杆状或略弯，可降解石油以及有机污染物。结合上述各菌属的功能以及延长油田的地质情况可以推断，延长油田油藏环境中存在着多种可应用于微生物采油和环境修复的潜力菌株，其具体应用价值需要进一步探讨和分析。

第6章　生物表面活性剂研发与性能评价

生物表面活性剂是表面活性剂家族中的后起之秀，它是微生物在一定条件下代谢产生的具有一定表面活性的物质，是集亲水基团和疏水基团于一身的两亲化合物。它同人工合成的表面活性剂一样具有良好的渗透、润湿、乳化、增溶、发泡、消泡、洗涤、去污等一系列表面性能。此外，生物表面活性剂又具有化学合成的表面活性剂不可比拟的优势，即较低的表面张力、界面张力及较高的乳化活性，分子结构的多样性和特殊性，稳定性强，环境友好，成本低等特点。

生物表面活性剂及其产生菌种类繁多（表6-1），按照其形态和结构，大概可以分为6类：磷脂、糖脂、脂肽、羟基化和交联化的脂肪酸、脂多糖和脂蛋白以及细胞整体。微生物表面活性剂也可以按照其分子大小分成两类：诸如糖脂、磷脂等小相对分子质量分子和诸如脂多糖和脂蛋白等大分子多聚物。目前来说，已广泛研究和应用的微生物表面活性剂主要有以下几种：①糖脂类。糖脂类微生物表面活性剂是糖类物质与长链脂肪酸或羟基脂肪酸合成的，它是生物表面活性剂中最重要，研究最广泛的一类。其中鼠李糖脂、槐糖脂、蔗糖脂等是糖脂类表面活性剂的主要品种。②聚合体表面活性剂。大分子生物聚合物具有高黏性和抗剪性等很多有用的特性，所以聚合体生物表面活性剂的应用也相当的广泛。其中多聚糖蛋白、甘露蛋白等此类生物表面活性剂的主要品种。③含氨基酸类脂。含氨基酸类脂的主要品种包括脂肽、鸟氨酸酯等。④磷脂和脂肪酸。许多石油烃降解菌和酵母菌在脂溶性基质中生长时，能够生产出大量的脂肪酸和磷脂类表面活性物质，这些微生物表面活性剂能够很好地乳化水中的烷烃。

表6-1　生物表面活性剂及其微生物来源

生物表面活性剂	微生物来源
槐糖脂	球拟酵母菌属、假丝酵母菌属、拟威克酵母菌属
鼠李糖脂	假单胞菌属
海藻糖脂	红球菌属、诺卡氏菌属、节细菌属、分枝杆菌
蔗糖脂	红球菌属、石蜡节杆菌
脂肽	芽孢杆菌属、地衣杆菌属、假丝酵母菌属、荧光假单胞菌
枯草菌素	枯草芽孢杆菌属
短杆菌肽	短芽孢杆菌属
脂蛋白	热带假丝酵母属
磷脂	不动杆菌属、棒状杆菌属
脂肪酸中性脂	红串红球菌属、节细菌属
多糖脂肪酸混合物	热带假丝酵母属
脂蛋白脂多糖聚合物	裂烃棒状杆菌

目前，生物表面活性剂中最重要，数量最大，品种最多的是糖脂类生物表面活性剂，其在食品加工、化妆品制造、医药合成、石油工业中都具有极为广阔的应用前景。而在糖脂类生物表面活性剂中最常见，研究最深入，应用最广泛的就是鼠李糖脂。对于石油工业来说，鼠李糖脂除了可以作为驱油剂提高原油采收率外，其在环境工程中的应用也十分广泛，主要体现在可以用来修复被原油和烃类污染的土壤，还可以用来修复被重金属污染的水体、土壤和沉积物等。但是因为鼠李糖脂的生产技术只掌握在 Logos Technologies 公司、GlycoSurf 公司等极少数生产厂家手中，因此其价格十分昂贵，纯度为95%的鼠李糖脂市场价格为200～227 美元/10mg，纯度为98%的鼠李糖脂市场价格为350 美元/10mg，中国大庆沃太斯化工公司也在中国黑龙江省生产鼠李糖脂生物表面活性剂，40%～85%纯度的鼠李糖脂价格在11 美元/kg 左右。因此，作为石油企业，如果我们能够研发并形成自己的鼠李糖脂生产技术并形成产品，那会给企业带来巨大的经济效益。

因此，本章在油藏内源微生物结构解析的基础上，筛选出高产鼠李糖脂的铜绿假单胞菌并优化其发酵工艺，建立一套快速经济的鼠李糖脂检测、提取、纯化方法，并评价了鼠李糖脂提高采收率的性能。

6.1   鼠李糖脂生物表面活性剂简介

鼠李糖脂是糖脂类生物表面活性剂中最主要的品种，主要由铜绿假单胞菌发酵产生。最早关于鼠李糖脂的发酵和提取的研究报道是在 1949 年，Jarvis 和 Johnson 从一株铜绿假单胞菌的培养液中提取出一种酸性糖脂结晶，分析其结构，发现它是由 β-羟基癸酸和 L-鼠李糖组成的。

6.1.1   鼠李糖脂结构

鼠李糖脂的化学结构普遍认为有 4 种，微生物所产鼠李糖脂多数是混合物，由这 4 种结构中的任意几种结构共同组成，也有少数是其中一种结构的纯净物。大量文献表明铜绿假单胞菌所产的鼠李糖脂的类型并不完全相同，而是与微生物种类、发酵条件、培养基组成等因素相关。Torrens 等人用 Psuedomonas aeru-ginoas IGB83 发酵法制得含单糖脂和双糖脂两种结构的鼠李糖脂混合物，并测得产物的平均相对分子质量约为 577g/mol。根据对发酵培养液中糖脂结构的进一步研究，发现 4 种鼠李糖脂分子结构通式见图 6-1。

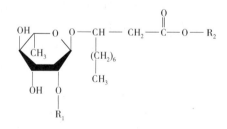

图 6-1   铜绿假单胞菌产生的
鼠李糖脂分子结构通式

图 6-1 中，A1：R1 = a-L-吡喃鼠李糖基；R2 = β癸酸；A2：R1 = H；R2 = β-羟基癸酸；A3：R1 = a-L-吡喃鼠李糖基；R2 = H；A4：R1 = H；R2 = H。

6.1.2   鼠李糖脂性质

鼠李糖脂晶体为无色方形片状，易溶于醚、醇、丙酮、氯仿等有机溶剂和碱性水溶液，在水和石油醚中的溶解性较差，是一种阴离子表面活性剂。一般来说，鼠李糖脂能使水溶液的表面张力降至 30mN/m 左右，具有良好的表面活性。鼠李糖脂的表面活性受其同系物的组成及比例、脂链的长度、C＝C 双键的含量以及糖环的多少等因素共同影响。一般来说糖含量越高，水溶性越大，脂链越长，水溶性越低。

6.1.3 鼠李糖脂的合成

目前，鼠李糖脂的制备方法主要有两种：一种是微生物法；另一种是酶催化法。

（1）生物法：为微生物提供合适的培养基和外界条件，利用微生物发酵培养制备鼠李糖脂。根据微生物的不同和目标产物的差别，微生物发酵制备鼠李糖脂的方法可分为以下 4 种。生长细胞法：随着细胞的不断生长，底物也在不断消耗，与此同时生产微生物表面活性剂。鼠李糖脂的组成和产量受培养基中碳源的种类、氮源的种类和投加方式等影响很大。例如，铜绿假单胞菌的培养基中碳源为直链烷烃时，能够高产鼠李糖脂，而在葡萄糖等水溶性物质碳源时鼠李糖脂的产量很低。另外培养基的初始 pH 值、温度、曝气量、光线和发酵时间等，也都对鼠李糖脂的产量有影响。代谢控制的细胞生长法：通过限制培养基中氮源或其他组分以达到高产糖脂的方法。例如，在 Pseudomonas 菌发酵生产鼠李糖脂时，限制 $NaNO_3$ 的投加量以控制细胞的代谢活动。当 $NaNO_3$ 被菌体消耗完毕时，鼠李糖脂的产量会有较大的提高。休止细胞法：首先可通过离心等方式从培养液中分离出正在培养的菌体，为保持其活性将其悬浮在缓冲溶液中，再加入基质进行合成转化。加入前体法：往培养基中投加鼠李糖脂的前体，微生物所产鼠李糖脂的产量会有较大幅度的提高。

（2）酶法合成：用假单胞菌、曲霉和肠杆菌等来源的脂酶，催化葡萄糖等与脂肪酸发生酯化反应，可合成多种糖脂。酶法合成的多是一些结构相对简单的表面活性剂分子。

相对于酶法合成，微生物法合成糖脂具有以下优点：由于整个物质代谢过程是在微生物体内进行的，原料和目标产物的结构差异很大。原料易获得且产物易降解，发酵液一般没有毒性，不会对环境和人体造成危害。制备工艺简单，成本低廉，安全无害，具有广阔的应用价值。

6.1.4 鼠李糖脂的应用现状及前景

（1）鼠李糖脂作为一种重要的微生物表面活性剂，引起了越来越多的研究者广泛关注，现已在多个领域中广泛应用。

（2）在石油工业中的应用：利用鼠李糖脂可采出含油岩层中经一次、二次采油后残留的石油。鼠李糖脂不仅可以通过降低油/岩土的界面张力来驱油，还可通过降低毛细管力防止石油从岩孔中逸出。另外，利用鼠李糖脂发酵液可以对含油污泥进行预处理，将原油从土壤缝隙中洗脱出来，降低了后续生物处理的难度。洗脱出来的原油可以回收利用，也可以进行其他方式的降解。

（3）在农业中的应用：鼠李糖脂可用于土壤性能的改良、保护植物以及作为杀虫剂使用。鼠李糖脂可增加黏重土壤的可湿性，使农药和肥料在土壤表层分布均匀。

（4）在环境修复中的应用：鼠李糖脂可用于修复重金属污染，通过进行土壤重金属的活化试验表明，鼠李糖脂对土壤中多种重金属离子的洗脱能力强于普通的化学表面活性剂。

（5）在化妆品工业中的应用：糖脂类生物表面活性剂对皮肤有着很好的亲和性，能够使软化皮肤并具有保湿功能。目前，鼠李糖脂已用作化妆品产业中的乳化剂、杀菌剂和抗氧化剂。

（6）在食品工业中的应用：糖脂类生物表面活性剂在食品工业中的应用主要是食品稳定剂、润滑剂、分散剂和微生物抑制剂等。用鼠李糖脂等无公害的保鲜材料来处理果蔬，可达到延长时间，保证品质，减少腐烂等功能。可以满足人们的生活需求，并获得较好的经济效益。

目前，鼠李糖脂主要应用于石油工业中，在其他行业中的研究应用还处于初步阶段，除此之外，在采矿、建材、纺织等领域中还存在着极为广阔的应用空间。随着研究的深入和不断拓展，鼠李糖脂在不同行业中的应用将会得到广泛的推广，今后，鼠李糖脂的研究方向主要是提高产能、拓展应用范围、完善作用机理以及提高表面活性等问题上。随着人们环保意识的增强和对天然产品的需求不断扩大，鼠李糖脂的应用前景将更加广阔。

6.2　生物表面活性剂鼠李糖脂的定性研究

鼠李糖脂的定性研究方法主要还是基于糖显色的薄层色谱法，如苯酚-硫酸法、蒽酮-硫酸法等。由于生物表面活性剂鼠李糖脂分子具有极性，易与极性的硅胶结合，当用不同体积比的氯仿和甲醇洗脱时，由于二糖脂的极性大于单糖脂的极性，因此单糖脂的洗脱速率比二糖脂快，最先被洗脱下来，以此达到单糖脂和二糖脂分离的目的。分离后的单糖脂和二糖脂经过显色剂显色后便可呈现特殊的颜色，以此来对鼠李糖脂进行初步定性。

6.2.1　铜绿假单胞菌 YM4 的活化与摇瓶发酵

铜绿假单胞菌 YM4：实验室保存，筛选于延长油田 YM 区块。

LB 平板培养基：蛋白胨 10g/L、NaCl 10g/L、酵母浸粉 5g/L、琼脂粉 15g/L。

种子培养基：葡萄糖 2.0g、酵母粉 0.3g、Na_2HPO_4 0.1g、KH_2PO_4 0.05g、$NaNO_3$ 0.2g、$MgSO_4$ 0.05g、NaCl 0.1g、$CaCl_2$ 0.005g、水 100mL，调 pH 7.2~7.4。

发酵培养基：甘油 4.0g、酵母粉 0.6g、Na_2HPO_4 0.15g、KH_2PO_4 0.1g、$NaNO_3$ 0.3g、$MgSO_4$ 0.05g、NaCl 0.1g、$CaCl_2$ 0.005g、水 100mL，调 pH 7.2~7.4。

将低温保存的 YM4 菌接种到经高温灭菌的 LB 培养基平板上，35℃培养 72h 后于 4℃保存。将活化后的 YM4 菌接种到装有 100mL 种子培养基的三角瓶中，35℃、120rab/min 培养 16~24h 后接种到发酵培养基中，接种量为 5%，35℃、120rab/min 培养 5d。

6.2.2　生物表面活性剂鼠李糖脂的薄层色谱检测方法的建立

1. 材料与方法：

G 型硅胶板：购自青岛海洋化学品有限公司。

展开剂：氯仿：甲醇：冰醋酸：水 = 65∶15∶1∶1（体积比）。

显色剂：3g 苯酚与 10mL 浓硫酸溶于 25mL 乙醇中。

取 5mL 发酵液于 10mL 离心管中，在 4℃10000g 下离心 30min，取上清液 2mL 加入同体积氯仿/甲醇（体积比 2∶1），剧烈震荡 5min 后，10000g 离心 10min，分离出上清液 4℃冰箱保存备用。

取 G 型硅胶板，用铅笔在靠底边约 1.5cm 处画一横线，在横线上按间距 1~1.5cm 的距离设定点样点，然后将冰箱备用的鼠李糖脂待测样用玻璃毛细管进行点样，同时以鼠李糖脂标准样作对照，点样不能戳破薄层板面，样点直径不应超过 2mm。由于待测样品中的鼠李糖脂未经过浓缩提取因此含量较少，为使检测结果清晰可见，应进行多次重复点样，每次点样后等干透后再进行下一次点样。

展开剂展开：配制展开剂，展开剂在玻璃展开缸的高度以不没过硅胶板底边画线处为宜。将点好样的硅胶板放入展开缸中，盖上玻璃盖进行展开，待展开剂上升到快靠近上底边时，将硅胶板从展开缸中取出，用铅笔标注好展开剂上升的位置（图6-2）。展开时，不要让展开剂前沿上升至底线，否则，无法确定展开剂上升高度，即无法求得 R_f 值（迁移率）和准确判断粗产物中各组分在薄层板上的相对位置。

显色剂显色：将展开后的薄层硅胶板放置到通风橱中，待溶剂挥发干后，均匀喷洒显色剂（注意显色剂应现用现配），干燥后于100℃烘干或用吹风机热风反复吹，直到薄层板上显色出黄色或棕色斑点为止。

2. 结果分析

如图6-3所示，通过对实验室保存的铜绿假单胞菌YM4进行摇瓶发酵，并对其发酵产物进行了定性研究，建立的薄层色谱法（硅胶层析+苯酚-硫酸显色）可准确地检测到发酵液中的鼠李糖脂，并可将二糖脂和单糖脂清晰地分离开，该检测方法不需要将产物浓缩提纯，具有简单、快速、显色清晰的特点，可用于发酵产物中鼠李糖脂的快速定性。

图6-2 薄层色谱展开剂展开

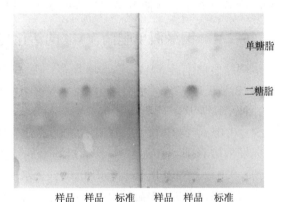

单糖脂

二糖脂

样品　样品　标准　　样品　样品　标准

图6-3 鼠李糖脂的薄层色谱图

6.3 生物表面活性剂鼠李糖脂的定量研究

鼠李糖脂的定量检测一般采用蒽酮-硫酸法，这种方法的原理是：鼠李糖基团在强酸下被水解生成甲基糠醛，然后与蒽酮生成蓝绿色化合物，它在625nm波长处有最大吸收，其吸光度与浓度呈线性关系。根据鼠李糖与鼠李糖脂相对分子质量的关系，鼠李糖脂浓度=3.4×鼠李糖浓度。采用此方法检测鼠李糖脂的关键就在于标准曲线的建立以及检测样品稀释的倍数，检测样品稀释的合适倍数应该以吸光度在标准曲线范围以内为佳，此时，检测数据最为准确。

6.3.1 鼠李糖标准曲线的建立

（1）鼠李糖标准品的配制：精确称取干燥至恒重的鼠李糖对照品9.36mg，定溶于100mL棕色容量瓶中，配制成0.0936mg/mL的标准品溶液，放置冰箱保存。

（2）蒽酮-硫酸试剂的配制：称取 0.2g 蒽酮溶于 100mL 85% 的浓硫酸中。

（3）标准曲线的制备：分别量取 1mL、2mL、3mL、4mL、5mL、6mL、7mL、8mL、9mL 的标准鼠李糖溶液于 10mL 容量瓶中，各用蒸馏水定容至刻度。

（4）标准曲线测定方法：吸取各稀释梯度的标准溶液 1mL 于 25mL 具塞试管中，于冰浴中缓慢加入配好的蒽酮-硫酸试剂 4mL，加完后混合均匀浸于沸水浴中，自水浴煮沸起 15min 后取出，用自来水冷却，室温放置 20min 后，以蒸馏水做空白对照（需同其他标准品同步处理），分光光度计于 620nm 波长处测吸光度。

（5）标准曲线的建立：不同浓度鼠李糖标准溶液对应的吸光度见表 6-2，根据表 2-2 绘制吸光度值与鼠李糖浓度的标准曲线。得到吸光度值与鼠李糖浓度之间的线性方程：$y = 150.93x + 2.067$，x 为吸光度值，y 为鼠李糖浓度（mg/L），线性相关系数 R^2 为 0.999，线性关系很强，可以用来计算鼠李糖浓度（图 6-4）。

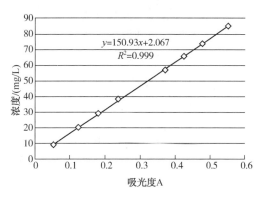

图 6-4　鼠李糖标准曲线

表 6-2　不同浓度鼠李糖标准品对应的吸光度 A

序号	1	2	3	4	5	6	7	8	9
对照浓度/（mg/L）	9.36	18.72	28.08	37.44	46.80	56.16	65.52	74.88	84.24
A	0.048	0.113	0.171	0.234	0.296	0.358	0.426	0.470	0.551

6.3.2　铜绿假单胞菌 YM4 发酵液中鼠李糖脂的检测

1. 铜绿假单胞菌 YM4 发酵液检测浓度的确定

将发酵液 10000g 离心 10min 后取上清液，按 2 倍、4 倍、6 倍、8 倍、10 倍、15 倍、20 倍、25 倍、30 倍分别稀释。取不同稀释液 1mL 放入 25mL 具塞试管中，于冰浴中加入硫酸-蒽酮试剂 4mL，后续操作与标准曲线制作相同，同时以未接菌的发酵培养基（对应不同稀释倍数）为空白对照。620nm 波长处测定吸光度，将吸光度带入标准曲线计算样品中鼠李糖浓度。不同稀释倍数可以测得的吸光度值见表 6-3。

表 6-3　不同稀释倍数对应的吸光度值

稀释倍数	0	2	4	6	8	10	15	20	25	30
A	—	—	—	1.051	0.951	0.593	0.376	0.329	0.305	0.210
稀释后浓度/（mg/L）	—	—	—	160.69	145.60	91.57	58.82	51.72	48.10	33.76

从表 6-2 和表 6-3 可以得出，待测样品的浓度范围应该在标准曲线测得的吸光度范围以内时，检测结果误差最小，而样品稀释倍数在 15～30 倍时，测得的吸光度都在标准曲线

范围以内，其中，当稀释到 20 倍左右时，吸光度值刚好是标准曲线的中间值。因此，我们将发酵液稀释到 20 倍基本就可以达到检测的要求了。

2. 铜绿假单胞菌 YM4 发酵液中表面活性剂鼠李糖脂的含量测定

将以甘油为碳源发酵的铜绿假单胞菌发酵液离心去除菌体后，取上清液稀释 20 倍，然后取 1mL 稀释液至 25mL 具塞试管，加 4mL 蒽酮-硫酸试剂按以上方法处理后 620nm 测定吸光度，然后通过标准曲线计算样品中鼠李糖浓度，经检测，样品中鼠李糖浓度为 1.02g/L，按照公式鼠李糖脂浓度 = 3.4×鼠李糖浓度，换算出以甘油为碳源发酵的铜绿假单胞菌发酵液发酵 5d 后鼠李糖脂含量为 3.26g/L。

6.4　生物表面活性剂鼠李糖脂的提取与纯化

在一般的生产过程中生物表面活性剂鼠李糖脂浓度很低，且亲水亲油的特性造成其提取和纯化的成本较高，所以目前生物表面活性剂的大规模生产并没有完全实现，而选择合适的分离提纯方法是保证其生产工艺成功的重要环节。常见的鼠李糖脂提取纯化的方法包括酸沉降、溶剂萃取、硫酸铝沉淀和泡沫色谱法等。随着研究的不断深入，离心分配色谱法、超滤和离子交换色谱法等新方法也已出现。而糖脂类物质的成分鉴定方法则从简易的利用鼠李糖脂水解后测定鼠李糖的色度逐渐发展为利用高效液相色谱-质谱联用、红外光谱、核磁共振以及毛细管电泳法等分析样品组成的复杂方法，且有文献指出，高效液相色谱法是目前对鼠李糖脂成分识别的最精确的方法。Nitschke 等曾用铜绿假单胞菌进行培养，利用酸沉降的方法成功分离了鼠李糖脂；Mata-Sandoval 等则利用高效液相色谱法分析得到了由铜绿假单胞菌 UG2 所产生的鼠李糖脂的主要组成为 $RhC_{10}C_{10}$、$Rh_2C_{10}C_{12}-H_2$、Rh_2C_{10} C_{12} 以及 $Rh_2C_{10}C_{10}$。

本节通过好氧发酵培养铜绿假单胞菌 YM4 产生生物表面活性剂鼠李糖脂，考虑到实验室具体情况，经过反复试验后确定了利用酸沉降和有机试剂萃取的方法对发酵液中的目标物进行提取与纯化，并在后续研究中将对其成分进行鉴定和表征，证实酸沉降-有机试剂萃取的方法对于鼠李糖脂的提取有较好的效果，而高效液相色谱-质谱联用能够高准确性地对鼠李糖脂成分进行识别和定量分析，这我们将在后续工作中进一步研究。

图 6-5　氯仿/甲醇萃取

6.4.1　生物表面活性剂鼠李糖脂的提取与纯化方法

将发酵液以 10000r/min 的转速离心 30min，上清液用 6.0mol/L HCl 调节 pH 至 2.0，用等体积的有机溶剂(氯仿:甲醇=2:1，体积比)萃取 2 次后合并有机相，于 45℃旋转蒸发得到棕黄色固体或黏稠的鼠李糖脂粗品。用 0.05mol/L $NaHCO_3$ 溶液溶解后即得鼠李糖脂溶液(图 6-5)。

6.4.2   不同碳源发酵液中鼠李糖脂的提取与纯化

分别以葡萄糖、甘油、菜油为碳源进行鼠李糖脂的摇瓶发酵，发酵液按照上文提到的方法进行处理，分别进行两次萃取。第一次萃取静置过夜后，观察发现菜油发酵液分层不明显，存在较多的白色乳化液，而甘油和葡萄糖发酵液分层明显，回收上层甲醇液。下层液体进行第二次萃取，第二次萃取后发现，葡萄糖发酵液分 3 层，上层为甲醇层，中层为絮状蛋白质层，下层乳白色为氯仿层，回收上层甲醇层。而甘油和菜油发酵液不再分层，但下方有大量白色沉淀，通过抽滤过滤掉白色沉淀后可得第二次的萃取液。将两次萃取液合并后旋转蒸发，可得鼠李糖脂浓缩液或鼠李糖脂粗品(图 6-6 和图 6-7)。经薄层色谱检测发现，甘油发酵和菜油发酵提取物中可明显检测出鼠李糖脂，但葡萄糖发酵提取物中未检测出鼠李糖脂，这可能是由于发酵液中鼠李糖脂含量太低无法检测出，也可能是发酵液中未消耗的葡萄糖干扰了鼠李糖脂的检测。另外，我们还发现，葡萄糖作为碳源可能会抑制发酵反应向生成鼠李糖脂的方向进行，因此，后续研究中，我们将不再使用碳源作为发酵原料。

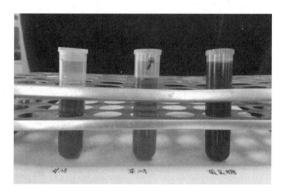

图 6-6   旋转蒸发后所得鼠李糖脂浓缩液

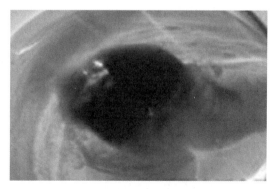

图 6-7   旋转蒸发后得到的鼠李糖脂粗品

6.5   产鼠李糖脂生物表面活性剂菌株的筛选鉴定及产物性能评价

油田采出的油水样和长期受原油污染的环境中常能分离到生物表面活性剂产生菌，可以作为样品采集地。微生物产生的鼠李糖脂是一类同系物的混合物，其中各组分所含鼠李糖环的多少、脂肪酸链的多少和碳链长度及各组分在整个混合物中所占的比例决定了其产生的糖脂的性质。为了获得性能优越的鼠李糖脂生物表面活性物质的菌株，并最终应用于微生物采油或对石油烃类污染的生物修复，本节将从筛选铜绿假单胞菌入手，然后对筛选到的较高产量的铜绿假单胞菌进行物理-化学的诱变育种或采用分子生物学方法对目标菌株进行基因工程改造，最终获得更高产量的鼠李糖脂产生菌。

常用的提高菌株产生物表面活性剂的方法有：物理诱变，如紫外、放射线、超声波诱变等；化学诱变，如氯化锂、CTAB 等化学试剂诱变；还有就是基于分子水平的生物表面活性剂鼠李糖脂表达基因的改造，即基因工程菌的构建。

6.5.1 实验材料及方法

1. 油水样品

样品均采自延长石油杏子川 PQ 区块，1 号油水样为 PQ176（PQ176）井、2 号油水样为 PQ138（PQ138）井。

2. 培养基

1）液体培养基（表 6-4、表 6-5）

表 6-4　1 号分离培养基

g/L

硫酸铵	10.0	磷酸氢二钾	4.4
氯化钾	1.1	酵母粉	0.5
氯化钠	1.1	微量元素	0.5mL
硫酸镁	0.5	菜油或原油	2mL
磷酸二氢钾	3.4		

表 6-5　2 号分离培养基

g/L

硝酸钠	4.0	七水合硫酸亚铁	0.01
磷酸氢二钾	1.0	氯化钙	0.01
磷酸二氢钠	0.5	氯化锌	0.01
七水合硫酸镁	0.5	微量元素	0.5mL
氯化钠	2.0	菜油	2mL

2）固体培养基（表 6-6）

表 6-6　蓝色凝胶培养基

g/L

牛肉膏	1.0	CTAB	0.2
蛋白胨	5.0	亚甲基蓝	0.005
酵母膏	0.2	琼脂粉	15.0
葡萄糖	20.0		

3. 实验方法

1）菌株的富集方法

水样取回后在 24h 内于 6000r/min 离心 30min，收集菌体接种于 100mL 的 1 号、2 号富集培养基（菜油）中，放入 30℃ 摇床转速 150r/min 培养，定时取样检测其生长情况（OD_{595}），并分别于培养 5d 后以 10% 的接种量转接至新鲜的培养基中继续培养。连续转接 3 代后，将富集后的菌群接种于原油培养基中进一步筛选富集。定时取样，监测表面张力及 OD 值。

2）单菌株的分离

在菌群驯化 3 代后，在无菌条件下，将驯化后得到的混合菌群分别稀释 0 倍、100 倍、10000 倍涂布到蓝色凝胶培养基，倒置于 30℃ 的恒温培养箱中培养 5d。然后根据菌落的颜色、形态、大小等不同的特征，从平板选取单菌落，分别在新的平板上划线分离，倒置于30℃的恒温培养箱中培养 2d。若单菌株未被完全分离出来，则需将菌落在新的平板上划线分离、培养，直到分离出单菌株。

将分离出的单菌株制作冻干管保存。

3）16S rDNA 鉴定方法

（1）扩增所用引物：

上游引物：27F　5′-AGAGTTTGATCCTGGCTCA-3′。

下游引物：1492R　5′-GGTTACCTTGTTACGACTT-3′。

（2）PCR 反应体系（表 6-7）：

表 6-7　PCR 反应体系与终浓度

反应组分	加入量/μL	终浓度
2×Pfu Master Mix	25	
上游引物	2	2.0~1.0μmol/L
下游引物	2	0.2~1.0μmol/L
模板	2	10ng/μg
ddH$_2$O	至 50μL	

（3）PCR 反应条件：

用基因组 PCR 时，热盖 105℃，预变性 94℃ 3min，30 次循环：变性 94℃ 30s；退火57℃ 30s，延伸 72℃ 3min，后续延伸 72℃ 5min，4℃停止反应并保温。用菌液 PCR 时预变性 94℃ 10min。其他条件不变。

（4）琼脂糖凝胶电泳：

① 向 0.5×TBE 溶液（30mL）中加入 1%的琼脂糖，微波加热 1min。室温放置 10min 冷却后倒入制胶模板中，待 30min 其完全凝固后放入盛有 0.5×TBE 电泳缓冲液的电泳仪中。

② 将约 0.5μL×10Loading Buffer 点于封口膜上与 3μL PCR 后的样品混匀加入胶体点样孔中。用 250bp DNA-Ⅱ检测样品的条带大小。

③ 调节电泳仪电压为 120V，电流 80mA 跑胶 50min。

④ 当最下面一条色带快接近胶体下端时，取出胶块，将胶块放入凝胶成像仪紫外光下，在 595nm 波长处扫描，拍照。确定 PCR 产物是否是所需的 1.5kb 大小。

（5）切胶回收：

① PCR 产物用 1.0%琼脂糖凝胶电泳检测后，在紫外光下将所需的片段条带切下，放入已称重的 1.5mL 离心管中。

② 把放入胶块的离心管再次称重，计算出胶块质量，按 300μL/0.1g 加入 Binding Solution B，混合均匀。

③ 将上述混合溶液转移至 1.5mL 离心管中，55℃下保温 10min 至琼脂凝胶完全溶解。

④ 再将混合溶液转移至套放于 2mL 收集管的 Gen Clean 柱中，室温放置 2min，6000r/min室温离心 1min，取出 Gen Clean 柱，并倒掉收集管中的废液。对于贵重少量样品，可将收集管中的液体重新上柱并离心一次，可提高回收率。

⑤ 将 Gen Clean 柱重新放回收集管中，加入 750μL Wash Solution，于 12000r/min，室温离心 1min，倒掉收集管中的废液。

⑥ 重复步骤⑤一次。

⑦ 将 Gen Clean 柱放入干净的 1.5mL 离心管中，在 Gen Clean 柱膜中央加入 20μL 65℃无菌水，37℃放置 2min。12000r/min 离心 1min，离心管中的液体即为包含目的 DNA 片段的溶液。

⑧ 取 4μL 进行电泳检测浓度，纯化好的 DNA 送去生工生物工程有限公司进行测序。

4. 进化树的构建

根据测序得到的 DNA 序列在 NCBI 数据库中进行 BLAST，其同源性大于 97% 时可确定到种。并找出与该菌同属而不同种的若干菌的 DNA 序列用 MEGA 5.0 绘制进化树。

5. 表面张力测定方法

应用全自动张力仪的铂金环法测定不同水样的表面张力。每次测 3 个平行样。菌液离心后，取上清液约 20mL 加入一个干净的烧杯中，然后放到表面张力仪的平台上，将铂金环浸到液体中，慢慢拉起使环通过液气界面的力即是表面张力（mN/m）。每次测量前铂金环用清水冲洗 3 次，然后吹干，每个样品测定 3 次，取其平均值。

6. 鼠李糖脂生物表面活性剂的提取方法

方法一：发酵液 10000r/min 离心 20min 以除去菌体，用 6mol/L 盐酸调节上清液的 pH 值至 2.0，加入等体积的乙酸乙酯萃取两次，合并有机相，无水 Na_2SO_4 干燥，45℃减压蒸馏除去有机溶剂得棕黄色浆状物，即为鼠李糖脂生物表面活性剂粗产物。将 pH 值 1.0 该物质溶于 0.05mol/L $NaHCO_3$ 溶液，过滤后用盐酸调 pH 值至 2.0，4℃放置 2h。离心收集沉淀，溶于 5mL 乙腈、水（体积比 1：1）混合溶剂中，离心过滤后冷冻干燥，即可得到纯化的生物表面活性剂。

方法二：将培养 3~4d 后的发酵液于 4℃条件下 6000r/min 离心 40min，除去菌体保留上清液；上清液用浓盐酸调至 pH2.0，4℃静置过夜后可出现絮状沉淀；4℃ 10000r/min 离心 30min，保留沉淀，用 pH2.0 的盐酸全部洗下，再用 1mol/L 的 NaOH 溶液将 pH 调至 7.0，冷冻干燥后，即可得到疏松状黄褐色的粗产品；将粗产品用 CH_2Cl_2 进行萃取，减压蒸馏后溶于 0.01mol/L 的 NaOH 溶液，过滤；将上清液用浓盐酸调 pH 至 2.0，再次出现沉淀时，于 10000r/min、4℃条件下离心 30min，保留沉淀且再次冷冻干燥，即可得到纯化的生物表面活性剂。

方法三：将发酵液离心后除去菌体（12000r/min，20min，4℃），上清液用 6mol/L 盐酸调至 pH2.0，出现乳白色絮状沉淀，4℃静置过夜。12000r/min 离心 20min，收集沉淀，用 pH2.0 的盐酸溶液反复洗涤 2 次，离心后收集沉淀。在沉淀中加入 0.05mol/L 的 $NaHCO_3$ 溶液，用 1mol/L 的 NaOH 溶液调节 pH 至 7.0，得到棕黄色样品溶液（粗品）。用二氯甲烷（CH_2Cl_2）萃取 5 次，再进行旋转蒸发，得棕色黏稠物，将黏稠物冷冻干燥。

方法四：先用 2mol/L 的 NaOH 溶液将发酵液 pH 值调至 8.0，增加表面活性产物的溶解性；将发酵液置于 80℃水浴中 15min，使蛋白等物质变性析出；然后将发酵液在 10000r/min 条件下离心 15min 去除菌体及其他不溶性物质，收集上清液；用 2mol/L 的 HCl 溶液调节上清液 pH 值至 2.0，降低表面活性剂产物在水相中的溶解性；加入等体积的氯仿/甲醇（体积比，2：1）混合液萃取上清液三次，合并下层萃取液；于 45℃、50r/min 下，真空旋转蒸发；得到淡黄色固体物质，将其溶解于二氯甲烷中，真空冷冻干燥后，得到表面活性剂产物。

6.5.2　产鼠李糖脂生物表面活性剂菌株的筛选

1. 产表面活性剂菌群的富集(以菜油为碳源)

将 100mL 水样于 5000r/min 离心 10min 后,取沉淀加入培养基中进行产表面活性剂菌株的筛选。其中 1 号水样分别使用 1 号、2 号培养基进行培养,分别标记为 1-1、2-1;2 号水样也使用 1 号、2 号培养基进行培养,分别标记为 1-2、2-2。于 30℃、150r/min 恒温培养,定时取样检测其生长情况(OD_{595}),并分别于培养 5d 后转接。每一代的生长情况如图 6-8 所示。

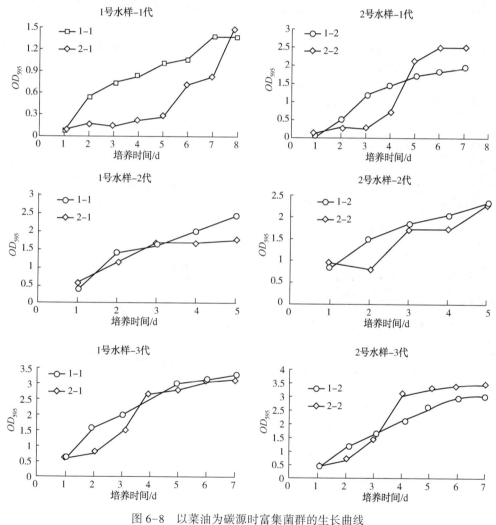

图 6-8　以菜油为碳源时富集菌群的生长曲线

从图 6-8 可以看出,随着不断驯化,传代次数的不断增加,菌群以菜油为碳源时的生长能力不断增强,延迟期越来越短,代谢能力强的菌株不断富集。在传代到第 3 代的时候,接种后几乎立即进入对数生长期,几乎没有延迟期。在第 3 代时,2 号水样在 2 号培养基中生长 6d 时(2-2),达到最大生长量(OD_{595}值约为 3.2)。

2. 产表面活性剂菌群的富集 (以原油为碳源)

将菌群继续接种于以延长油田原油为碳源的培养基中，30℃、150r/min 恒温培养，进行的筛选富集。定时取样，监测表面张力及 OD_{595} 值，结果见图6-9。

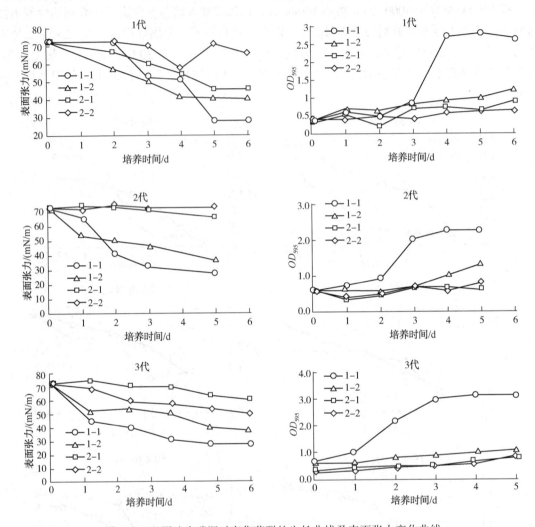

图6-9　以原油为碳源时富集菌群的生长曲线及表面张力变化曲线

结果表明，随着传代次数的增加，菌群的生长能力不断增强，延迟期不断缩短，从第一代的3d缩短为第二代的1d。2号培养基的菌群在培养6d的过程中，表面张力变化并不大，始终在50~70mN/m。而1号培养基更利于表面活性剂的生成，培养6d后，其表面张力均低于2号培养基。其中1-1样品的表面张力最低可达28mN/m。同时，其菌浓最高为3.0 (OD_{595})。将此样品用于后续单菌株的筛选。

3. 产鼠李糖脂表面活性剂单菌株的筛选

将上述3次传代驯化后的1-1培养液按梯度稀释一定的倍数，涂布于蓝色凝胶培养基，用于产鼠李糖脂表面活性剂菌株的筛选。部分平板见图6-10。

根据菌落的形态不同，筛选到不同的单菌株，形态描述见表6-8。

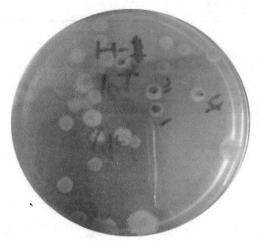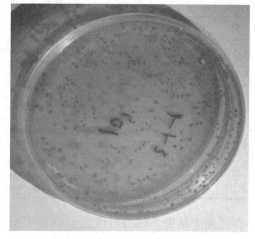

图 6-10　单菌株的分离平板

表 6-8　单菌株形态

序　号	选取菌种形态描述
1	蓝色光滑表面，中心颜色深
2	蓝色密集小菌落直径 0.5mm，颜色暗淡
3	中心深蓝，边缘浅蓝，菌落平均直径约 1.5mm，表面光滑
4	蓝色菌落，中心靛青，边缘圈白色，中心圈发黄
5	蓝色光滑表面，中心颜色深
6	蓝色密集小菌落，直径 0.5mm
7	蓝色菌落，中心靛青，边缘圈白色，中心圈发黄
8	中心深蓝，边缘浅蓝，表面光滑
9	黄色凸起，中心黑色呈发散状

　　最终从培养基中筛选到 7 株疑似铜绿假单胞菌单菌株，分别命名为 QK-1、QK-2、QK-3、QK-4、QK-5、QK-6 和 QK9，其中部分菌落的平板照片见图 6-11。菌落图片图 6-11 中可以明显看出，QK-1、QK-4、QK-6 平板的菌落个体大，且表面非常黏稠，可能是表面活性剂产量最高的菌株。

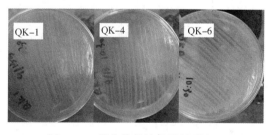

图 6-11　部分单菌株的平板形态

　　4. 产鼠李糖脂表面活性剂单菌株的分类鉴定

　　根据切胶回收的每个单菌的 16S rDNA 序列，并送至生工生物工程有限公司进行测序。根据测序得到的结果在 NCBI 数据库中进行 BLAST，其同源性大于 97% 时可确定到种，并将各菌株的 16S rDNA 序列提交至 GenBank 进行保存，保存号见表 6-9。

表 6-9 单菌株分类种属

序 号	菌 名	菌 属	GenBank 保存号
1	QK-1	Pseudomonas aeruginosa	MH746104
2	QK-2	Pseudomonas aeruginosa	MH746105
3	QK-3	Pseudomonas aeruginosa	MH746106
4	QK-4	Pseudomonas aeruginosa	MH746107
5	QK-5	Burkholderia cepacia	MH746108
6	QK-6	Pseudomonas aeruginosa	MH746109
7	QK-9	Achromobacter xylosoxidans	MH746110

根据测序结果，找出与该菌同属而不同种的若干菌的 DNA 序列，用 MEGA 绘制进化树，以确定相互之间的亲缘关系(图 6-12)。

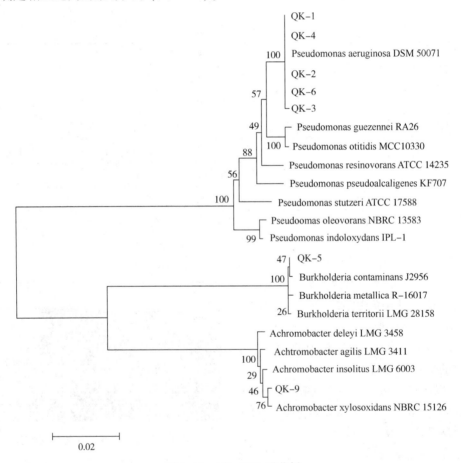

图 6-12 16S rDNA 进化树

综合表 6-9 和图 6-12 的结果可知，分离得到的 7 株单菌，都属于变形菌门(Proteobacteria)中的 β-变形菌纲(Betaproteobacteria)和 γ-变形菌纲(Gammaproteobacteria)的 2 个菌属。其中，5 株菌株(QK-1、QK-2、QK-3、QK-4 和 QK-6)属于铜绿假单胞菌(Pseudomonas aeruginosa)，是鼠李糖类表面活性剂的产生菌株，适于进行下一步研究。

5. 高产鼠李糖脂表面活性剂菌株的筛选

将上述鉴定为铜绿假单胞菌的 5 株菌株(QK-1、QK-2、QK-3、QK-4 和 QK-6)接种于以原油为碳源(5%)的无机盐培养基(120mL)中(图 6-13),于 30℃恒温 150r/min振荡培养。定期用无菌注射器取样(5mL)测定菌浓(OD_{595})及表面张力。

图 6-13　单菌以原油为碳源的摇瓶培养

1)菌株的生长情况

在全部的 5 株菌株中,QK-4 的长势最好,在培养初期就进入对数生长期,6d 时进入稳定期,之后 OD_{595} 一直维持在 0.85 左右。此外,QK-1 和 QK-6 的长势也稍好,其他单菌在 10d 培养过程中,菌浓变化的趋势都不大(图 6-14)。QK-1 菌株在培养 6d 左右才开始进入对数生长期,在 10d 时 OD_{595} 只有 0.6 左右。

2)产表面活性剂情况

表面张力的变化情况与菌浓相似,相比 QK-4,其他菌株的表面张力下降并不明显(图 6-15)。

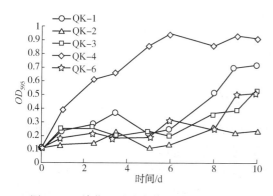

图 6-14　单菌以原油为碳源时的生长情况

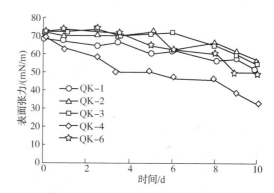

图 6-15　单菌以原油为碳源时的表面张力变化情况

QK-6 菌株在生长 6d 时,表面张力才开始明显下降,到 10d 左右表面张力降至 50mN/m。而 QK-4 在培养 1d 时,表面张力就开始下降,与其进入对数生长期的时间一致,之后表面张力开始逐渐下降,到 8d 左右表面张力降 45mN/m,而后在培养 10d 左右表面张力降至35mN/m,表明在其生长过程中合成表面活性剂的速度快,数量多。

综合以上结果,选用生长较快及表面活性剂产量较高的 QK-4 菌株作为后续基因改造的菌株。

6.5.3　产鼠李糖脂基因工程菌的构建

1. 试验方法

通过在菌株 QK-4 中引入携带强启动子 PoprL 启动的鼠李糖脂类生物表面活性剂编码基因 rhlAB 的表达质粒,来增加菌株中鼠李糖脂类生物表面活性剂编码基因的拷贝数和表达量,从而增加工程菌株鼠李糖脂类生物表面活性剂的产量,具体流程见图 6-16。

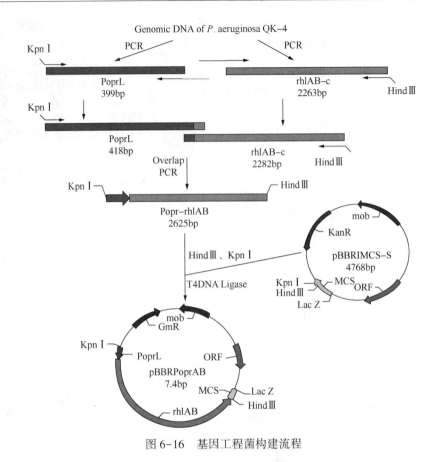

图 6-16　基因工程菌构建流程

（1）基因组 DNA 提取。利用细菌基因组 DNA 提取试剂盒，提取菌株 QK-4 的基因组 DNA，经 0.8% 的琼脂糖凝胶电泳检测后，置于 -20℃ 箱中保存备用。

（2）rhlAB 基因片段和启动子 PoprL 的 DNA 片段的 PCR 扩增纯化。利用 rhlAB-c1（5′端包含 19bp 的 PoprL DNA 片段的序列）和引物 rhlAB-c2（引入 HindⅢ 酶切位点），以菌株 QK-4 的基因组 DNA 为模板，PCR 扩增无启动子的 rhlAB 基因的全序列片段。PCR 反应体系如下：12.5μL 的 2×PCR Buffer，2μL 的浓度为 2.5mmol/L dNTPs，浓度为 10μmol/L 的 rhlAB-c1/rhlAB-c2 引物各 1μL，0.25μL 的 2.5U/μL PrimeSTAR© HS DNA 聚合酶，1μL 的 QK-4 基因组 DNA 作为模板，用 PCR 水补足体系至 25μL。PCR 扩增的反应条件如下：96℃ 预变性 3min；98℃ 变性 20s，60℃ 退火 15s，72℃ 延伸 150s，共 30 个循环；72℃ 延伸 10min；最后 10℃ 保温。经 1.0% 琼脂糖凝胶电泳检测后，利用 DNA 片段纯化试剂盒（TaKaRa MiniBEST DNA Fragment Purification Kit）对获得的 PCR 产物进行纯化，获得 rhlAB-c 基因片段。

以 Popr-1（引入 KpnI 酶切位点）和引物 Popr-2（5′端包含 18bp 的 rhlAB 基因序列）；以菌株 QK-4 的基因组 DNA 为模板，PCR 扩增包含启动子 PoprL 的 DNA 片段，命名为 PoprL。

（3）overlap PCR。利用引物 Popr-1 和引物 rhlAB-c2，以 PCR 产物 PoprL 和 PCR 产物 rhlAB-c 的混合物为模板，进行重叠 PCR（overlap PCR），获得的 PCR 产物，即为融合 DNA 片段 Popr-rhlAB。

（4）DNA 片段双酶切与纯化。利用限制性内切酶 KpnI 和 HindIII 对纯化后的 DNA 片段 Popr-rhlAB 和质粒 pBBR1MCS-5 进行双酶切处理；利用 DNA 片段纯化试剂盒分别对两个酶切产物进行纯化，置于-20℃冰箱中保存备用。

（5）DNA 片段的连接。将双酶切后的 Popr-rhlAB 基因片段与 pBBR1MCS-5 载体片段按照摩尔比例(2∶1)混合，在 T4 DNA 连接酶的催化下，在 4℃ 条件下连接 6h，构建包含 Popr-rhlAB 基因的重组质粒 pBBRPoprAB，连接体系如下：1.0μL 的 10×T4 Ligase Buffer，4μL 的 rhlAB 基因双酶切产物，3μL 的 pBBR1MCS-5 质粒双酶切产物，0.5μL 的 T4 DNA Ligase，灭菌 dH$_2$O 补足体系至 10μL。

（6）重组质粒 pBBRPoprAB 的构建。将(5)中的连接产物，利用 CaCl$_2$ 热激转化方法转化大肠杆菌 DH5α 的感受态细胞，取 120μL 的转化液涂布于含有 Gm 的 LB 培养基平板上，于 37℃静置培养 18h。挑取平板上的单菌落到 5mL 含 Gm 的 LB 液体培养基中，37℃、180r/min 条件下，振荡培养 16h，使用 pBBR1MCS-5 质粒上的 M13-47/RV-M 引物进行菌液 PCR，验证阳性克隆。测序正确，证明成功构建了重组质粒 pBBRPoprAB。采用高纯度质粒小提试剂盒(TaKaRa Mini BEST Plasmid Purification Kit)，从过夜(14h)培养物中，提取重组质粒 pBBRPoprAB。将重组质粒 pBBRPoprAB 利用氯化钙法 42℃热激转化到菌株 QK-4 的感受态细胞中，在含 Gm 的 LB 平板上，筛选阳性克隆，即基因工程菌 Pseudomonas aeruginosa QK4-P。通过质粒 pBBRPoprAB 在细胞内的扩增，实现 rhlAB 基因的启动子替换和拷贝数增加。

（7）菌株 QK-4 感受态细胞制备。从 LB 平板上挑取新活化的菌株 QK-4 的单菌落，接种于 5mL 的 LB 液体培养基中，在 37℃、180r/min 条件下振荡培养 14h 后，以 1∶100 的比例接种于 50mL 新鲜 LB 液体培养基中，在 37℃、180r/min 条件下振荡培养 2~3h 至 OD_{595} 为 0.5 左右。将 0.1mol/L 的 CaCl$_2$ 溶液置于冰上预冷，以下操作均在超净台内和冰上进行。将培养液转入已灭菌的 50mL 离心管中，冰上放置 20min；然后 4℃、3000r/min 离心 10min，弃上清；加入 10mL 预冷的 0.1mol/L 的 CaCl$_2$ 溶液，轻轻重悬细胞，冰上放置 20min；然后 4℃、3000r/min 离心 10min，弃上清；加入 1.75mL 预冷的 0.1mol/L 的 CaCl$_2$ 溶液和 0.75mL 预冷的 50%的甘油，轻轻地重悬细胞，冰上放置 2min，即为菌株 QK-4 的感受态细胞悬液。最后，将感受态细胞分装成 100μL/管，贮存于-80℃冰箱中备用。

（8）重组质粒 pBBRPoprAB 转化菌株 QK-4 的感受态细胞。取 8μL 的重组质粒 pBBRPoprAB 与 100μL 的菌株 QK-4 的感受态细胞，轻轻摇匀混合，冰上放置 30min；在 42℃ 水浴中，热激 4min 后，迅速于冰上冷却 3min；加入 890μL SOC 培养基，在 37℃、120r/min 条件下，复苏培养 1h。取 120μL 转化液涂布于含有 Gm 的 LB 培养基平板上，于 37℃培养箱中培养 48h。挑取单菌落到 5mL 含 Gm 的 LB 液体培养基中，在 37℃、180r/min 条件下振荡培养 16h，进行质粒提取，对提取的质粒以 M13-47/RV-M 引物进行 PCR 验证，若 PCR 产物片段大小为 2.7Kb(rhlAB 基因片段大小)，即为阳性克隆(表 6-10)。

表 6-10　基因工程菌构建所需引物

引　物	序　列	酶切位点
M13-47	5'-CGCCAGGGTTTTCCCAGTCACGAC-3'	
RV-M	5'-AGCGGATAACAATTTCACACAGGA-3'	
Popr-1	5'-GACTAGGTACCCTTCATCGGCAACTACAAC-3'	KpnI

引　物	序　列	酶切位点
Popr-2	5′-CAGACTTTCGCGCCGCATATGTAACTCCTAATGAACC-3′	
rhlAB-c1	5′-GGTTCATTAGGAGTTACATATGCGGCGCGAAAGTCTGTTG-3′	HindIII
rhlAB-c2	5′-ATAGCAAGCTTCAGGACGCAGCCTTCAGC-3′	
qAB-F	5′-TCAACGAGACCGTCGGCAAATACCT-3′	
qAB-R	5′-AATCCCGTACTTCTCGTGAGCGATG-3′	

2. 构建结果

铜绿假单胞菌中的 rhlAB 基因，两个基因共用一个启动子。先以 oprL(肽聚糖相关脂蛋白编码基因)的组成型强启动子 PoprL 替换 rhlAB 基因的原始启动子获得融合基因 Popr-rhlAB，增加融合基因 Popr-rhlAB 的拷贝数，提高鼠李糖脂的产量。

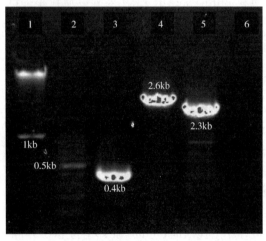

以菌株 QK-4 的基因组 DNA 为模板，分别 PCR 扩增了含启动子 PoprL 的 DNA 片段和 rhlAB 基因编码区片段；然后，通过 Overlap-PCR 扩增含有启动子 PoprL 和 rhlAB 基因编码区的融合片段 Popr-rhlAB；构建含融合基因 Popr-rhlAB 的重组质粒 pBBRPoprAB，转化到菌株 QK-4 的感受态细胞中，获得了基因工程菌 Pseudomonas aeruginosa QK4-P。并进行 PCR 验证。PCR 产物的电泳图见图 6-17。结果表明，基因工程菌 QK4-P 构建成功。

图 6-17　重组菌株的 PCR 产物电泳图

泳道 1 为 1kb marker；泳道 2 为 500bp marker；泳道 3 为以表 6-10 中的 Popr-1/Popr-2 为引物扩增后的 PCR 产物电泳结果；泳道 4 为以表 6-10 中的 M13-47/RV-M 引物(质粒 pBBR1MCS-5 多克隆位点两侧引物)扩增后的 PCR 产物电泳结果；泳道 5 是以表 6-10 rhlAB-c1/rhlAB-c2 为引物扩增后的 PCR 产物电泳结果；泳道 6 为不添加 DNA 模板的空白对照。

随后，采用 1 号分离培养基，测定了 QK-4 与 QK-4P 的 OD_{595} 值与表面张力大小。如图 6-18 和图 6-19 所示，QK-4P 在培养 1d 就进入对数生长期，6d 左右时进入稳定期，之后 OD_{595} 一直维持在 1.4 左右。表面张力的变化情况与菌浓相似，QK-4P 培养初始表面张力就开始下降，与其进入对数生长期的时间一致，之后表面张力开始逐渐下降，到 10d 左右表面张力降至 32mN/m，表明在其生长过程中合成表面活性剂的速度快，数量多。

3. 菌株生物表面活性代谢产物鼠李糖脂的提取、纯化及表征

1) 表面活性剂的薄层色谱(TLC)分析

以氯仿∶甲醇∶水(10∶4∶0.5，体积比)为展开剂，对菌株 QK4-P 的表面活性产物进行了薄层色谱(TLC)分析。薄层展开后，采用糖脂显色剂蒽酮硫酸溶液对菌株 QK4-P 合成的表面活性产物进行了初步判别分析。硅胶板上菌株 QK4-P 的表面活性物质，在蒽酮硫酸

显色剂作用下显示黄色，见图 6-20。结果表明菌株 QK4-P 产生的鼠李糖脂表面活性物质由单、双鼠李糖脂组成。

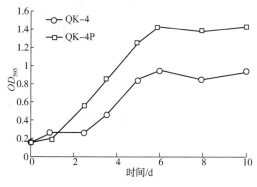

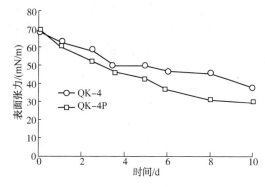

图 6-18　QK-4P 和 QK-4 单菌的生长情况　　图 6-19　QK-4P 和 QK-4 单菌的表面张力变化情况

2）鼠李糖脂生物表面活性剂的红外光谱

将冷冻干燥后的表面活性剂粉末与 KBr 混合压片后进行红外光谱分析，结果见图 6-21。

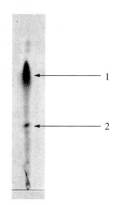

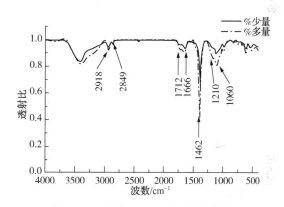

图 6-20　菌株 QK4-P 表面活性
产物的薄层色谱（TLC）分析
1—单鼠李糖脂；2—双鼠李糖脂

图 6-21　菌株 QK-4P 所产鼠李糖脂
表面活性剂的红外光谱

产自菌株 QK4-P 的表面活性剂红外光谱图（图 6-21）上的 2918cm^{-1} 和 2849cm^{-1} 的吸收峰是脂肪链中—CH$_2$ 和—CH$_3$ 基团 C—H 键的伸缩振动峰；1712cm^{-1} 处的伸缩振动峰表明存在酯羰基结构（C =O），是生物表面活性剂的典型特征峰；1462cm^{-1}、1210cm^{-1} 和 1060cm^{-1} 附近的强吸收峰是由糖环上的 C—H 键和 O—H 键伸缩振动产生的，与生物表面活性剂中多糖或多糖类物质的存在有关。由红外光谱分析结果推断，铜绿假单胞菌株 QK-4P 所产的表面活性剂属于糖脂类的生物表面活性剂。

6.5.4　鼠李糖脂生物表面活性剂性能研究

1. CMC 值

将冷冻干燥后的表面活性剂粉末配制成不同浓度的水溶液（使用超纯水配制），在 30℃、常压下测量水溶液的表面张力，并绘制表面活性剂浓度与表面张力的对应曲线（图 6-22）。

随着表面活性剂浓度的增加，表面张力逐渐下降。当浓度增加到80mg/L时，表面张力降至30mN/m。之后随着表面活性剂浓度的不断提高，表面张力不再有明显变化。即该生物表面活性剂可将水的表面张力降至30mN/m，且其临界胶束浓度（CMC）约为80mg/L，远低于其他化学表面活性剂，如十二烷基硫酸钠、十六烷基三甲基溴化铵的CMC值，表明该生物表面活性剂仅需较小的浓度就能让水溶液的表面张力降至较低的水平。

2. 表面活性剂的温度稳定性

将QK4-P发酵液于不同的温度下分别静置24h观察其降低表面张力能力的稳定性。结果表明低温环境对表面活性剂的影响并不显著，本实验中温度最高设定为80℃，因考虑到油藏的普遍温度一般低于80℃，在此温度下，发酵液的表面张力仍处于40mN/m以下，说明表面活性剂对温度的耐受性较好，见图6-23。

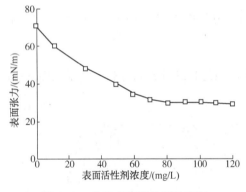

图6-22　生物表面活性剂浓度与
表面张力的关系图

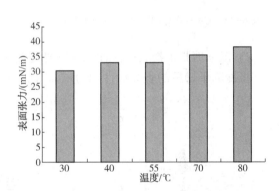

图6-23　温度对表面活性剂性能的影响

3. 表面活性剂的pH稳定性

测定QK4-P发酵液在pH值分别为1、2、3、4、6、7、7.5、8、9、10、11、12和13条件下的降低表面张力能力。结果表明pH对QK4-P解烃菌所产的表面活性剂影响较大，偏酸或偏碱环境都使其降解表面张力的能力下降20%以上，见图6-24。

4. NaCl浓度对表面活性剂稳定性的影响

将QK4-P发酵液离心后取上清，分别加入不同量的NaCl，配制成一定浓度的溶液（0~15g/L），30℃分别放置24h、48h后测试溶液的表面张力，见图2-23。在NaCl浓度低于10g/L的时候，表面张力值波动幅度较小。而当NaCl浓度达到15g/L的时候，虽然表面张力有所上升，但仍低于40mN/m以下。说明菌株QK4-P可以耐受较高的盐浓度而不致失活，见图6-25。油藏是一个高矿化度的环境，对盐度有一定耐受能力的生物表面活性剂在驱油过程中会起到重要作用。

5. 乳化性

将表面活性剂溶液（0.1%）与原油混合后可将原油乳化，结果见图6-26。二者可形成W/O和O/W混合乳状液，且以O/W为主，从图中可看出所形成的乳液不沾壁，这样减少了原油运移阻力；同时所形成大小不一的油滴，在运移过程中会形成一定程度的孔喉架桥封堵，起到了调剖堵水的功能。

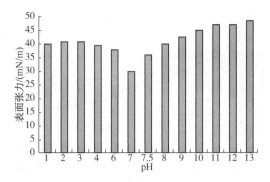

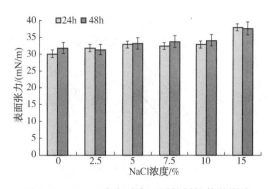

图 6-24　pH 对表面活性剂性能的影响　　　　图 6-25　NaCl 浓度对表面活性剂性能的影响

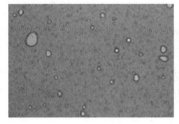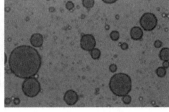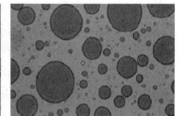

图 6-26　表面活性剂溶液的乳化性

6.6　产鼠李糖脂生物表面活性剂目标菌株产脂性能的优化

6.6.1　目标菌株的优化

1. 产鼠李糖脂表面活性剂菌株的 1 次驯化

从平板分别挑取 QK-4 及其 rhlAB 基因的启动子替换和拷贝数增加的菌株 QK-4P，共计 8 株单菌，接种于 5mL 液体 LB 培养基中于 30℃过夜振荡培养至对数生长期。以此为种子液，按照 5%的接种量接种至以原油为碳源（5%）的 2 号分离培养基（120mL）中（图 6-27），于 30℃恒温 150r/min 振荡培养。定期用无菌注射器取样（5mL）测定菌浓（OD_{595}）及表面张力。

1）菌株的生长情况

QK-4P 在培养 1d 就进入对数生长期，6d 时进入稳定期，之后 OD_{595} 一直维持在 1.4 左右。与野生型的 QK-4 相比，rhlAB 基因拷贝数增加的菌株 QK-4P 利用原油的能力更强，生长更旺盛（图 6-28）。

图 6-27　单菌在以原油
为碳源的摇瓶培养

2）产表面活性剂情况

表面张力的变化情况与菌浓相似，QK-4P 在培养初期，表面张力就开始下降，与其进入对数生长期的时间一致，之后表面张力开始逐渐下降，到 8d 左右表面张力降至 30mN/m，表明在其生长过程中合成表面活性剂的速度快，数量多（图 6-29）。

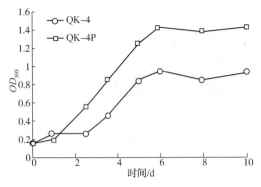

图 6-28　单菌在以原油为碳源时的生长情况　　　图 6-29　单菌在以原油为碳源时的表面张力变化情况

2. 产表面活性剂菌株的 2 次驯化

对 QK-4 和 QK-4P 这 2 株单菌进行 2 次驯化。分别接种于 5mL 液体 LB 培养基中于 30℃过夜振荡培养至对数生长期。以此为种子液，按照 5% 的接种量接种至以原油为碳源（5%）的 1 号分离培养基（120mL）中，于 30℃恒温 150r/min 振荡培养。定期用无菌注射器取样（5mL）测定菌浓（OD_{595}）及表面张力（图 6-30、图 6-31）。

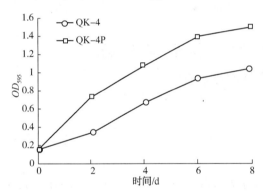

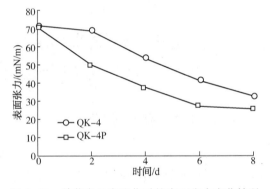

图 6-30　单菌在 2 次驯化时的生长情况　　　图 6-31　单菌在 2 次驯化时的表面张力变化情况

跟第一代的驯化相比，第二代的菌株在生长情况及产表面活性剂能力方面都有了很大的提升。以 QK-4P 为例，第二代菌株在培养 6d 时就已经进入了稳定期，且 OD 值稳定在 1.5 左右。生长速率及最终的菌体量都高于第一代菌株。在产表面活性剂性能方面，QK-4P 的培养液表面张力一直在下降，甚至在菌体进入稳定期后，仍在合成表面活性剂，到 8d 表面张力降至 26mN/m 左右。

3. 产表面活性剂菌株的 3 次驯化

根据菌株的 2 次驯化结果，进一步对 QK-4 和 QK-4P 进行第 3 次的驯化，且分别检测其在以原油和菜油分别为碳源时，菌体的生长及表面张力的变化情况。分别接种于 5mL 液体 LB 培养基中于 30℃过夜振荡培养至对数生长期。以此为种子液，按照 5% 的接种量接种至以原油为碳源（5%）的 1 号分离培养基（120mL）中，于 30℃恒温 150r/min 振荡培养。定期用无菌注射器取样（5mL）测定菌浓（OD_{595}）及表面张力（图 6-32、图 6-33）。

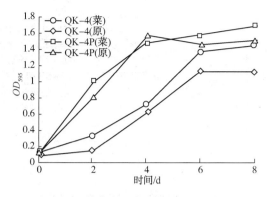
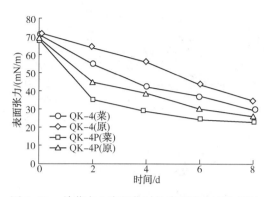

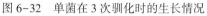

图 6-32　单菌在 3 次驯化时的生长情况　　图 6-33　单菌在 3 次驯化时的表面张力变化情况

跟第二代的驯化相比，第三代的菌株在以原油为碳源时的生长情况及产表面活性剂能力方面都有了很大的提升。以 QK-4P 为例，第 3 代菌株在培养 4d 时就已经进入了稳定期，且 OD 值稳定在 1.5 左右。生长速率快于第一代和第二代菌株。在产表面活性剂性能方面，QK-4P 的培养液表面张力一直在下降，甚至在菌体进入稳定期后，仍在合成表面活性剂，到 4d 表面张力已降至 26mN/m 左右。野生型的 QK-4，其生长情况及产表面活性剂能力也比自身前一代提高许多。

而且，相比于以原油为碳源，所有菌株在以菜油为碳源时，生长情况及产表面活性剂的能力都有很大的提升。在以菜油为碳源时，QK-4P 在培养 4d 时 OD 值可达 1.7 左右，最终表面张力降至 23mN/m 左右。

综上所述，经过 3 代不断的驯化后，其中基因工程菌株 QK-4P 在以菜油为碳源时，经 4d 进入稳定期，最终 8d 时 OD 值达到 1.7 左右，而其表面张力在培养过程中一直下降到 25mN/m 左右，表明其一直在生成表面活性剂。因此，将 3 代驯化后的 QK-4P 进行保藏，将其作为后续研究的菌株，对其产表面活性剂的发酵培养基和发酵条件(碳源、氮源、培养温度、pH 等)进行优化。

6.6.2　目标菌株培养基配方优化

由于生物表面活性剂是次生代谢产物，因此微生物的生长状态会影响到生物表面活性剂的合成。了解微生物的生长特性是掌握生物表面活性剂合成规律的前提。

1. 不同碳源对生物表面活性剂合成的影响

碳源提供细胞生长繁殖所需要的能量，为细胞和代谢产物提供物质基础。由图 6-34 可知，5 种不同碳源对 QK-4P 发酵液表面张力的影响不同，随着碳源浓度的升高，发酵液表面张力呈不同的变化规律，其中在培养基中添加菜油，发酵液表面张力处于最低水平，因此，选择 20g/L 的菜油为最佳碳源。

2. 不同氮源对生物表面活性剂合成的影响

氮源提供了合成原生质体和细胞其他结构的原料，对微生物的生长发育和生物表面活性剂的合成起到重要作用。不同氮源对生物表面活性剂产生菌的生长和表面活性剂的合成产生了较大影响。由图 6-35 可知，在不同氮源的选择中，发酵培养基中添加不同浓度 $NaNO_3$ 时，发酵液表面张力处于较低水平，因此，选择 5g/L 的 $NaNO_3$ 为最佳氮源。

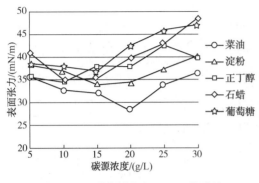

图 6-34　不同碳源对 QK-4P 发酵液
表面张力的影响

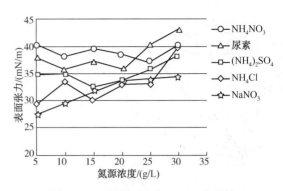

图 6-35　不同氮源对 QK-4P 发酵液
表面张力的影响

3. 响应面法优化培养基配方

研究了碳源（菜油）、氮源（$NaNO_3$）以及磷源（磷酸盐缓冲体系，等量 K_2HPO_4 和 KH_2PO_4）的用量对菌株 QK-4P 产表面活性剂的影响。利用中心组合设计（CCD）方法对于筛选出的显著因子进行培养基配方的响应面优化实验，实验设计与相应的表面活性剂产量（表 6-11）。利用软件 Design-Expert 8.0.6 进行实验设计，并对得到的数据进行统计学分析。所得回归方程如下：

$$表面活性剂产量 = 40.97 + 1.44 \times A + 6.09 \times B + 1.35 \times C - 2.56 \times A \times B + 0.67 \times A \times C +$$
$$0.48 \times B \times C - 4.89 \times A_2 - 5.31 \times B_2 - 3.53 \times C_2$$

其中，A 菜油，B $NaNO_3$、C 磷酸盐。得到培养基中菜油、$NaNO_3$ 和磷酸盐的优化值分别为 20.05g/L、5.29g/L 和 3.54g/L（3.54g/L 的 K_2HPO_4 与 4.42g/L 的 $KH_2PO_4 \cdot 3H_2O$），菌株 QK-4P 经此优化培养基培养后的表面活性剂产量预测值为 42.91g/L（表 6-11）。

表 6-11　中心组合设计及各优化条件的响应值

实验序号	菜油/（g/L）	$NaNO_3$/（g/L）	磷酸盐/（g/L）	表面活性剂产量/（g/L）
1	20	5	3.4+3.4	38.60
2	20	5.75	3.4+3.4	31.80
3	25	4.5	4+4	28.53
4	20	5	2.5+2.5	26.73
5	15	5.5	2.8+2.8	31.80
6	20	5	3.4+3.4	41.19
7	20	5	3.4+3.4	42.27
8	20	5	3.4+3.4	41.19
9	25	5.5	4+4	32.14
10	15	4.5	2.8+2.8	19.87
11	20	5	3.4+3.4	38.00
12	15	5.5	4+4	35.00
13	12.5	5	3.4+3.4	30.00

实验序号	菜油/(g/L)	NaNO$_3$/(g/L)	磷酸盐/(g/L)	表面活性剂产量/(g/L)
14	15	4.5	4+4	13.27
15	20	5	3.4+3.4	40.07
16	20	5	4.3+4.3	38.67
17	25	5.5	2.8+2.8	33.94
18	20	4.25	3.4+3.4	18.80
19	25	4.5	2.8+2.8	24.60
20	27.5	5	3.4+3.4	29.27

回归方差模型的方差分析结果如下，回归模型的 F 值为 333.25，相应的 P 值小于 0.01，表明此次响应面法培养基配方优化的回归模型是可信的。A 菜油，B NaNO$_3$、C 磷酸盐、AC、BC、A^2、B^2 和 C^2 均为模型的显著因素。模型的失拟不显著，即回归模型对实际情况拟合较好，可用来进行菌株 QK-4P 在不同条件下表面张力变化的预测分析（表 6-12）。

表 6-12　回归模型的方差分析

因　素	平方和 SS	自由度 DF	均方 MS	F 值	P 值
Model	4456.19	12	371.35	333.25	<0.0001
B-NaNO$_3$	340.34	1	340.34	305.43	<0.0001
C-磷酸盐	96.05	1	96.05	86.20	<0.0001
AB	460.26	1	460.26	413.04	<0.0001
AC	122.77	1	122.77	110.18	<0.0001
BC	76.88	1	76.88	68.99	<0.0001
A^2	274.98	1	274.98	246.77	<0.0001
B^2	977.00	1	977.00	876.77	<0.0001
C^2	167.92	1	167.92	150.69	<0.0001
ABC	222.60	1	222.60	199.77	<0.0001
A^{2}B	33.75	1	33.75	30.29	0.0009
A^{2}C	155.69	1	155.69	139.72	<0.0001
AB^2	440.15	1	440.15	395.00	<0.0001
Residual	7.80	7	1.11		
Lack of Fit	1.36	2	0.68	0.53	0.6189$_{\text{not significant}}$
Pure Error	6.44	5	1.29		
Cor Total	4463.99	19			

为直观反映各因素及交互作用对响应面的影响，通过 Design-Expert 8.0.6 软件，作出的响应曲面图，见图 6-36。因子 A 菜油和 B NaNO$_3$、A 菜油和 C 磷酸盐、B NaNO$_3$ 和 C 磷酸盐的交互作用显著（$P<0.05$），其等高线均呈椭圆形。在响应曲面图上，可见拟合面具有真实的最大值，即曲面最高点。

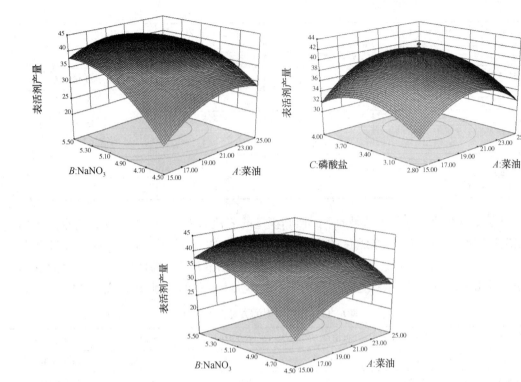

图 6-36　中心组合设计等高线图

优化后的培养基配方经 CCD 设计的菜油、$NaNO_3$ 和磷酸盐的最佳用量为 20.05g/L、5.29g/L 和 3.54g/L。终获得的优化后培养基为：菜油 20.05g/L，$NaNO_3$ 5.29g/L，KH_2PO_4 3.54g/L，$K_2HPO_4 \cdot 3H_2O$ 4.42g/L，$MgSO_4 \cdot 7H_2O$ 0.40g/L，KCl 1.0g/L，NaCl 1.0g/L，酵母粉 5.0g/L。

利用优化后的培养基，菌株 QK-4P 的鼠李糖脂产量为 43.24g/L。实际产量值与预测值（42.91g/L）相近，说明此次响应面法培养基配方优化实验成功。与优化前培养基的鼠李糖脂产量（38g/L）相比，菌株 QK-4P 的鼠李糖脂产量提高了 13.79%。

6.6.3　目标菌株培养条件优化

1. 初始 pH 对生物表面活性剂合成的影响

微生物在过酸和过碱的条件下生长状况都不佳，一般认为，初始 pH 值控制在 6.5~8.5 范围内有利于生物表面活性剂的合成。由图 6-37 可知，当初始 pH 为 7.0 时，发酵液表面张力最小，因此，选择最佳 pH 为 7.0。

2. 发酵温度对生物表面活性剂合成的影响

温度也是影响微生物产表面活性剂的重要影响因素之一，微生物的生长和生物表面活性剂的合成是在各种酶催化下进行的，而温度是保证酶活力的首要条件。温度除了影响发酵过程中各种反应速率外，还通过改变发酵液的物理性质，间接影响菌体的生物合成。由图 6-38 可知，随着发酵温度的升高，发酵液表面张力先降低后升高，当发酵温度为 30℃，发酵液表面张力最小，因此，选择最佳发酵温度为 30℃。

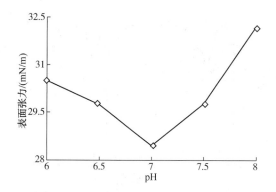

图 6-37　不同初始 pH 对 QK-4P 发酵液
表面张力的影响

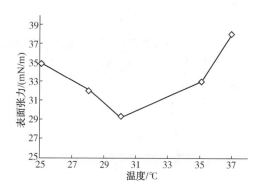

图 6-38　不同发酵温度对 QK-4P 发酵液
表面张力的影响

6.6.4　菌种发酵液中鼠李糖脂生物表面活性剂的提取与纯化方法的优化

表面活性剂的提取方法如实验方法中所示，共采取 4 中不同的方法尝试提取发酵液中的表面活性剂，不同方法间的区别主要在于，是否采用 NaOH 进行预处理，萃取剂采用乙酸乙酯、二氯甲烷还是甲醇/水。不同提取方法所得的表面活性剂的产量见图 6-39。不同的提取方法所得的表面活性剂产量不同，其中，方法一和方法四所得的表面活性剂产量较高，经硫酸蒽酮比色法测定后均分别超过 38.1g/L 和 41.8g/L。而方法二和方法三所得的回收率相对较低。可能是在提取的过程中，提取方法导致表面活性剂的损失较高。

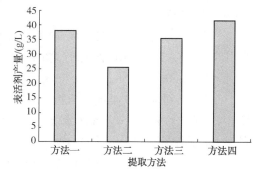

图 6-39　不同提取方法对
表面活性剂产量的影响

为了进一步确认不同的提取方法对所得表面活性剂的纯度的影响，我们进一步对 4 种不同提取方法所得的表面活性剂的成分进行了红外光谱分析（图 6-40）。从图中我们可以看出，不同的提取方法所得表面活性剂的红外光谱都有细微的差距，其中方法一所得的表面活性剂的红外光谱杂峰较多，且响应较高，表明该方法所得的表面活性剂中杂质较多。

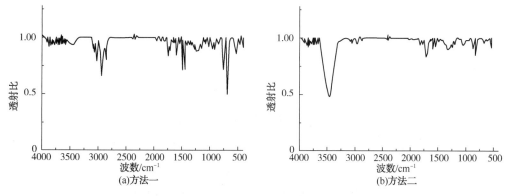

图 6-40　不同提取方法所得表面活性剂的红外光谱

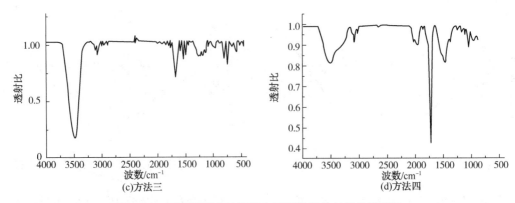

图 6-40 不同提取方法所得表面活性剂的红外光谱(续)

综上所述，我们最终选择方法四作为最终提取基因工程菌株 QK-4P 表面活性剂的方法。

6.6.5 鼠李糖脂生物表面活性剂成分的鉴定

为了确定菌株 QK-4P 所产鼠李糖脂类生物表面活性剂的具体组成，我们使用 HPLC-MS 对产物进行了分析。

图 6-41 为菌株 QK-4P 所产鼠李糖脂 HPLC-MS 分析的总离子流图。参考已发表文献，推测出菌株 QK-4P 的鼠李糖脂产物主要有 5 类同系物，见图 2-41 中液相色谱图出峰时间分别为 25.5min、27.5min、30.5min、31.5min、32min 的色谱峰，分别编号为 1~5。解析这 5 个色谱峰所对应的 5 类鼠李糖脂同系物，各同系物的百分比相对丰度采用面积归一化法计算得来。所检测到的 5 个鼠李糖脂色谱峰的保留时间、特征质谱信号 m/z、相应的鼠李糖脂同系物和其相对丰度，见表 2-13。

表 6-13 结果显示，该提取物中主要含有 5 种鼠李糖脂同系物，由 1~2 个鼠李糖分子和 2 个含 β 羟基碳链长度为 8~12 的脂肪酸分子组成，包括 2 种单鼠李糖脂和 3 种双鼠李糖脂。质谱分析结果显示，其主要成分是 m/z 分别为 475 和 621 的单鼠李糖脂 Rha-C_8-C_{10} 和双鼠李糖脂 Rha-Rha-C_8-C_{10}，质量分数分别占总检出物质量的 58.6% 和 13.34%。

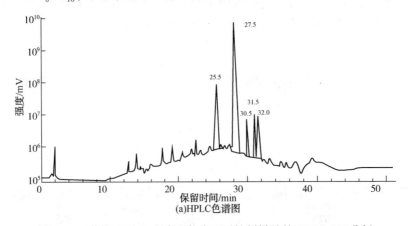

图 6-41 菌株 QK-4P 所产生物表面活性剂样品的 HPLC-MS 分析

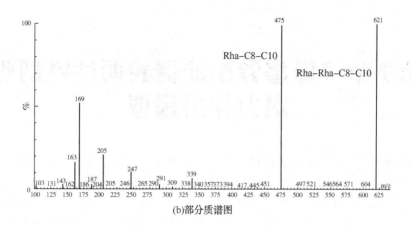

(b)部分质谱图

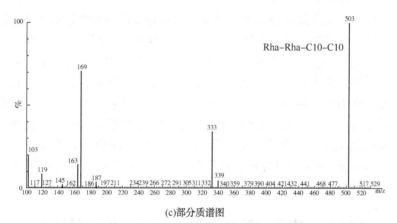

(c)部分质谱图

图 6-41　菌株 QK-4P 所产生物表面活性剂样品的 HPLC-MS 分析(续)

表 6-13　菌株 QK-4P 所产鼠李糖脂同系物组成及相对含量

峰编号	保留时间/min	质谱信号(m/z)	鼠李糖脂同系物/(g/L)	相对含量/%
1	25.5	621.5	Rha-Rha-C_8-C_{10}	13.34
2	27.5	475.8	Rha-C_8-C_{10}	58.60
3	30.5	675.6	Rha-Rha-C_{10}-C_{12-1}	7.1
4	31.5	503.6	Rha-C_{10}-C_{10}	8.73
5	32.0	677.7	Rha-Rha-C_{10}-C_{12}	7.80

　　鼠李糖脂的亲水基团由 1 个或 2 个分子的鼠李糖环构成，疏水基团则由 1 个或 2 个分子具有不同碳链长度的饱和或不饱和脂肪酸构成。菌株 QK-4P 所产鼠李糖脂类生物表面活性剂中单鼠李糖脂的含量超过 65%，双鼠李糖脂的相对含量约为 28%。

第7章 低渗致密油藏表面活性剂驱潜力评价模型

对于低渗透储层，低浓度的表面活性剂能够有效注入从而使注入压力降低，驱油效率提高。但目前量化表征低渗透油藏表面活性剂驱油机理、评价表面活性剂驱潜力的难度大，国内外的报道少，传统的评价方法建立在组分模型、黑油模型、流线模型或分流模型基础上，组分模型或黑油模型需事先搜集大量的基础数据，计算时间长，不适于快速预测实施表面活性剂驱不易被油田现场工程师快速掌握；流线模型或分流模型所需数据量小，但描述渗流过程过于简化，降低了计算结果的可靠性，且特低渗透油藏启动压力梯度、应力敏感、非均质性等特征在这些评价方法中均未考虑。本章在贝克莱−列维尔特驱油计算理论基础上，考虑了特低渗油藏渗流特征和表面活性剂吸附、界面张力效应等因素，建立了特低渗油藏表面活性剂驱提高采收率潜力评价模型，同时为了提高数值计算的收敛性，参考分流模型的处理方法，将二维平面驱替计算转化为一维的驱替计算，修正了特低渗透油藏表面活性剂驱提高采收率评价模型，在此基础上，开发了潜力评价软件，实现了表面活性剂驱注采参数（开发方式、注入速度、注入量、井网等）分析，及开发方案设计和优化，同时利用该模型对延长油田表面活性剂驱进行综合评价。

7.1 表面活性剂驱潜力评价模型

7.1.1 表面活性剂驱潜力评价基础模型

本书通过流管模拟，利用贝克莱−列维尔特驱油计算理论将二维平面驱替计算转化为一维的驱替计算，从而获得高效、相对准确的渗流计算模型[143−152]。

1. 模型的假设条件

①不可压缩孔隙介质。②渗透率各向异性。③流体不可压缩。④稳态流。⑤多层情况下，存在层间非均质性。⑥忽略重力和毛管力的影响。

2. 分流量方程

$$f_i = \frac{Q_i}{Q_t} = \frac{\lambda_{ri}}{\lambda_{rt}} \tag{7-1}$$

式中 f_i——i 相的分流量，小数；

Q_i——i 相的流量 m^3/s；

Q_t——总流量，m^3/s。

λ_{ri} 为 i 相的相对分流量，计算公式为：

$$\lambda_{ri} = \frac{K_{ri}}{\mu_i} \tag{7-2}$$

式中　K_{ri}——i 相相对渗透率，小数；

μ_i——i 相黏度，mPa·s。

λ_{rt} 为总相对分流量，计算公式为：

$$\lambda_{rt} = \sum_{i=1}^{N} \frac{K_{ri}}{\mu_i} \tag{7-3}$$

式中　K_{ri}——i 相相对渗透率，小数；

μ_i——i 相黏度，mPa·s；

N——通过渗流截面的相数，整数。

3. 贝克莱-列维尔特方程

简化的贝克莱-列维尔特方程为：

$$\frac{\partial S_w}{\partial t_D} + \frac{\partial F_w}{\partial x_D} = 0 \tag{7-4}$$

式中　S_w——含水饱和度，小数；

t_D——无因次时间，无量纲；

F_w——水相分流量，小数；

x_D——无因次距离，无量纲。

其中，无因次距离 x_D 计算式为：

$$x_D(s) = \frac{1}{PV} \int_0^s \phi(s') A(s') \, \mathrm{d}s' \tag{7-5}$$

式中　x_D——无因次距离，无量纲；

PV——流管孔隙体积，m³；

ϕ——孔隙度，小数；

A——渗流面积，m²；

S——渗流距离，m。

无因次时间 t_D 的计算式为：

$$t_D(t) = \frac{1}{PV} \int_0^t \Delta Q_t(t') \, \mathrm{d}t' \tag{7-6}$$

式中　t_D——无因次时间，无量纲；

t——渗流时间，s；

ΔQ_t——0 到 t 时间累积总流量，m³/s；

PV——流管孔隙体积，m³。

其中，$PV = \int_0^L \phi(s') A(s') \, \mathrm{d}s'$ 是流管的孔隙体积。

7.1.2　表面活性剂驱潜力评价渗流模型的求解

1. 渗流模型的边界条件和初始条件

根据假设条件模型为间稳态流，只考虑边界条件，并且为封闭边界。因此内边界条件为：

$$r \frac{\partial P}{\partial r}\bigg|_{r=r_w} = \frac{Q\mu}{2\pi Kh} \quad (t>0) \tag{7-7}$$

式中　r_w——井筒半径，m；

　　　Q——流量，m^3/s；

　　　K——储层渗透率，μm^2；

　　　h——储层厚度，m；

　　　P——地层压力，MPa；

　　　r——距井筒半径距离，m；

　　　μ——流体黏度，$mPa \cdot s$。

外边界条件：

$$\frac{\partial P}{\partial r}\bigg|_{r=r_e} = 0 \quad (t>0) \tag{7-8}$$

式中　r_e——井筒与外边界距离，m。

2. 镜像井生成

实际生产中，注入井和生产井是在有界区域注采的。要获得面积井网内的压力或者势的分布场，需要用到镜像井把边界附近井的问题转化为无限地层多井同时作用的问题，然后用势的叠加原理进行压力场或势场的求取。

常规井网的镜像井，可以通过镜像反映法进行镜像井的求取，然而为达到评价的一般性，需要将镜像井的求取扩展到不规则边界的井网中。J. L. LeBlanc 曾提出将不规则边界等效为一些小的直线段，再用试差法求取镜像井的位置和流量，但是此种方法耗时长，而且可能获得无效的结果。针对油藏边界不规则时求解镜像井将变得极为复杂，1972 年 Lin, Jer-Kuan 给出另外一种计算不规则边界井网压力场或势场的方法，该方法能简便有效地用一定数量的镜像井来表示任意边界形状的影响。

1）各向同性系统中的镜像井计算

考虑在一个任意边界形状的井场内有一组井。在固定的封闭边界，边界处的流体的渗流速度为零，表示为：

$$\nu_n = -\frac{K}{\phi\mu}\frac{\partial \Phi}{\partial n} \tag{7-9}$$

也就是说边界法向势的梯度为零。

$$\frac{\partial \Phi}{\partial n} = 0 \tag{7-10}$$

式中　ν_n——边界处任意点速度，m/s；

　　　K——储层渗透率，μm^2；

　　　μ——流体黏度，$mPa \cdot s$；

　　　ϕ——孔隙度，小数；

　　　Φ——边界任意一点的势，m^2/s；

　　　n——边界任意点法线方向。

图 7-1 中给出不规则边界油藏，油藏内有几口系统井，封闭边界外为给定的镜像井，在靠近边界处有一对测试点 A 和 B，两个测试点连线中点在边界上，并且连线在交点的法向

上。可以将式(7-10)近似表示为：

$$(\Phi_A - \Phi_B)/AB = 0 \qquad (7\text{-}11)$$

或为：

$$\Phi_A = \Phi_B \qquad (7\text{-}12)$$

式中　AB——A 和 B 两点之间线段长度，m；

　　　Φ_A——A 位置的势，m^2/s；

　　　Φ_B——B 位置的势，m^2/s。

系统井的位置用坐标(XS_i, YS_i)，$i=1, \cdots,$ k，表示，流量用 QS_i，$i=1, \cdots, k$，表示。设有 n 口镜像井在封闭边界的外面，坐标为$(XI_i,$ $YI_i)$，$i=1, \cdots, n$。镜像井的流量用 QI_i，$i=1,$

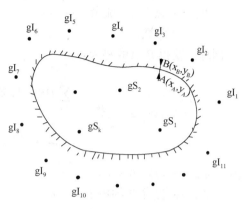

图 7-1　不规则封闭边界区块镜像井分布图

$\cdots, n$ 表示。镜像井的流量值是未知的。通过不可压缩流体在均质各向同性油藏的稳定渗流势公式，以及使用势的叠加原理。

$$\Phi(x, y) = -\frac{\mu}{4\pi Kh}\sum_{i=1}^{n}Q_i\ln\left[(x-x_i)^2 + (y-y_i)^2\right] + C \qquad (7\text{-}13)$$

式中　$\Phi(x, y)$——位置坐标点(x, y)处的势，m^2/s；

　　　K——储层渗透率，μm^2；

　　　μ——流体黏度，$mPa \cdot s$；

　　　h——储层厚度，m；

　　　x——位置点的横坐标数值，m；

　　　y——位置点的纵坐标数值，m；

　　　x_i——位置点 i 的横坐标数值，m；

　　　y_i——位置点 i 的纵坐标数值，m；

　　　Q_i——位置点 i 的流量，m^3/s；

　　　C——常数。

可以得到 A 点的势为：

$$\Phi_A = -\frac{\mu}{4\pi Kh}\left(\begin{array}{l}\sum_{i=1}^{k}QS_i\ln\left[(X_A - XS_i)^2 + (Y_A - YS_i)^2\right] \\ + \sum_{i=1}^{n}QI_i\ln\left[(X_A - XI_i)^2 + (Y_A - YI_i)^2\right]\end{array}\right) + C \qquad (7\text{-}14)$$

式中　Φ_A——位置 A 处的势，m^2/s；

　　　X_A——位置 A 的横坐标，m；

　　　Y_A——位置 A 的纵坐标，m；

　　　XS_i——系统井 i 的横坐标，m；

　　　YS_i——系统井 i 的纵坐标，m；

　　　XI_i——镜像井 i 的横坐标，m；

　　　YI_i——镜像井 i 的纵坐标，m；

　　　QS_i——系统井 i 流量，m^3/s；

IS_i——镜像井 i 流量，m^3/s；

C——常数。

同理，获得 B 点的势为：

$$\Phi_B = -\frac{\mu}{4\pi Kh}\left(\begin{array}{c} \sum\limits_{i=1}^{k} QS_i \ln[(X_B - XS_i)^2 + (Y_B - YS_i)^2] \\ + \sum\limits_{i=1}^{n} QI_i \ln[(X_B - XI_i)^2 + (Y_B - YI_i)^2] \end{array}\right) + C \qquad (7-15)$$

式中　Φ_B——位置 B 处的势，m^2/s；

X_B——位置 B 的横坐标，m；

Y_B——位置 B 的纵坐标，m；

XS_i——系统井 i 的横坐标，m；

YS_i——系统井 i 的纵坐标，m；

XI_i——镜像井 i 的横坐标，m；

YI_i——镜像井 i 的纵坐标，m；

QS_i——系统井 i 流量，m^3/s；

IS_i——镜像井 i 流量，m^3/s；

C——常数。

由式(7-12)可得：

$$\begin{aligned} &\sum_{i=1}^{n} QI_i \ln \frac{(X_A - XI_i)^2 + (Y_A - YI_i)^2}{(X_B - XI_i)^2 + (Y_B - YI_i)^2} \\ &= \sum_{i=1}^{k} QS_i \ln \frac{(X_B - XS_i)^2 + (Y_B - YS_i)^2}{(X_A - XS_i)^2 + (Y_A - YS_i)^2} \end{aligned} \qquad (7-16)$$

在式(7-16)中，镜像井和系统井的井位是已知的，测试点的坐标也是已知，而系统井的流量亦是已知的，所以只有镜像井的流量 QI_i，…，$i=1$，n，是待求量。

一对测试点有 n 个未知数，如果选定 n 对测试点，将得到 n 个含有 n 个变量的方程，将其联立成组即可求得 n 口镜像井的流量值。通过高斯约当消元法可以求解此方程组。然而，为了避免线性相关性导致无法求解，可以选择 $2n$ 对测试点建立方程组。这里采用最小二乘法进行方程组的求解。

有时边界为曲线，设定测试点较为困难，可以通过下面方法进行处理。先在曲线上取 m 个点，在曲率较大的地方点相对密，在曲率小的地方点稀。在图 7-2 中给出的 $P(x_i, y_i)$ 和 $Q(x_{i+1}, y_{i+1})$ 相邻的两个点之间的距离为：

$$ds = \sqrt{(x_{i+1} - x_i)^2 + (y_{i+1} - y_i)^2} \qquad (7-17)$$

式中　ds——$P(x_i, y_i)$ 和 $Q(x_{i+1}, y_{i+1})$ 两点之间的距离，m；

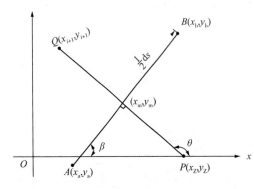

图 7-2　近似曲线的直线段计算图

x_{i+1}——位置 Q 的横坐标，m；

y_{i+1}——位置 Q 的纵坐标，m；

　x_i——位置 P 的横坐标，m；

　y_i——位置 P 的纵坐标，m。

PQ 直线段与 x 轴正向夹角为 θ，计算公式为：

$$\theta = \arctan \frac{y_{i+1}-y_i}{x_{i+1}-x_i} \tag{7-18}$$

直线段中点坐标 (x_m, y_m) 为：

$$x_m = \frac{1}{2}(x_{i+1}+x_i) \tag{7-19}$$

$$y_m = \frac{1}{2}(y_{i+1}+y_i) \tag{7-20}$$

进而可以计算处与 PQ 直线段垂直的倾角 β，

$$\beta = \theta - \frac{\pi}{2} = \arctan \frac{y_{i+1}-y_i}{x_{i+1}-x_i} - \frac{\pi}{2} \tag{7-21}$$

如果设测试点 A 和 B 到直线段的距离为 ds 的一半，则两点的坐标为：

$$x_a = x_m + \frac{ds}{2} \cdot \cos(\beta+\pi) \tag{7-22}$$

$$y_a = y_m + \frac{ds}{2} \cdot \sin(\beta+\pi) \tag{7-23}$$

$$x_b = x_m + \frac{ds}{2} \cdot \cos\beta \tag{7-24}$$

$$y_b = y_m + \frac{ds}{2} \cdot \sin\beta \tag{7-25}$$

式中　x_a——位置 A 的横坐标，m；

　　　y_a——位置 A 的纵坐标，m；

　　　x_b——位置 B 的横坐标，m；

　　　y_b——位置 B 的纵坐标，m；

　　　x_m——P、Q 两点中点位置的横坐标，m；

　　　y_m——P、Q 两点中点位置的纵坐标，m。

2）各向异性系统中的镜像井计算

自然界孔隙介质中渗透率的各向异性是普遍存在的。Mortada，M. 和 Landrum，B. L. O 在研究渗透率各向异性对波及效率的影响时给出了处理各向异性的方法，此处使用 Muska，M. 提出的使用广泛的渗透率各向异性表示方法。当渗透率在笛卡尔坐标系中三个方向不同时，达西定律在各方向上可以表示为：

$$v_x = -\frac{K_x}{\mu}\frac{\partial P}{\partial x} \tag{7-26}$$

$$v_y = -\frac{K_y}{\mu}\frac{\partial P}{\partial y} \tag{7-27}$$

$$v_z = -\frac{K_z}{\mu}\frac{\partial P}{\partial z} \tag{7-28}$$

式中　v_x——x 方向的速度，m/s；

　　　v_y——y 方向的速度，m/s；

　　　v_z——z 方向的速度，m/s；

　　　K_x——x 方向的渗透率，μm^2；

　　　K_y——y 方向的渗透率，μm^2；

　　　K_z——z 方向的渗透率，μm^2；

　　　P——压力，MPa。

则不可压缩流体在均质各向异性油藏的稳态流微分方程为：

$$\frac{\partial}{\partial x}\left(K_x\frac{\partial P}{\partial x}\right)+\frac{\partial}{\partial y}\left(K_y\frac{\partial P}{\partial y}\right)+\frac{\partial}{\partial y}\left(K_z\frac{\partial P}{\partial z}\right)=0 \tag{7-29}$$

通过坐标系转换，定义一个新的笛卡尔坐标系（$\bar{x}$，$\bar{y}$，$\bar{z}$），转换式如下：

$$\bar{x}=\frac{x}{\sqrt{K_x}} \tag{7-30}$$

$$\bar{y}=\frac{y}{\sqrt{K_y}} \tag{7-31}$$

$$\bar{z}=\frac{z}{\sqrt{K_z}} \tag{7-32}$$

$$\bar{Q}=\frac{Q}{\sqrt{K_xK_yK_z}} \tag{7-33}$$

式中　$\bar{x}$——新笛卡尔坐标系 x 方向的坐标，无量纲；

　　　$\bar{y}$——新笛卡尔坐标系 y 方向的坐标，无量纲；

　　　$\bar{z}$——新笛卡尔坐标系 z 方向的坐标，无量纲；

　　　$\bar{Q}$——新笛卡尔坐标系 z 方向的流量，m^3/s。

注意到如果 x，y，z 和渗透率 K 使用统一的单位制，则 $\bar{x}$，$\bar{y}$，$\bar{z}$ 和 $\bar{Q}$ 为无因次量，Caudle, B. H. 和 Merrick, R. V. 提出了一些数学处理方法，在均质各向异性单层径向流系统中，任意一点的势的解为：

$$\Phi(x,\ y)=-\frac{Q\mu}{4\pi h\sqrt{K_xK_y}}\ln\left[\frac{(x-x_i)^2}{K_x}+\frac{(y-y_i)^2}{K_y}\right]+C \tag{7-34}$$

式中　x——任意点位置的横坐标数值，m；

　　　y——任意点位置的纵坐标数值，m；

　　　x_i——i 井位置的横坐标，m；

　　　y_i——i 井位置的纵坐标，m；

　　　Q——井的流量，m^3/s。

利用势的叠加原理在多井系统中任意一点势的解为：

$$\Phi(x,\ y)=-\frac{\mu}{4\pi h\sqrt{K_xK_y}}\sum_{i=1}^{n}Q_i\ln\left[\frac{(x-x_i)^2}{K_x}+\frac{(y-y_i)^2}{K_y}\right]+C \tag{7-35}$$

当 $K_x = K_y$，式(7-34)可简化为各向同性的形式。

这样对于一个各向异性系统的镜像井的流量计算，首先通过转换公式(7-34)~(7-35)将各向异性介质中的系统井、镜像井的坐标和系统井的流量转换到各向同性的系统中，既在新的笛卡尔坐标系中，渗流介质是各向同性的，这样就可以应用前面的方法进行镜像井流量的计算。然后再次应用转换式求出各向异性介质中镜像井的实际流量。最后可以求出二维空间渗流区域中任意点的势值或压力值。

对于镜像井生成的一些注意事项：

（1）一般需要超过 20 个的镜像井用于替代封闭边界的作用。然而对于更为复杂的不规则的边界，40 到 50 个镜像井可以达到较好的结果。区块的渗流区块的大小对于镜像井的数量没有影响。

（2）镜像井的位置应尽量靠近边界。镜像井到边界的最短距离应小于渗流场几何中心到边界的最短距离。一般镜像井均匀地环绕边界两圈，两圈的镜像井是相互对应的。在曲率较大的区域需要加密镜像井的分布。

（3）边界点一般是镜像井数的两倍。通常边界点数越多，对不规则边界的近似越精确。两个临近边界点的距离 d_s 与曲率半径 R 有关。它们的关系可以近似表示为 $d_s = R/3$。注意 d_s 小于等于曲率半径的三分之一，小更好。边界点的数量一定不要小于镜像井数的 1.5 倍。

（4）测试点的位置应设置在临近边界点线段中点的两侧，与线段的垂直距离一般为 $0.01d_s$，一定不要超过 $2.0d_s$ 的距离。镜像井总是远离测试点。

3）绘制流线

通过生成镜像井，将封闭边界问题转化为无限渗流区域问题，进而获得的多井系统的势场和压力场。二维渗流区域内任意一点 (x, y) 的压力表达式为：

$$P(x, y) = P_i - \frac{\mu}{4\pi Kh} \sum_{j=1}^{n} Q_j \ln \left[(x - x_j)^2 + (y - y_j)^2 \right] \tag{7-36}$$

式中　$P(x, y)$——任意位置点 P 处的压力，MPa；

$\quad\quad\quad x$——任意点位置的横坐标数值，m；

$\quad\quad\quad y$——任意点位置的纵坐标数值，m；

$\quad\quad\quad x_j$——j 井位置的横坐标，m；

$\quad\quad\quad y_j$——j 井位置的纵坐标，m；

$\quad\quad\quad Q_j$——j 井的流量，$\mathrm{m^3/s}$；

$\quad\quad\quad P_i$——平均地层压力，MPa；

$\quad\quad\quad n$——总井数，整数。

(x_j, y_j) 为井坐标，Q_j 为井流量，并且生产井为负，注入井为正。根据达西定律，渗流速度公式为：

$$v_x = \frac{1}{2\pi h\phi} \sum_{j=1}^{n} Q_j \frac{x - x_j}{(x - x_j)^2 + (y - y_j)^2} \tag{7-37}$$

$$v_y = \frac{1}{2\pi h\phi} \sum_{j=1}^{n} Q_j \frac{y - y_j}{(x - x_j)^2 + (y - y_j)^2} \tag{7-38}$$

式中　x_j——j 井位置的横坐标，m；

$\quad\quad\quad y_j$——j 井位置的纵坐标，m；

Q_j——j 井的流量，m^3/s；

v_x——x 方向的速度，m/s；

v_y——y 方向的速度，m/s。

对于渗透率各向异性的情况，可以使用 Muska, M. 的转换公式：

$$\bar{x} = \frac{x}{\sqrt{K_x}} \tag{7-39}$$

$$\bar{y} = \frac{y}{\sqrt{K_y}} \tag{7-40}$$

式中　$\bar{x}$——新笛卡尔坐标系 x 方向的坐标，无量纲；

$\bar{y}$——新笛卡尔坐标系 y 方向的坐标，无量纲。

得渗流速度表达式：

$$v_x = \frac{\sqrt{m}}{2\pi h\phi} \sum_{j=1}^{n} Q_j \frac{x - x_j}{(x - x_j)^2 + m(y - y_j)^2} \tag{7-41}$$

$$v_y = \frac{\sqrt{m}}{2\pi h\phi} \sum_{j=1}^{n} Q_j \frac{y - y_j}{(x - x_j)^2 + m(y - y_j)^2} \tag{7-42}$$

式中　v_x——x 方向的速度，m/s；

v_y——y 方向的速度，m/s。

其中，$m = K_x/K_y$。

根据复势理论，在 (x, y) 处的合速度 v 大小为：

$$v = \sqrt{v_x^2 + v_y^2} \tag{7-43}$$

式中　v——合速度，m/s。

设在很小的位移段 ΔS 内，速度保持不变，则经过此距离所用时间为：

$$t_i = \frac{\Delta S}{v_i} \tag{7-44}$$

式中　t_i——时间，s。

t_i 为流经第 i 段所用时间，v_i 为 i 段内的渗流速度值。这样渗流质点从 (x_j, y_j) 移动 ΔS 所到位置的坐标计算公式为：

$$x_{i+1} = x_i + v_{xi} \times t_i \tag{7-45}$$

$$y_{i+1} = y_i + v_{yi} \times t_i \tag{7-46}$$

重复使用以上计算公式可以获得源汇之间的流线轨迹。进而可以获得沿着一条流线运移的时间：

$$T = \sum_{i=1}^{m} \Delta t_i = \Delta S \sum_{i=1}^{m} \frac{1}{v_i} \tag{7-47}$$

式中　T——沿着一条流线运移的时间，s；

m——流线段数，整数；

ΔS——常数值且小于注采井距最小距离的 $1/50$，m；

Δt_i——i 段时间，s；

v_i——i 段速度，m/s。

对于源点的流线起点的获得是通过角度等分，并给定一个较小长度计算获得。当流线节点与汇点距离小于给定的距离，视为该条有效流线计算结束。

4）流度影响和流管流量分配

前面提到对于流度影响和多相流的考虑，许多学者提出了应用基于流管流动阻力的流量重新分配方法进行处理。经研究观察发现对于中度和不利的流度比情况，流管几何参数随时间没有重大改变。由于沿流管的流度发生改变，单流管可以呈现一个全局厚层或薄层以适应变化的流量，因为沿着流管流量是变化的。1979 年 Martin, J. C. 和 Wegner, R. E. 的文章中验证了，在变流量情况下固定流管参数的假设很好地适用与不利流度比驱替。

流管中的达西定律公式可以表示为：

$$\frac{\Delta Q_t(t)}{A(s)} = -K(s)\lambda_{rt}(s,\ t)\frac{\partial P}{\partial s} \tag{7-48}$$

式中　λ_{ri}——相对分流量，小数；

　　ΔQ_t——0 到 t 时间累积总流量，m^3/s；

　　A——渗流面积，m^2；

　　S——渗流距离，m；

　　K——渗透率，μm^2；

　　P——地层压力，MPa。

达西速度通过公式 $\Delta Q_t(t)/A(s)$ 给出，总流度由渗透率 $K(s)$ 和多相的总相对流度 $\lambda_{rt}(s,\ t)$ 表示。一般地，渗透率取决于位置 s。总相对流度是饱和度的函数，并且取决于位置和时间。这个方程能被积分求解沿流管长度 L 的总压力降：

$$\Delta P(t) = -\int_{Inlet}^{Outlet}\mathrm{d}P = \Delta Q_t(t)\int_0^L\frac{\mathrm{d}s}{A(s)K(s)\lambda_{rt}(s,\ t)} \tag{7-49}$$

方程中的积分认为是流阻 $R_t(t)$，它将总流量 $\Delta Q_t(t)$ 与压力 $\Delta P(t)$ 相关联：

$$R_t(t) = \int_0^L\frac{\mathrm{d}s}{A(s)K(s)\lambda_{tr}(s,\ t)} \tag{7-50}$$

$$\Delta P(t) = \Delta Q_t(t)R_t(t) \tag{7-51}$$

我们如果给出一个固定的压力降 ΔP_0，通过由 N 个流管组成的管束，那么用式（7-51）能关联他们的瞬时流量。例如 j 和 k 代表任意两个流管，那么：

$$(R_t(t)\Delta Q_t(t))_j = (R_t(t)\Delta Q_t(t))_k = \Delta P_0 \tag{7-52}$$

式中　ΔQ_t——0 到 t 时间累积总流量，m^3/s；

　　R_t——总渗流阻力，$MPa/(m^3 \cdot s^{-1})$；

　　ΔP_0——流管固定压力降，MPa。

其中，j，$k = 1$，$\cdots$，N。流阻还有其他的应用，它也能被用于关联每条流管的瞬时和初始流量：

$$(\Delta Q_t(t))_j = \frac{(R_t(0))_j}{(R_t(t))_j}(\Delta Q_t(0))_j = \frac{\Delta P_0}{(R_t(t))_j} \tag{7-53}$$

将所有流管的流量进行求和可获得瞬时总流量，$Q_t(t) = \sum_{j=1}^{N}(\Delta Q_t(t))_j$。流阻能被用于逆向计算：

$$(\Delta Q_t)_j = Q_t \frac{R_t}{(R_t)_j} \tag{7-54}$$

式中 R_t ——总渗流阻力，$\text{MPa}/(\text{m}^3 \cdot \text{s}^{-1})$；

$\qquad Q_t$ ——瞬时流量，m^3/s；

$\qquad j$ ——j 流管；

$\qquad N$ ——流管数目，整数。

其中，总流阻 R_t 可以用各个流管的流阻 $(R_t)_k$ 并联求和表示：

$$\frac{1}{R_t} = \left(\sum_{k=1}^{N} \frac{1}{(R_t)_k} \right) \tag{7-55}$$

式中 R_t ——总渗流阻力，$\text{MPa}/(\text{m}^3 \cdot \text{s}^{-1})$；

$\qquad k$ ——k 流管；

$\qquad N$ ——流管数目，整数。

1962 年，Higgins，R. V. 和 Leighton，A. J. 类比电路的相关理论给出总流阻的计算式(7-55)。如果总流量已知，就可以计算每一流管中分配的流量。由于 $K(s)A(s)$ 数据获取较难，1997 年 Hewett 和 Yamada 提供一个方法，可以显著简化流阻的计算。因为初始或单相压力梯度，沿着流管 $\partial P_0/\partial s$，包含了沿流管产生 $K(s)A(s)$ 的全部变化信息。对于单相流，给出沿着流管初始流量和单相压力降之间的关系：

$$\Delta Q_0 = -K(s)A(s)\lambda_{r0}\frac{\partial P_0(s)}{\partial s} \tag{7-56}$$

式中 ΔQ_0 ——流管初始流量，m^3/s；

$\qquad \lambda_{r0}$ ——初始相对分流量，小数；

$\qquad s$ ——渗流距离，m；

$\qquad P_0$ ——初始流管压力，MPa。

此处，$\lambda_{ro} = K_{ro}/\mu_o$ 是单相油流度（端点），是一个常数。从式(7-56)可得单相压力梯度为：

$$\frac{\partial P_0(s)}{\partial s} = -\frac{1}{K(s)A(s)} \frac{\Delta Q_0}{\lambda_{ro}} \tag{7-57}$$

替换式(7-47)、式(7-49)、式(7-50)、式(7-51)可以得到：

$$\begin{aligned}
R_t(t) &= \frac{1}{\Delta Q_0} \int_{Inlet,\ P=0}^{Outlet,\ P=\Delta P_0} \frac{\lambda_{r0}}{\lambda_{rt}(s,\ t)}\mathrm{d}P_o \\
&= \frac{\Delta P_0}{\Delta Q_0}\left(\frac{1}{\Delta P_0} \int_0^{\Delta P_0} \frac{\lambda_{r0}}{\lambda_{rt}(s,\ t)}\mathrm{d}P_0 \right) \\
&= R_t(0)\left(\frac{1}{\Delta P_0} \int_0^{\Delta P_0} \frac{\lambda_{r0}}{\lambda_{rt}(s,\ t)}\mathrm{d}P_0 \right)
\end{aligned} \tag{7-58}$$

$$\Delta Q_t(t) = \Delta Q_0 \Big/ \left(\frac{1}{\Delta P_0} \int_0^{\Delta P_0} \frac{\lambda_{r0}}{\lambda_{rt}(s,\ t)}\mathrm{d}P_0 \right) \tag{7-59}$$

式中 R_t ——总渗流阻力，$\text{MPa}/(\text{m}^3 \cdot \text{s}^{-1})$；

$\qquad \Delta Q_0$ ——流管初始流量，m^3/s；

λ_{r0}——初始相对分流量，小数；

λ_{ri}——相对分流量，小数；

P_0——初始流管压力，MPa。

这个积分计算比式(7-49)和式(7-50)的计算形式要简单得多。所有涉及流管几何参数和渗透率的数据不再需要，需要的是初始压力和初始比例、瞬时流动。

回到无量纲流管方程，我们知道饱和度，进而知道流度是无量纲距离和时间的函数。式(7-59)能将流量与t_D进行关联。然后用下式找到时间t和t_D的关系，将不同流管的无量纲时间进行关联：

$$\frac{t(t_D)}{PV} = \int \frac{dt'_D}{\Delta Q_t(t'_D)} \tag{7-60}$$

式中　ΔQ_t——0 到 t 时间累积总流量，m³/s；

t_D——无因次时间，无量纲；

PV——流管孔隙体积，m³。

一般用固定的流管几何参数能很好适用不利流度比的驱替计算，并且与数值解有着很好的一致性，而且流度比可以达到 100 以上，尤其针对非混相驱情况。当驱替具有非常有利的流度比($M\ll1$)时，隐式速度随时间显式变化，尤其是界面上固定流管几何参数的假设条件不再适用。这种情况下问题可以分解为一连串的近稳态过程段。在每一个速度明显变化段中，流管被重新计算，问题重新分解到流管中，一维解像先前讨论的被映射到流管中。

5) 渗透率的处理

(1) 两相相对渗透率的处理：

油水两相的相对渗透率计算公式为：

$$K_{rw} = K_{rwcw}\left(\frac{S_w - S_{wi}}{1 - S_{wi} - S_{orw}}\right)^{n_{rw}} \tag{7-61}$$

$$K_{row} = K_{rocw}\left(\frac{1 - S_{orw} - S_w}{1 - S_{orw} - S_{wi}}\right)^{n_{row}} \tag{7-62}$$

式中　K_{rw}——水相相对渗透率，无量纲；

K_{row}——油水两相体系中油相的相对渗透率，无量纲；

S_w——含水饱和度值，小数；

S_{wi}——束缚水饱和度值，小数；

S_{orw}——水驱残余油饱和度值，小数；

K_{rwcw}——最大水相相对渗透率，即当 $S_w = 1 - S_{orw}$ 时的水相相对渗透率值，无量纲；

K_{rocw}——最大油相相对渗透率，即当 $S_w = S_{wi}$ 时的油相相对渗透率值，无量纲；

n_{rw}, n_{row}——指数或者为控制相对渗透率曲线形状的系数，小数。

并且有当 $S_w \leqslant S_{wi}$ 时，$K_{rw} = 0$，$K_{row} = K_{rocw}$；当 $S_w \geqslant S_{wmax}$ 时，$K_{rw} = K_{rwcw}$，$K_{row} = 0$。

油气两相相对渗透率计算公式为：

$$K_{rg} = K_{rgcw}\left(\frac{S_g - S_{gc}}{1 - S_{wi} - S_{gc}}\right)^{n_{rg}} \tag{7-63}$$

$$K_{rog} = K_{rocw}\left(\frac{1 - S_{org} - S_{wi} - S_g}{1 - S_{org} - S_{wi} - S_{gc}}\right)^{n_{rog}} \tag{7-64}$$

式中　K_{rg}——气相相对渗透率，无量纲；

　　　K_{rog}——油气两相体系中油相相对渗透率，无量纲；

　　　S_g——气相饱和度值，小数；

　　　S_{gc}——临界含气饱和度值，小数；

　　　S_{org}——气驱残余油饱和度，小数；

　　　K_{rgcw}——最大气相相对渗透率，即当 $S_w = S_{wi}$ 和 $S_o = S_{org}$ 时，气相相对渗透率值，无量纲；

　　　S_o——含油饱和度值，小数；

n_{rg} 和 n_{rog}——指数或者为控制相对渗透率曲线形状的系数，小数。

并且，有当 $S_g \leqslant S_{gc}$ 时，$K_{rg} = 0$，$K_{rog} = K_{rocw}$；当 $S_g \geqslant S_{gmax}$ 时，$K_{rg} = K_{rgcw}$，$K_{rog} = 0$。

溶剂的相对渗透率计算公式可以写成：

$$K_{rs} = K_{rsmax} \left(\frac{S_s - S_{sr}}{1 - S_{wi} - S_{sr} - S_{orm}} \right)^{n_{rs}} \tag{7-65}$$

式中　K_{rs}——溶剂的相对渗透率，无量纲；

　　　S_s——溶剂的饱和度值，小数；

　　　S_{sr}——残余溶剂饱和度，小数；

　　　S_{orm}——溶剂驱残余油饱和度，小数；

　　　K_{rsmax}——最大溶剂相对渗透率值，即当 $S_s = 1 - S_{orm}$ 时，溶剂的相对渗透率值，无量纲；

　　　n_{rs}——指数或者为控制相对渗透率曲线形状的系数，小数。

（2）三相渗流时混相与非混相驱相对渗透率的处理：

三相渗流非混相时相对渗透率的计算[169-173]：此时水相的相对渗透率仅是水饱和度的函数，气相仅是含气饱和度，公式如下：

$$K_{ro} = \frac{1}{K_{row}} (A - K_{rg} - K_{rw}) \tag{7-66}$$

其中，$A = \left(\frac{K_{row}}{K_{rocw}} + K_{rw} \right) \left(\frac{K_{rog}}{K_{rocw}} + K_{rg} \right)$

式中　K_{rw}——水相相对渗透率，无量纲；

　　　K_{ro}——油相相对渗透率，无量纲；

　　　K_{rg}——气相相对渗透率，无量纲；

　　　K_{rog}——油气两相体系中油相相对渗透率，无量纲；

　　　K_{row}——油水两相体系中油相相对渗透率，无量纲。

三相渗流混相时相对渗透率的计算。在混相驱替是实际上仅存在两相，水相和由溶剂与油组成的混相相。水相渗透率仍是含水饱和度的函数，混相相的渗透率只能通过计算获得。

目前没有较为全面与权威的计算混相相的相对渗透率方法，前人通过实验与统计规律获得 3 种计算方法。分别为：

① 由 K_{row} 和 K_{rs} 进行饱和度的加权平均求解：

$$K_{rm} = \frac{S_o - S_{orm}}{1 - S_w - S_{orm}} K_{row} + \frac{S_g}{1 - S_w - S_{orm}} K_{rs} \tag{7-67}$$

② K_{row} 和 K_{rg} 的代数平均值 K_{rm}：

$$K_{rm} = 0.5 \times (K_{row} + K_{rg}) \tag{7-68}$$

③ K_{rm} 直接等于 K_{row}：

$$K_{rm} = K_{row} \tag{7-69}$$

混相相中的油和溶剂的相对渗透率可以通过饱和度的比例关系进行求解。溶剂相的相对渗透率为：

$$\frac{S_g}{1-S_w-S_{orm}}K_{rm} \tag{7-70}$$

油相相对渗透率为：

$$\frac{S_o-S_{orm}}{1-S_w-S_{orm}}K_{rm} \tag{7-71}$$

为简化求解，可以将混相、近混相和非混相油或溶剂的相对渗透率求解整合到一个方程中。分别用 K_{roeff} 和 K_{rgeff} 表示。计算公式如下：

$$K_{roeff} = (1-\alpha)K_{ro} + \alpha\frac{S_o-S_{orm}}{1-S_w-S_{orm}}K_{rm} \tag{7-72}$$

$$K_{rgeff} = (1-\alpha)K_{rg} + \alpha\frac{S_g}{1-S_w-S_{orm}}K_{rm} \tag{7-73}$$

式中　K_{roeff}——油相有效的相对渗透率，无量纲；

$\quad\quad K_{rgeff}$——油相有效的相对渗透率，无量纲；

$\quad\quad \alpha$——混相系数，小数；

$\quad\quad S_{orm}$——溶剂驱残余油饱和度，小数；

$\quad\quad K_{rm}$——混相相渗透率，无量纲。

6）黏度的处理

表示混合程度的参数 ω 用于修正溶剂和油的黏度。溶剂有效黏度 μ_{se} 计算式为：

$$\mu_{se} = (1-\alpha)\mu_s + \alpha\mu_{sm} \tag{7-74}$$

油的有效黏度 μ_{oe} 计算式为：

$$\mu_{oe} = (1-\alpha)\mu_o + \alpha\mu_{om} \tag{7-75}$$

式中　α——混相系数，小数，前面已给出确定方法；

$\quad\quad \mu_s$——溶剂黏度，mPa·s；

$\quad\quad \mu_o$——油黏度，mPa·s；

$\quad\quad \mu_{om}$——混合油黏度，mPa·s；

$\quad\quad \mu_{sm}$——混合的溶剂黏度，定义式为：

$$\mu_{sm} = \mu_s^{1-\omega}\mu_m^{\omega} \tag{7-76}$$

μ_{om} 为混合的油黏度，定义式为：

$$\mu_{om} = \mu_o^{1-\omega}\mu_m^{\omega} \tag{7-77}$$

混合黏度 μ_m 的定义式为：

$$\frac{1}{\mu_m^{0.25}} = \frac{1}{1-S_w}\left(\frac{S_o}{\mu_o^{0.25}} + \frac{S_g}{\mu_s^{0.25}}\right) \tag{7-78}$$

式中　ω——混合程度的参数，小数；

$\quad\quad \mu_m$——混合黏度，mPa·s；

μ_s——溶剂黏度，mPa·s；

μ_o——油黏度，mPa·s。

ω 的取值范围在 0.0~1.0 之间。0.0 表示溶剂和油之间没有发生混合，而 1.0 表示完全混合。

7）各小层的绝对渗透率求取

通过给定的平均绝对渗透率与层间非均质变异系数，求取各小层的绝对渗透率，渗透率由大到小进行排序求取。

首先求出概率分布中 50% 和 84% 的渗透率：

$$P_{50} = K \times (0.97442 + 0.38406 \times dp - 1.51497 \times dp^2) \tag{7-79}$$

$$P_{84} = P_{50} \times (1.0 - dp) \tag{7-80}$$

式中　K——储层渗透率，μm^2；

　　　P_{50}——概率分布中 50% 的储层渗透率，μm^2；

　　　P_{84}——概率分布中 84% 的储层渗透率，μm^2。

第二步求出每层的 P_i 值：

$$P_i = (i + 0.5) \times 100/N \qquad i = 0, \cdots\cdots, N-1 \tag{7-81}$$

第三步求出每一层的绝对渗透率：

$$K_i = e^{\frac{\ln P_{50} - \ln P_{84}}{0.999919} \times P_{\text{temp}} + \ln P_{50}} \tag{7-82}$$

其中：

$$P_{\text{temp}} = \frac{A}{B} \tag{7-83}$$

其中：　$A = 2.694938 + 0.409207 \times P_i - 0.0148 \times P_i^2 + 0.000119 \times P_i^3 - 1.6 \times 10^{-7} \times P_i^4$

　　　　$B = 1.0 + 0.339026 \times P_i - 0.00097 \times P_i^2 - 0.000057 \times P_i^3 + 3.2 \times 10^{-7} \times P_i^4$

7.1.3　表面活性剂驱潜力评价模型修正

1. 启动压力梯度和应力敏感修正

低渗透油藏由于储层条件复杂，因此普遍存在应力敏感和启动压力梯度的问题，目前同时考虑启动压力梯度和应力敏感的渗流方程有：

2002 年，宋付权等学者考虑变形介质和启动压力梯度，提出了稳定渗流油井的产能公式：

$$p_i - p_w = \frac{1}{\alpha_k} \ln \left(1 - \frac{\alpha_k q \mu_o}{2\pi K_i h} \ln \frac{r_e}{r_w} \right) + G(r_e - r_w) \tag{7-84}$$

式中　p_i——地层压力，MPa；

　　　p_w——井底压力，MPa；

　　　α_k——介质变形系数，MPa^{-1}；

　　　q——单井产量，m^3/d；

　　　μ_o——原油黏度，mPa·s；

　　　K_i——初始状态的基质渗透率，$10^{-3} \mu m^2$；

　　　h——地层有效厚度，m；

r_w——井半径，cm;

r_e——油藏边界，cm;

G——启动压力梯度，MPa/m。

贾振岐等学者（2006）和何岩峰学者（2007）建立了考虑启动压力梯度的非达西线性渗流的生产压差与产量关系:

$$q = \frac{2\pi K_i h}{\mu_o B \ln(r_e/r_w)} \left[p_e - p_w - G(r_e - r_w) \right] \tag{7-85}$$

式中　p_e——供给压力，MPa。

2009 年，李传亮等推导了考虑应力敏感导致渗透率变化的油井产能公式:

$$q = \frac{2\pi K_i h(p_e - p_{wf})}{\mu_o \ln \dfrac{r_e}{r_w}} e^{-\alpha_k(p_i - \bar{p})} \tag{7-86}$$

式中　$\bar{p}$——平均地层压力，MPa;

p_w——井底流动压力，MPa。

2011 年，田冷等学者在考虑启动压力梯度、应力敏感性、牛顿流体微压缩性以及流体黏度可变性的基础上，运用渗流理论，建立了低渗透油藏非线性平面径向稳定产能公式:

$$q = \frac{2\pi \rho_i K_i h}{\alpha_t \mu_i} \frac{e^{-\alpha_t G r_e} - e^{\alpha_t(p_w - p_e - G r_w)}}{\ln \dfrac{r_e}{r_w} - \alpha_t G(r_e - r_w)} \tag{7-87}$$

其中:
$$\begin{cases} \alpha_t = \alpha_k + \alpha_L - \alpha_\mu \\ \rho = \rho_i e^{\alpha_L(p - p_i)} \\ \mu = \mu_i e^{\alpha_\mu(p - p_i)} \\ K = K_i e^{\alpha_k(p - p_i)} \end{cases}$$

式中　ρ——流体压缩后的密度，g/cm^3;

ρ_i——流体初始密度，g/cm^3;

μ——流体变化后黏度，mPa·s;

μ_i——流体初始黏度，mPa·s;

K——考虑基质变形的渗透率，$10^{-3} \mu m^2$;

α_L——流体密度变形系数，MPa^{-1};

α_μ——流体黏度变形系数，MPa^{-1};

α_k——介质变形系数，MPa^{-1};

α_t——介质流动系数，MPa^{-1}。

朱绍鹏等学者（2012）和蒋利平等学者（2009）等考虑渗透率随有效应力的变化特征，通过积分变换处理推导出了压敏油藏油井的产能方程:

$$q = \frac{2\pi K_i h}{\mu_o} \left(\frac{1}{p_{up} - p_e} \right)^{-m} \frac{(p_{up} - p_w)^{1-m} - (p_{up} - p_e)^{1-m}}{(1 - m) \ln \dfrac{r_e}{r_w}} \tag{7-88}$$

其中：$K = K_i \left(\dfrac{p_{up} - p}{p_{up} - p_i} \right)^{-m}$

式中　m——实验测得系数，$\mathrm{MPa^{-1}}$；

　　　p_{up}——岩石上部覆压，MPa；

　　　K——考虑压力敏感的基质渗透率，$10^{-3}\,\mathrm{\mu m^2}$。

2012 年，朱绍鹏等基于上式，针对存在启动压力梯度和压力敏感效应的双重作用影响的低渗压敏油藏开发过程，建立了新的产能方程：

$$q = \frac{2\pi K_i h}{\mu} \left(\frac{1}{p_{up} - p_e} \right)^{-m} \frac{(p_{up} - p_w)^{1-m} - (p_{up} - p_e)^{1-m} - G(r_e - r_w)}{(1-m)\ln \dfrac{r_e}{r_w}} \tag{7-89}$$

其中：$K = K_i \left(\dfrac{p_{up} - p}{p_{up} - p_i} \right)^{-m}$

式中　r_w——井半径，cm；

　　　r_e——油藏边界，cm；

　　　m——实验测得系数，$\mathrm{MPa^{-1}}$；

　　　p_{up}——岩石上部覆压，$\mathrm{MPa^{-1}}$；

　　　p_e——供给压力，$\mathrm{MPa^{-1}}$。

2014 年，雷刚等创建致密油藏渗流模型，其中包括应力敏感效应拟稳态流动与气动压力梯度等因素。

$$q = \frac{2\pi r_e K_i h}{\mu \alpha} \left[\frac{(r_e^2 - r_w^2)\,\mathrm{e}^{\alpha_k(p - p_i)}}{2\int_{r_w}^{r_e} \mathrm{e}^{\alpha_k Gr} r\mathrm{d}r} - \frac{\mathrm{e}^{\alpha_k(p_w - p_i)}}{\mathrm{e}^{\alpha_k Gr}} \right] \frac{\int_{r_w}^{r_e} \mathrm{e}^{\alpha_k Gr} r\mathrm{d}r}{f(\xi_1)\int_{r_w}^{r_e} \mathrm{e}^{\alpha_k Gr} r\mathrm{d}r - \int_{r_w}^{r_e} f(\xi_2)\,\mathrm{e}^{\alpha_k Gr} r\mathrm{d}r} \tag{7-90}$$

其中：$f(\xi_1) = \displaystyle\int_{r_w}^{r_e} \left(\frac{r_e}{\xi} - \frac{\xi}{r_e} \right) \mathrm{e}^{-\alpha_k Gr} \mathrm{d}\xi$，$f(\xi_2) = \displaystyle\int_{r}^{r_e} \left(\frac{r_e}{\xi} - \frac{\xi}{r_e} \right) \mathrm{e}^{-\alpha_k Gr} \mathrm{d}\xi$

式中　r_w——井半径，cm；

　　　r_e——油藏边界，cm；

　　　α_k——介质变形系数，$\mathrm{MPa^{-1}}$；

　　　G——启动压力梯度，$\mathrm{MPa/m}$；

　　　p_i——初始压力，MPa；

　　　p_e——供给压力，MPa。

2013 年，朱婵等学者结合达西定律以及流动系数随压力变化关系式，推导得出应力敏感油藏中一口井拟稳定流下的产能公式：

$$q = \frac{2\pi K_i h}{\alpha_k \mu_o B} \frac{\mathrm{e}^{-\alpha_k(p_i - \bar{p})} - \mathrm{e}^{\alpha_t(p_i - p_w)}}{\ln \dfrac{r_e}{r_w} - 0.75} \tag{7-91}$$

基于宋付权进一步研究获得研究成果中表示，以下方程为将启动压力梯度与变形介质两个因素考虑在内的油井渗流方程：

$$p_i - p_w = -\frac{1}{\alpha_k} \ln \left\{ 1 - \frac{\alpha_k q \mu}{2\pi K_i h} \ln \frac{r_e}{r_w} \right\} + G(r_e - r_w) \tag{7-92}$$

将该渗流方程嵌入提高采收率模型中，通过引入介质变形系数和启动压力梯度，计算压力变化特征，进而对产量和注入量进行修正。

2. 吸附模型

美国能源局将注入表面活性剂性质、岩石性质以及注入表面活性剂浓度等因素形成的吸附模型引入并应用。

采用美国能源局吸附比例计算公式：

$$DS = \left(\frac{1-\phi}{\phi} \right) \cdot \frac{\rho_{rock}}{\rho_{surf}} \cdot \frac{A_s}{C_s} / 1000 \tag{7-93}$$

式中　DS——吸附系数；

V——波及体积（分流理论中的油藏体积乘以 E_{CO_2}）；

ϕ——孔隙度；

ρ_{rock}——岩石密度，g/cm^3，通常值为 2.68；

ρ_{surf}——表面活性剂密度，g/cm^3，通常为 1；

A_S——黏土矿物比例，通常为 0.33；

C_s——体积浓度与泡沫浓度。

3. 黏度值调整（水中融入表面活性剂可以调整水黏度）

下面为应用维里展开式：

$$\mu_{surf} = \mu_w + K_{pol} C_{surf} \tag{7-94}$$

式中　μ_{surf}——溶解表面活性剂之后水的黏度，$mPa \cdot s$；

K_{pol}——常数，默认 11.855；

C_{surf}——表面活性剂浓度；

μ_w——初始水的黏度，$mPa \cdot s$。

4. 相对渗透率受到界面张力产生的直接影响

将 Todd-Longstaff 修正方式引入，采用修正相对渗透率并将界面张力效应影响考虑在内。Schechter 计算模型：

$$\lg(\sigma_{os}) = \lg(\sigma_{minos}) + \left[\lg\left(\frac{\sigma_{maxos}}{\sigma_{minos}} \right) \right] \left(\frac{C_{\sigma_{maxos}} - C_{\sigma_{os}}}{C_{\sigma_{maxos}} - C_{\sigma_{minos}}} \right)^{es} \tag{7-95}$$

式中　σ_{os}、σ_{minos}、σ_{maxos}——油和表面活性剂之间的瞬时界面张力、最小界面张力和最大界面张力，mN/m；

$C_{\sigma_{os}}$、$C_{\sigma_{minos}}$、$C_{\sigma_{maxos}}$——活性剂瞬时浓度、最小界面张力时的浓度和最大界面张力时的浓度；

es——指数参数，默认值为 1。

输入参考界面张力为 10dyn/cm（1dyn/cm = 1mN/m）。

计算相渗修改系数计算公式为：

$$F = \frac{\sigma_{os}}{\sigma_{ref}} \tag{7-96}$$

式中　F——相对渗透率修正系数；

　　σ_{ref}——参考界面张力，mN/m。

5. 计算流程

首先计算有效表面活性剂浓度：表面活性剂浓度＝注入浓度×吸附（DS）；再根据表面活性剂浓度，利用维里展开式修改水相黏度；最后利用相渗修改系数 F，然后利用下式修改残余油饱和度和相对渗透率。

其中，

$$S_{oros} = S_{or} \cdot F \tag{7-97}$$

$$K_r = F \cdot K_{row} + (1-F) K_{rws} \tag{7-98}$$

式中　S_{oros}——注入表面活性剂后的残余油饱和度，小数；

　　S_{or}——注入表面活性剂之前的残余油饱和度，小数；

　　K_r——修正后的表面活性剂驱油相相对渗透率，无量纲；

　　K_{row}——水驱时油相相对渗透率，无量纲；

　　K_{rws}——注表面活性剂形成混相时油相相对渗透率，无量纲。

7.2　表面活性剂驱评价优化软件的开发

基于上述研究基础，设计表面活性剂驱评价优化软件，并开发了软件主界面。

7.2.1　软件数据库表格设计

将评价时用到的数据进行了分类整理，设计了表面活性剂驱提高采收率数据库，数据库包括基本数据库表和评价数据库表（表7-1~表7-5）。

1. 工区基础数据（表7-1）

表7-1　基础数据

序　号	中文变量名	类　型	小数位数	默认值
1	油公司	String	Null	延长油田分公司
2	盆地	String	Null	鄂尔多斯盆地
3	油田	String	Null	油田
4	区块	String	Null	区块
5	层位	String	Null	长6

2. 储层物性数据（表7-2）

表7-2　储层物性数据

序号	中文变量名	类型	小数位数	默认值	值域	单位
1	储层温度	Double	4		1E-04~	摄氏度，1，华氏度，(9/5)*n+32
2	储层压力	Double	4		1E-04~	MPa，1，psi，145，bar，10.1979
3	总厚度	Double	4		1E-04~	M，1，ft，3.2808
4	小层数	Integer	Null	5	>0	个

序号	中文变量名	类型	小数位数	默认值	值域	单位
5	平均渗透率	Double	4		1E-04~	mD, 1, D, 0.001
6	孔隙度	Double	4		1E-04~	Null
7	层间非均质系数	Double	4		1E-04~	Null
8	水平与垂向渗透率比	Double	4	0.1000	1E-04~	Null
9	初始含油饱和度	Double	4		Sor~(1.0-Swr)	Null
10	初始含气饱和度	Double	4		0.0~(1.0-Sor-Swr)	Null
11	初始含水饱和度	Double	4		Swr~(1.0-Sar)	Null
12	岩石密度	Double	4	2.68	>0	g/cm³, 1, kg/m³, 0.001

3. 地层流体物性参数(表7-3)

表7-3 地层流体物性参数

序号	中文变量名	类型	小数位数	默认值	值域	单位
1	油黏度	Double	3	2.000	1E-03~	mPa·s, cp, 1
2	水黏度	Double	3	0.800	1E-03~	mPa·s, cp, 1
3	油相体积系数	Double	3	1.4000	1E-04~	m³/m³, 1RB/STB, 1
4	溶解气油比	Double	1	500.0	1E-01~	m³/m³, 1, 立方英尺/STB, 5.618
5	原油相对密度	Double	1	26.0	1E-01~	Null
6	矿化度	Double	1	100000.0	1E-01~	ppm

4. 相对渗透率数据(表7-4)

表7-4 相对渗透率数据

序号	中文变量名	类型	小数位数	默认值	值域	单位
1	水驱残余油饱和度	Double	3	0.300	1E-03~1E00	Null
2	气驱残余油饱和度	Double	3	0.370	1E-03~1E00	Null
3	气溶剂混相驱残余油饱和度	Double	3	0.001	1E-03~1E00	Null
4	残余气饱和度	Double	3	0.370	1E-03~1E00	Null
5	残余溶剂饱和度	Double	3	0.370	1E-03~1E00	Null
6	原生水饱和度	Double	3	0.150	1E-03~1E00	Null
7	束缚水饱和度	Double	3	0.150	1E-03~1E00	Null
8	原生水饱和度水相对渗透率	Double	3	0.800	1E-03~1E00	Null
9	油水两相残余油饱和度水相相对渗透率	Double	3	0.600	1E-03~1E00	Null
10	最大含气饱和度对应的溶剂的相对渗透率	Double	3	0.400	1E-03~1E00	Null
11	原生水饱和度气的相对渗透率	Double	3	0.400	1E-03~1E00	Null
12	油水相对渗透率曲线油曲线指数	Double	3	2.000	1E-03~1E01	Null
13	油水相对渗透率曲线油相曲线指数	Double	3	2.000	1E-03~1E01	Null
14	溶剂曲线指数	Double	3	2.000	1E-03~1E01	Null
15	油气相对渗透率曲线气曲线指数	Double	3	2.000	1E-03~1E01	Null
16	油气相对渗透率曲线气相曲线指数	Double	3	2.000	1E-03~1E01	Null

5. 注入参数表(表7-5)

表7-5　注入参数表

序 号	中文变量名	类 型	小数位数	默认值	值 域	单 位
9	表面活性剂与油的最小界面张力	Double	3	0.001	1E-03~	dyn/cm，1，mN/m，1
10	表面活性剂与油的最大界面张力	Double	3	10	1E-03~	dyn/cm，1，mN/m，1
11	最小界面张力时表面活性剂浓度	Double	4	0.01	1E-04~	Null
12	最大界面张力时表面活性剂浓度	Double	4	1	1E-04~	Null
13	参考界面张力	Double	3	10	1E-03~	dyn/cm，1，mN/m，1
14	注入表面活性剂浓度	Double	4	0.04	1E-04~	Null

7.2.2　软件功能及操作界面

该评价软件具有可模拟表面活性剂驱提高采收率效果；可实现注采参数(开发方式、注入速度、注入量、井网等)分析，及开发方案设计和优化功能，并具有成果报告输出及打印功能。

软件界面包括基本数据输入、方案设计、模拟计算、报告输出等4个模块(图7-3~图7-8)。

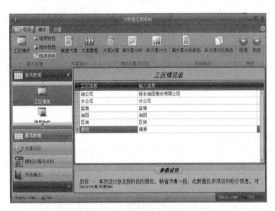

图7-3　基本数据-工区概况

图7-4　基本数据-储层物性数据输入

图7-5　基本数据-流体物性数据输入

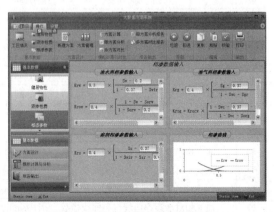

图7-6　基本数据-相渗数据输入

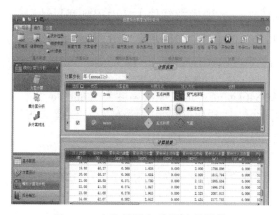

图 7-7　方案设计与模拟计算模块

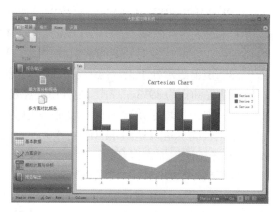

图 7-8　报告输出模块

7.3　软件可靠性验证与应用

研究对象为延长油田寨科长 2 油藏，结合 Eclipse 商业软件与新软件计算数据后对比，验证模型可靠性。

7.3.1　寨科油田表面活性剂驱 Eclipse 数值模拟研究

1. 寨科油田生产历史拟合

1）寨科油田地质概况

寨科油田位于区域构造为一平缓的西倾单斜的鄂尔多斯盆地陕北斜坡中南部，主要含油层段的局部发育差异压实形成了鼻状隆起。

寨科油田延 10 组油层属于河流相辫状河亚相，根据测井曲线特征可细分为河道沙坝、河道沉积以及泛滥平原微相；长 2 组油层为曲流河三角洲相三角洲平原亚相，根据测井曲线特征又可分为分流河道微相以及河道间微相。延 10 组油层延 10^1 砂体分布面积较大且砂体较厚，平均厚度为 18.9m，最大厚度为 44.7m，对比延 10^1 砂体与延 10^{2+3} 砂体前者厚度高于后者，同时连续性降低，其平均厚度为 14.4m，最大厚度为 36.8m；长 2 组油层内连片性与厚度较好的为长 2^2 砂体，该值均为 19.2m，结合延 10^1 砂体共同成为油田主力层位，而长 2^3 砂体与长 2^1 砂体局部连片性较低，平均厚度为 11.8m。

2）创建地质模型

寨科油田实验区域采用 Petrel 地质建模软件进行分析，通过插值、数值离散等方式创建地质模型，该模型网格系数设置为102×107×7，网格中 X 方向与 Y 方向步长相同，均为 25m，见图 7-9。

3）创建数值模型

导出地质模型后与相渗数据、流体物性

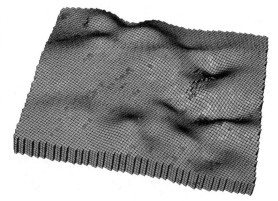

图 7-9　寨科油田地质模型图

参数、生产历史数据、原始油藏参数以及加载到 Eclipse 数值模拟软件中从而得到寨科油田的数值模型。油藏孔隙度 0.1%~20.0%，平均 13.11%；渗透率 0.04×10⁻³~157.0×10⁻³ μm²，平均 6.92×10⁻³ μm²。此时油藏当前温度达到 43℃，原始地层压力为 10.63MPa，计算后压力系数为 0.83，该值表示处于正常压力系统内；泡点压力较低 1.43MPa；地层原油体积系数为 1.057，原始溶解气油比为 19.3m³/m³，脱气原油密度达到 846kg/m³，地层原油黏度为 5.88mPa·s。

寨科油田平均原始含油饱和度平均值为 39.6%，与其他区域相比较低；平均束缚水饱和度相比较高，可以达到 44.0%；平均残余油饱和度平均达到 12.4%。

4）寨科油田历史拟合

数值模型建立之后对模型进行历史拟合，在该阶段内定产液量作为制定的工作机制，拟合指标主要表示日产液量、全区储量、日产油量、累积产油量、累积产水量、综合含水率、单井日产液量、单井日产油量、单井累积产液量、单井累积产油量、单井含水率。模拟时间为 2000 年 1 月 1 日至 2013 年 12 月 31 日。

拟合区域整体产油量、产液量、单井产液量、综合含水率、含水率以及产油量等时，需要通过调整拟合时期的渗透率、相渗曲线、端点标定以及传导率等实现。同时需要微小调整个别区域的储量拟合孔隙度与净毛等。

图 7-10~图 7-14 表示本区域内日产油量、日产液量、综合含水率、累计产油量以及累计产液量等拟合图。

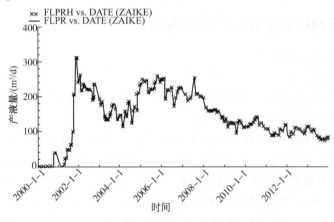

图 7-10　寨科油田日均产液量拟合图

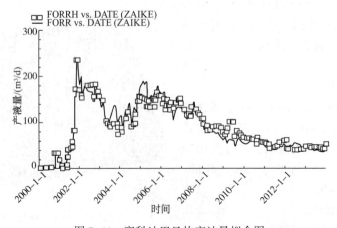

图 7-11　寨科油田日均产油量拟合图

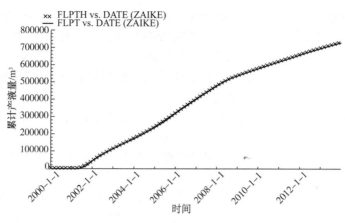

图 7-12　寨科油田累计产液量拟合图

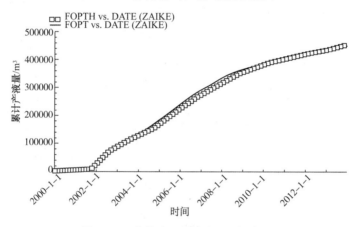

图 7-13　寨科油田累计产油量拟合图

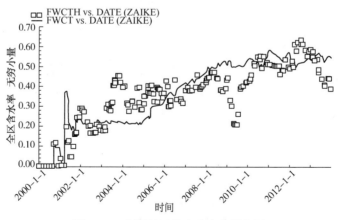

图 7-14　寨科油田综合含水率拟合图

寨科油田按产液量和注水量关系可以分为 6 个时期：

（1）2000～2001 年：一年时间进行试采与勘探，投产全油藏井数量较少，每日平均产油量较低。

（2）2001～2002 年：处于建设时期，投入更多新井每日产油量成倍增长，截至 2002 年 1 月每日平均产油量高于 240m³。

（3）2002~2003 年：处于自然递减时期，前期采油为衰竭式，并未补充足够能量，经过一段时间发展后产量迅速降低，直到 2003 年中期每日油藏产油量低于 80m³，与最高产油量相比占到不足 30%，在此需要将其他层能量迅速补充。

（4）2003~2005 年：处于产量动态增加时期，注水井数量增加后产量也迅速增加，直到 2005 年初产油量已经提高至 160m³/d。

（5）2005~2007 年：处于稳定时期，该时期内各个方面相对稳定，产油量也保持在 150m³/d 左右。

（6）2007~2014 年：处于水驱产量降低时期，含水率增加后产油量也会逐步降低，2011 年至 2014 年产油量保持一个稳定值为 50m³/d。

压力变化特征与注采关系的变化一致，当采用衰竭式开发时，压力下降迅速，大规模开发仅两年的时候地层平均压力已降低到 7MPa，不足原始的 70%；全面注水后，压力开始回升并维持在 8.4MPa 左右，随着含水率上升，调整注水量，使得注入量小于采出量，地下亏空体积增大，压力缓慢下降（图 7-15）。

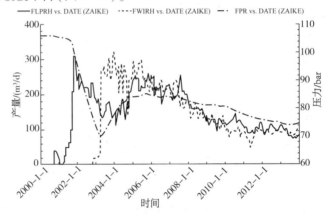

图 7-15　寨科油田试验区压力变化图

寨科油田试验区直到 2013 年年底，产液量累计达到 725833m³，产油量累计 454161m³，累计注采比为 0.87，采收率为 23.6%，平均地层压力为 7.56MPa。

单井拟合共 54 口井，有多于 80% 的井拟合效果良好，可认为拟合已经达到要求。部分井含水上升快，通过调整注水井与采油井之间的传导率来引水来实现拟合，如寨 18-1、寨 19-3 以及寨 95-5 等；部分井含水率较低，如寨 34-2、寨 34-3 以及寨 97-2 等（图 7-16~图 7-21）。

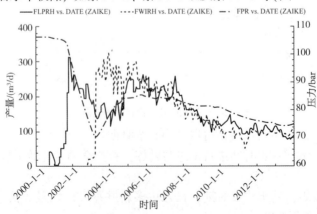

图 7-16　寨 18-1 井含水率拟合图

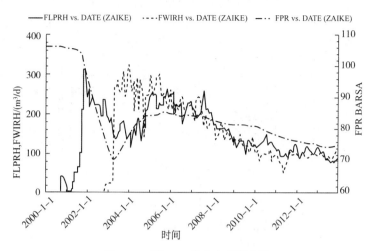

图 7-17　寨 19-3 井含水率拟合图

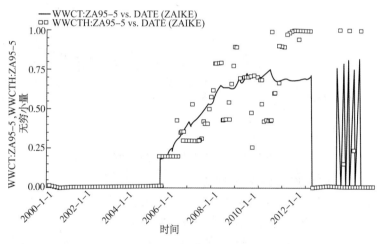

图 7-18　寨 95-5 井含水率拟合图

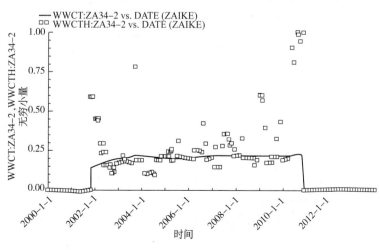

图 7-19　寨 34-2 井含水率拟合图

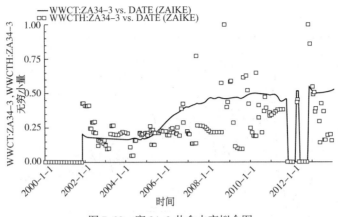

图 7-20　寨 34-3 井含水率拟合图

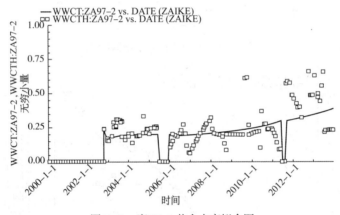

图 7-21　寨 97-2 井含水率拟合图

5）寨科油田表面活性剂驱提高采收率预测

寨科油田试验区的平均渗透率在 $50×10^{-3} \mu m^2$ 以下，部分区域高渗通道发育，因此继续水驱含水率上升会加快，部分生产井会达到含水率为 98% 的关井界限。

目前，寨科油田试验区日均产液 $83m^3$，如果保持注采平衡，以这种工作制度生产 20 年，到 2033 年 12 月，寨科油田试验区累积产油量将增加 $188465m^3$，采收率增加 4.1%，达到 27.7%；含水率由 51.4% 上升为 77.2%。由于含水率的上升，水驱效果逐渐变差，采收率增长速度变慢，采油速度下降，日均产油量由 $37.8m^3$ 下降至 $18.9m^3$，仅为 2013 年 12 月的一半(图 7-22~图 7-25)。

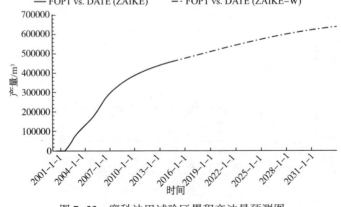

图 7-22　寨科油田试验区累积产油量预测图

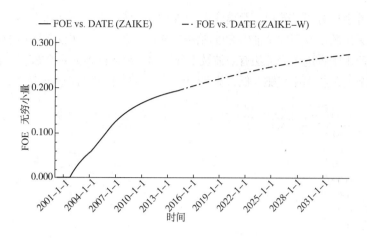

图 7-23   寨科油田试验区采收率预测图

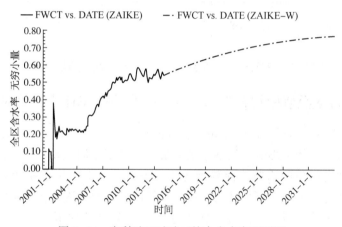

图 7-24   寨科油田试验区综合含水率预测图

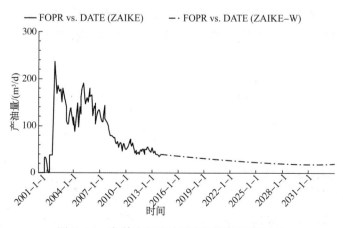

图 7-25   寨科油田试验区日均产油量预测图

寨科油田表面活性剂驱提高采收率的原理主要是降低了残余油饱和度，其次是增加了水相的黏度，改善了流度比，增大了驱油效率。由于受到吸附、扩散以及流速等因素影响，降低残余油饱和度只在注入井附近有明显效果，距离注水井稍远的区域，降低表面活性剂浓度会导致油水界面张力迅速降低无法满足改变残余油饱和度所需的最低毛管数，驱油效率增加幅度不明显；再者，表面活性剂驱由于舌进作用无法有效波及上部原油，纵向的波及系数较低。由于各种因素影响，表面活性剂驱的采收率比气驱要低，为 37.1%，20 年后平均日产油量 36.1m³（图 7-26）。

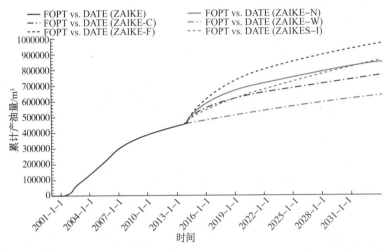

图 7-26　寨科油田试验区不同 EOR 方法累积产油量预测图

7.3.2　Eclipse 数值模拟软件与新软件提高采收率评价结果对比

根据模拟数据，对比新软件与 Eclipse 软件的计算结果，开始注入阶段，由于启动压力梯度导致渗流阻力产生严重影响，发展至结束阶段，由于原油流动过程中会出现惯性力，从而降低启动压力梯度产生的影响，使两者之间的采收率模拟结果差距较大；发展至结束阶段，由于原油流动过程中会出现惯性力，从而降低启动压力梯度产生的影响，因此，两者之间的采收率模拟结果差异减小。经过新软件与 Eclipse 软件的模拟计算后的最终结果差距较小，仅仅为 3%，该差距是由于新模型将启动压力梯度产生的影响考虑在内，而启动压力梯度又会造成渗流阻力加大，采收率降低。由此可见，在评价低渗、特低渗油藏表面活性剂驱、水驱开发效果时，应将启动压力梯度产生的影响考虑在内（图 7-27～图 7-28）。

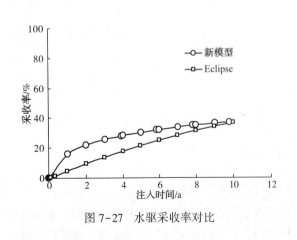

图 7-27　水驱采收率对比

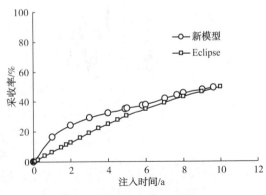

图 7-28　表面活性剂驱采收率对比

7.4　延长油田待开发表面活性剂驱区块潜力评价

7.4.1　延长油田待开发表面活性剂驱区块提高采收率潜力评价

利用开发的表面活性剂驱评价优化软件对收集到数据的 153 个区块进行了表活剂驱提高采收率方法的潜力评价。评价结果见图 7-29，相对于水驱，表面活性剂驱平均提高采收率幅度为 7.7%。

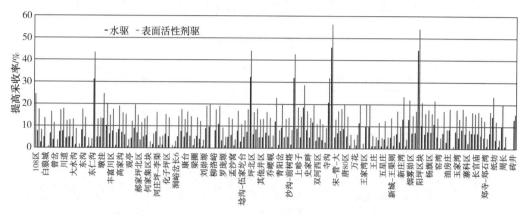

图 7-29　153 个区块表面活性剂驱提高采收率对比条形图

7.4.2　不同渗透率级别对采收率的影响

相对于水驱，表面活性剂驱在低渗透油藏平均提高采收率幅度为 7.3%，在特低渗透油藏平均提高采收率幅度为 7.7%，在超低渗透油藏平均提高采收率幅度为 8.1%。在延长油田，相对于水驱，表面活性剂驱在超低渗油藏的提高采收率潜力相对较大，主要原因是超低渗透油藏水驱难度大、采收率低，采用表活剂驱后可以有效动用水驱难动用的剩余油，因此相对于水驱表活剂驱在超低渗透油藏具有较好的挖潜潜力(图 7-30~图 7-32)。

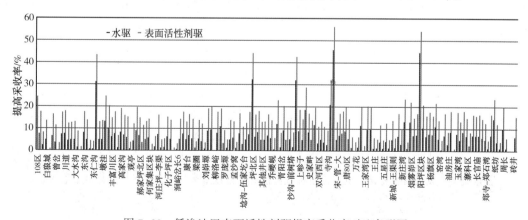

图 7-30　低渗油田表面活性剂驱提高采收率对比条形图

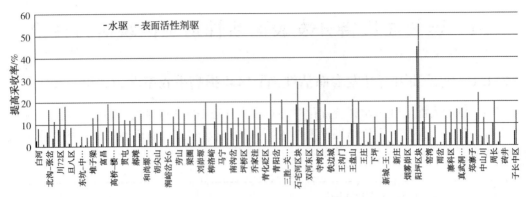

图 7-31　特低渗油田表面活性剂驱提高采收率对比条形图

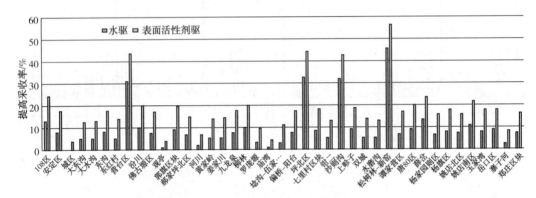

图 7-32　超低渗透油田表面活性剂驱提高采收率对比条形图

7.4.3　不同压力级别对采收率的影响

相对于水驱，如图 7-33、图 7-34 所示，表面活性剂驱在正常压力油藏平均提高采收率幅度为 8.6%，；表面活性剂驱在低压异常油田平均提高采收率幅度为 7.2%。在延长油田，表面活性剂驱在常压油藏的提高采收率潜力比水驱提高采收率的潜力大。主要原因是对于常压油藏，由于压力相对较高，更有利于表面活性剂在水中的溶解和运移，有效发挥表面活性剂驱提高采收率潜力。

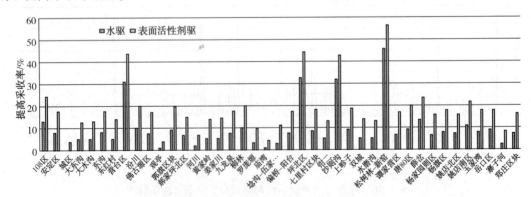

图 7-33　正常压力油田采收率对比条形图

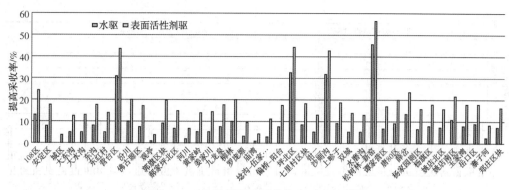

图 7-34　异常低压油田采收率对比条形图

7.4.4　不同含水级别对采收率的影响

根据不同含水级别将延长油田油藏分为 3 类，高含水油田、中高含水油田和低含水油田。如图 7-35~图 7-37，相对于水驱，表面活性剂驱在含水大于 80% 油藏平均提高采收率提高幅度为 7.2%；表面活性剂驱在含水介于 60%~80% 油藏平均提高采收率提高幅度为 7.5%；表面活性剂驱在含水低于 60% 油田平均提高采收率幅度为 8.2%。在延长油田，相对于水驱，表面活性剂驱在高含水油藏的提高采收率潜力相对较大。主要原因是对于高含水油藏，水驱开发已进入末期，继续水驱提高采收率的潜力越来越小，而对于表面活性剂驱，可以有效挖潜剩余油，进一步提高油藏采收率。

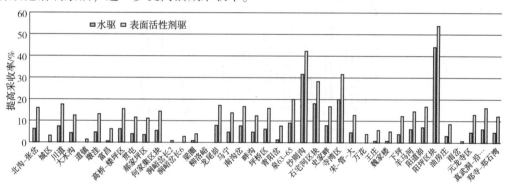

图 7-35　含水大于 80% 油田采收率对比条形图

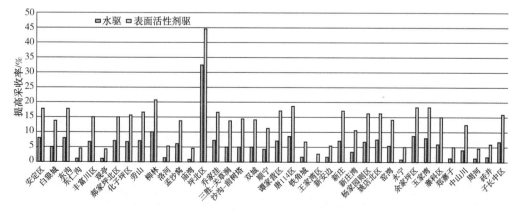

图 7-36　含水介于 60%~80% 油田采收率对比条形图

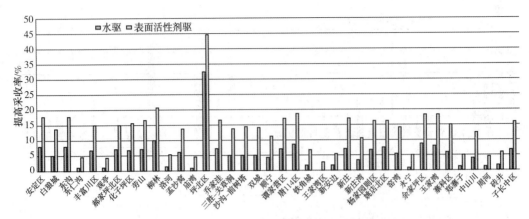

图 7-37 含水低于 60% 油田采收率对比条形图

7.4.5 延长油田各小层提高采收率潜力

根据目前掌握的数据，采用建立的表面活性剂驱让采收率迅速提升，并进一步挖掘表面活性剂与水驱潜力：长 4+5>长 2>延 8>长 7>延 9>延 10>长 6>长 1>长 8>长 9>长 10（图 7-38）。表面活性剂驱在延长组具有较好的提高采收率潜力。

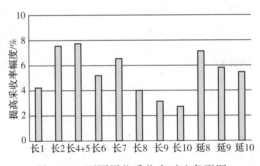

图 7-38 不同层位采收率对比条形图

第8章 低渗致密油藏表面活性剂驱矿场实践

8.1 坪304高分子/小分子表面活性剂驱矿场试验

坪304试验区位于陕西省延安市安塞县坪桥镇境内，位于坪桥镇西侧梅塌村一带(图8-1)，块、总井数51口，共有油井42口，其中水井9口，油井开井27口，开发层位长6，含油面积2.28km²，有效厚度2.97~11.9m，体积系数1.1269，原始气油比34m³/m³，平均孔隙度6%~15%，平均渗透率(0.1~2.8)×10⁻³μm²，含油饱和度53%，石油地质储量505.06×10⁴t。

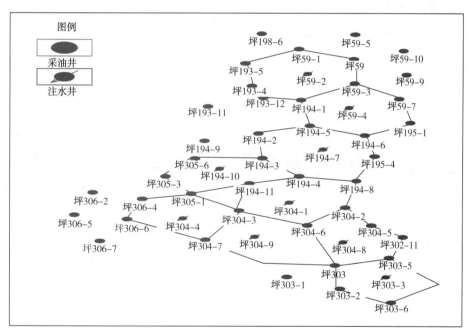

图8-1 坪304井区施工井组

8.1.1 试验前区块开发特征

截至2018年6月底，月产液量1247.06m³，月产油350.08t；平均单井日产液1.4m³，平均单井日产油0.42t；综合含水66.97%(图8-2)。

1. 递减率

根据区块生产时间情况，选出稳定产量的油井，计算递减规律，将所有生产井初月拉齐，求单井平均日产，开发初期，新井产量较高，但是主要靠自然能量开采，递减率较高，年递减大于20%以上。后期注水开发，补充能量，递减率变缓，递减为指数递减，平均年递减为13.2%(图8-3)，由于注水开发影响，减缓了老井递减率。

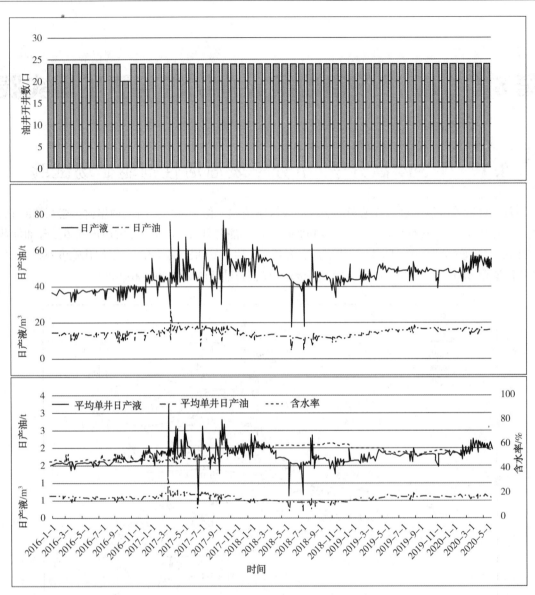

图 8-2　试验区生产综合曲线

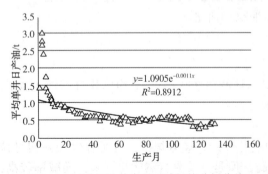

图 8-3　试验区油井产量递减规律分析曲线

2. 采收率

可采储量计算方法分为静态法和动态法两种标定方法，对于因缺乏生产动态资料或开采动态尚未呈现一定规律，不能利用开发井生产数据直接计算可采储量的未开发、开发初期或已开发油藏，一般采用静态法标定可采储量；对于开采动态已经呈现一定规律的已开发油藏，有生产历史数据且数据完整程度较好的开发单元，一般采用动态法标定可采储量(表 8-1)。

表 8-1 水驱曲线递减模型关系式

甲型水驱曲线	$N_p = a + b\ln W_p$
丙型水驱曲线	$\dfrac{L_p}{N_p} = a + bL_p$

式中，W_p 为累积产水量；a 为与岩石、流体性质有关的常数，无量纲；N_p 为累积产油量；L_p 为累积产液量；b 为与地质条件、井网布置、油田管理措施有关或与水驱动态储量有关的常数，无量纲；Q 为对应时间 t 的产量；Q_i 为递减初期产量；n 为递减指数；t 为开发时间；D_i 为初始递减率。

水驱采收率预测：

1）水驱特征曲线的选取

水驱特征的研究主要五种形式的水驱曲线，分别是甲型、乙型、丙型、丁型和俞启泰第 25 种（简称俞 25），其中俞 25 是一种广义水驱特征曲线，通过 m 取不同的值，该式可以对应 S 型、凹型、过渡型等不同的 f_w-R 关系，描述不同的含水上升规律（表 8-2）。

表 8-2 水驱特征曲线分类表

类 型	基本表达式	f_w-N_p 关系	$\dfrac{df_w}{dR}$-R 关系
甲型	$\lg W_p = A_1 + B_1 N_p$	$N_p = \dfrac{\lg\left(\dfrac{f_w}{1-f_w}\right) - (A_1 + \lg 2.303 B_1)}{B_1}$	$\dfrac{df_w}{dR} = \dfrac{10^{\frac{R+b}{a}}\left[\dfrac{1}{a}(\ln 10 - 1)\right]}{\left(1 + 10^{\frac{R+bl}{al}}\right)^2}$
乙型	$\lg L_p = A_2 + B_2 N_p$	$N_p = \dfrac{\lg\left(\dfrac{1}{1-f_w}\right) - (A_1 + \lg 2.303 B_1)}{B_1}$	$\dfrac{df_w}{dR} = \dfrac{2.303 B_2 N}{10(B_2 N_p + C_2)}$
丙型	$L_p/N_p = A_3 + B_3 L_p$	$N_p = \dfrac{1 - \sqrt{A_3(1-f_w)}}{B_3}$	$\dfrac{dw_t}{dR} = \dfrac{2B_3 N(1 - B_3 N_p)}{A_3}$
丁型	$L_p/N_p = A_4 + B_4 W_p$	$N_p = \dfrac{1 - \sqrt{(A_4-1)(1-f_w)/f_w}}{B_4}$	$\dfrac{df_w}{dR} = \dfrac{2B_4 N(A_4-1)(1 - B_4 RN)}{[A_4 - 1 + (1 - B_4 RN)^2]^2}$
俞 25	$N_p = A_5 - \dfrac{B_5}{W_p{}^m}$	$N_p = A_5 - \left[B_5 \dfrac{1}{m}\dfrac{1}{m}\left(\dfrac{1-f_w}{f_w}\right)\right]^{\frac{m}{m+1}}$	$\dfrac{df_w}{dR} = \dfrac{\dfrac{1}{A_5 n}\left(\dfrac{A_5-R}{A_5}\right)^{\frac{1-n}{n}}}{\left[1 + \left(\dfrac{A_5-R}{A_5}\right)^{\frac{1}{n}}\right]^2}$

通过延长油田 2013 年和 2014 年各采油厂水驱采收率标定和经验得知，长 6 油藏用甲型和乙型曲线比较适合。因此，水驱采收率水驱特征曲线用这两种进行预测。

2）区块水驱采收率预测

研究表明，区块含水与采出程度关系曲线为近 S 型特征。这主要是新井投产所影响，不同含水阶段的采油井叠加导致整个区块表现出近 S 型特征。通过对甲型和乙型曲线计算，当含水 98% 时候进行拟合段选取，相关系数都接近 1，最后计算出来甲型采收率 17.1%，乙型曲线采收率 15.8%，平均值为 16.45%（图 8-4、表 8-3）。

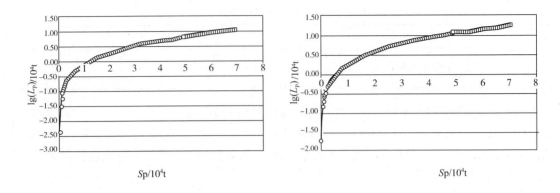

图 8-4　水驱特征预测采收率曲线

表 8-3　水区特征预测采收率结果表

类　型	a	b	R^2	采收率/%	可采储量/10^4t
甲型	0.2261	0.1043	0.9896	17.1	51.6
乙型	0.5764	0.090	0.9938	15.8	47.7

3. 目前存在的问题

（1）开井率较低，低产井较多。工区共有油井 42 口，在 2009 年 5 月开井数最多，开井 36 口，随后开井数逐年降低，从 2014 年 5 月开始，开井数基本上 25 口左右，目前油井开井 24 口，开井率仅有 57.1%，开井率较低（图 8-5）。开井率较低主要原因是低产井较多，目前已经关停井主要因为液量不足和单井产量较低，建议进行综合整理，提高单井产量（图 8-5）。

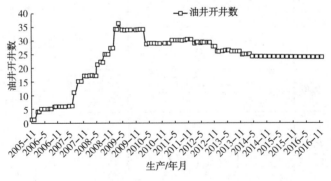

图 8-5　2005~2016 年开井率变化曲线

（2）注水量不稳定，上下波动。工区注水较晚，2012 年 8 月开始注水，到 2013 年转注了 3 口井，但注水量最高已经达到 1700m³/d，随后降到 1200m³/d，到 2014 年 4 月降到 500m³/d，随着井数增加，注水量逐年增加，目前注水量超过 1600m³/d（图 8-6），注水不稳定，影响到注水压力、井底流压、注水速度以及地层能量补充，会造成油井水淹、注水突进等问题，目前研究区属于低渗透油藏，需要温和注水，保证注入水能够充分置换地层中油。

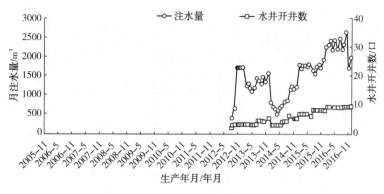

图 8-6　2005~2016 年水井开井数及注水量

（3）累计注采比较低。工区目前有 9 口注水井，注水区注水较晚，目前累计注采比 0.47（图 8-7），地层亏空，地层能量得不到及时补充，目前单井日产液 1.86m³，油井严重液量不足，部分井停产，主要因为地层液量不足，计划长期关井，且低渗透温和注水注采比至少达到 0.8 左右，所以目前需要调整配注量，合理进行注水。

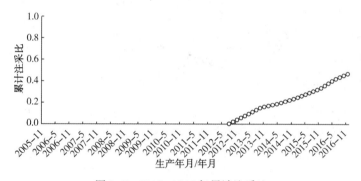

图 8-7　2005~2016 年累计注采比

（4）注采井网不完善。目前的注采井数比 1∶4.67，根据反九点法井网 1∶3 的比例，目前井网还不完善，周边 10 口油井没有进行地层能量补充，产液量不足，直接影响到单井产量，建议及时调整井网，合理配注，提高开井率，提高单井产液量和产油量。

（5）注采系统不完善。注采系统对应，是提高水驱效率主要措施，它会影响到单井产液量和产油，如果不完善，就是无效注水，达不到驱油目的，如果采油井生产段和注水层不是一个段，需要调整，因为部分水井都是油井转注，没有及时完善补孔，建议及时调整注采对应系统，提高水的波及系数。根据小层来分析，有采无注、有注无采现象的存在（图 8-8）。

（6）采油速度较小，采出程度较低。采油速度和采出程度是评价一个区块的开发指标，区块已经生产 10 年多时间，目前采油速度 0.01%，采出程度 1.38%（图 8-9），与同类油藏相比，两者都非常低，说明该区块开发效率较低，单井产量较小，但是也存在很大的开发潜力，需要进一步调整方案和措施，提高单井产量和采收率。

（7）井组注水效果差别各异。有的注水井注水效果较好，注水量稳定，注水后效果明显，产液量增加，产油平稳，减缓递减；但是部分井注水效果较弱，注水井停停注注，如坪

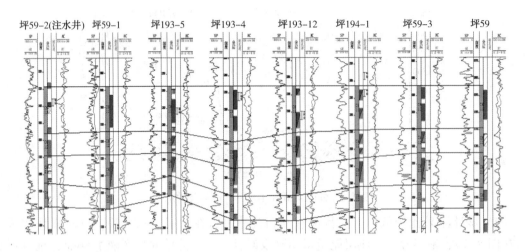

图 8-8　注采现象分析

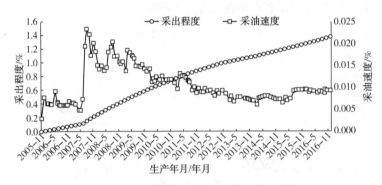

图 8-9　坪 304 区块采出程度和采油速度

194-10 注水井，2013 年开始注水，注了半年后，停注 1 年时间；有些井注水量差别大，坪 304-8 井，最高注水量将近 500m³/d，最低 200m³/d 左右，日注水量差别大；坪 304-4 注水井最高注水量将近 700m³/d，最低时 50m³/d 左右。坪 303-3 井组，注水井也是不稳定，目前正常注水，但是对应油井全部关停，因此注水井组存在方方面面的问题，需要进一步完善调整和管理。

尽管目前部分井组注水见效，但是产量增加幅度较小，即使在完善井网和注采系统条件下，注水效果也达不到预期效果，预测主要与地质条件有很大关系，储层物性差，非均质性较强等各方面因素，建议采用 2+3 方案联合提高区块采收率。

8.1.2　试验效果评价

1. 现场注入参数

依据驱油剂室内试验研究成果，本次试验区确定注入井共 9 口，选取高分子/小分子表面活性剂注入剂，连续注入。为了更好地评价注剂后的效果，与水驱时的效果对比，在注剂过程中，对注水时的注入层段不做调整。

1）注采比

根据注采平衡原理，采油井日产油量确定后，便可采用式（8-1）计算注水井的日注水量：

$$q_w = G \frac{q_o}{\rho_o(1-f_w)} / M \tag{8-1}$$

式中　q_w——注水井单井日注水量，m^3/d；

　　　q_o——目前采油井单井日产油量，t/d；

　　　ρ_o——原油密度 0.85，m^3/t；

　　　G——注采比，小数；

　　　M——注采井数比，不规则面积注水井网；

　　　f_w——目前采油井生产的综合含水，小数。

按目前平均单井日产油 0.64t 计算，考虑注水量的损失及井区长 6 注水开发实践，注采比确定 1.0~1.2，目前试验区注采比在 1.0 左右，满足试验要求，因此可以不对注入配注量进行调整。

2）注入配方体系与段塞组合

根据室内研究成果，注入表面活性剂可以大幅度的提高裂缝型和孔隙型岩心的驱油效率，高分子/小分子表面活性剂可提高驱油效率 12%以上。先连续注入 3 个月表面活性剂段塞，后常规注水，评价其试验效果。表面活性剂注入体积浓度为 0.5%。

3）注入层段和配注量

鉴于本区的注水层系比较单一，均为延长组长 6 层，层间矛盾较少，注入层段吸水状况较好，所以本次试验对注入井的注入层段不做调整。

为了更好地评价试验效果，在保证注采比在 1.0~1.2 的基础上，与水驱效果进行对比，在试验过程中，对注水时的注入层段和注入量不做调整。按照注入段塞和注入总量的方案设计，结合实际情况，坪 303-3 注水井需检修，短期内无法实现注水，因此，设计试验区注入井日配注总量为 64m^3。试验过程中，对油井见化学剂的时间和井号加强监督检测，对化学剂推进速度较快的油井对应的注入井的注入量再加以调整。各井注入参数见表 8-4。

表 8-4　试验区注入井日配注量设计表

序　号	井　号	投注时间	注入层段/m	配水量/(m^3/d)
1	坪 59-2	2013-12	1392.0~1398.0	8
2	坪 59-4	2013-7	1201.1~1206.0 1216.0~1221.0	4
3	坪 194-7	2012-11	1294.0~1300.0	8
4	坪 194-10	2013-12	1138.0~1142.0	8
5	坪 304-1	2012-12	1232.0~1236.0	10
6	坪 304-8	2012-8	1319.0~1323.0	8
7	坪 304-9	2014-6	1238.0~1242.0	8
8	坪 304-4	2012-9	1300.0~1304.0	10
9	坪 303-3	2012-8	1280.0~1284.0	0

4）注入总量

根据室内试验研究成果，驱油溶液注入量为 0.3PV 时可提高驱油效率 12%以上。取试验区孔隙度 10.4%，射孔厚度 2m，控制含油面积 4.42km² 计算，地层孔隙体积为 919360m³，注入溶液总体积为 275808m³，按照目前的注入速度，需要注入 14.36 年，根据低渗透油藏表面活性剂驱油机理及表面活性剂室内评价结果，表面活性剂按低浓度大段塞周期性注入，即一次注入 3.5 个月的段塞，注入浓度采用 0.5%。

5）最大注入压力

常规砂岩油藏合理注水压力界限按如下公式计算：

$$p_{fman} = p_f - \Delta p_i + p_{tL} + p_{mc} - \frac{H \cdot D_W}{100} \tag{8-2}$$

式中　　p_{fman}——注水井最高注入压力，MPa；

　　　　p_f——油层破裂压力，MPa；

　　　　p_{tL}——油管摩擦压力损失，MPa；

　　　　D_W——平均流体密度，取 0.95g/cm³；

　　　　Δp_i——为防止超破裂压力而设定的保险压差，MPa；

　　　　p_{mc}——水嘴压力损失，MPa；

　　　　H——油层中部深度，m。

一般建议注水时最大注入压力应小于或等于地层破裂压力，$P_{tL} + P_{mc}$ 一般取值为 1.0MPa，油层中部深度 1300m 左右，保险压差 1.0MPa，油层破裂压力 26MPa，通过注水井最大井口注入压力计算公式计算得到最大井口注入压力约为 13MPa。

6）注入工艺流程

注入方式采取在现有注水配水间管线上外加注入药剂加药装置。药剂自储罐由注入泵按照一定速度泵入各个注入井的单井注入管线中，与注入水混合注入地下。加药流程见图 8-10，主要由 0.5m³ 带搅拌的加药罐 2 个、柱塞泵 3 台(用 2 备 1)、加药泵 2 台、闸门 2 套(用一备一)、不锈钢管线若干、管线接头若干等组成。

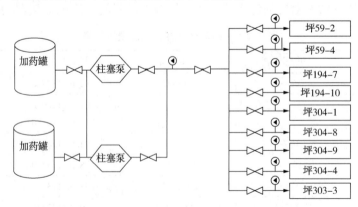

图 8-10　试验区药剂加药装置流程图

7）注入速度

试验过程中，注剂直接通过柱塞泵泵入注水管线，要求注剂在注水管线中经注入水稀释后注剂浓度为 0.5%。则表面活性剂日注入量按照以下公式计算。

（1）表面活性剂日注入量：

$$M_3 = Q \times \rho_3 \times C_3$$

式中　M_3——表面活性剂质量，kg/d；

　　　Q——试验区日注水量，m^3/d；

　　　C_3——注入液质量浓度，无量纲；

　　　ρ_3——注入液密度，$1kg/m^3$。

根据计算表面活性剂的日注入量为 320kg/d。

（2）加药泵排量计算

$$Q_b = Q \div 24 \div 0.7 \times 1000$$

式中　Q_b——加药泵排量，L/h；

　　　Q——日注药剂量，m^3/d。

按照各注水井日配注量计算出各注水井日注药剂量，进而求得柱塞泵排量。每天将 320kg 驱油剂用 1:2 注入水稀释后，若按每天 24h 连续注入，日注药剂量为 40L/h，加药泵排量应选择 58L/h 以上，若按每天 12h 注入，日注药剂量为 80L/h，加药泵排量应选择 116L/h 以上。

2. 实施效果评价

根据油井产能公式，当流体及物性参数没有发生变化时，井产能变化主要随供液区地层压力、生产压差等变化而变化。因此，注入表面活性剂驱后是否见效的直接表现就是油井的产能动态。图 8-11 给出开发油井见效后产能曲线的 3 种特征：

（1）强见效：油井产能有一定程度回升；

（2）中等见效：油井产能稳定；

（3）弱见效：油井产能递减率降低。

1）整体开发效果评价

试验区 2018 年 7 月开始注入高分子/小分子表

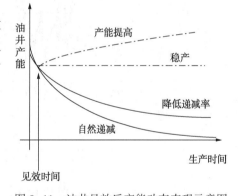

图 8-11　油井见效后产能动态表现示意图

面活性剂，第一阶段至 2018 年底注入完毕，注入药剂 20t；第二阶段自 2019 年 9 月开始，2019 年 12 底结束，注入药剂 20.75t；第三阶段药剂自 2020 年 3 月开始，2020 年 5 月结束，注入药剂 19.25t；共计注入药剂 60t（表 8-5）。

根据实施效果评价标准，研究区整体开发效果为强见效（图 8-12~图 8-15）。

表 8-5　高分子/小分子表面活性剂实施整体效果统计表

项　　目	施工前生产特征	目前生产特征	实施效果
截至时间	2018—6	2020—11	
总井数/口	51	51	
水井/开井/口	9/9	9/9	
油井/开井/口	42/24	42/24	
日产液/（m^3/d）	40.83	46.39	增加 5.56m^3/d

续表

项　目	施工前生产特征	目前生产特征	实施效果
日产油/(t/d)	11.37	13.19	增加1.82t/d
平均单井日产液/(m³/d)	1.4	1.78	增加0.38m³/d
平均单井日产油/(t/d)	0.42	0.51	增加0.09t/d
综合含水/%	58.99	56.97	降低4.64%

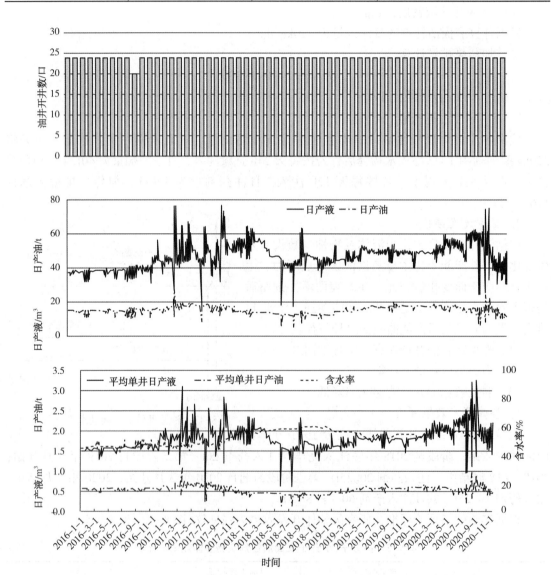

图8-12　试验区综合开采曲线

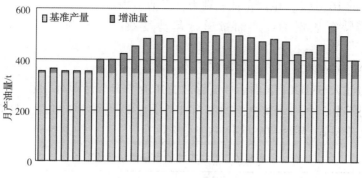

图 8-13　试验区月产油量

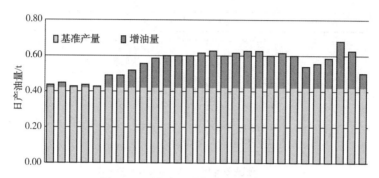

图 8-14　试验区平均单井日产油量

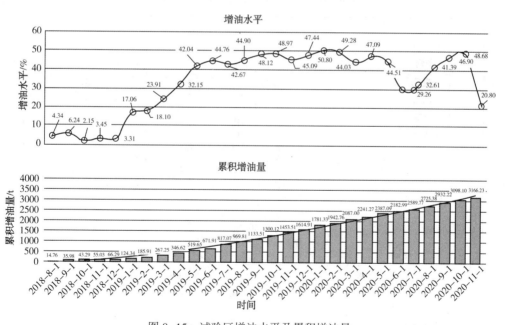

图 8-15　试验区增油水平及累积增油量

2）见效井分类评价

根据实施效果评价标准，油井整体见效。截至 2020 年 11 底，试验区油井整体见效，油井开井 24 口，21 口油井见效，见效率 87.5%。其中，①强见效井 15 口，占总生产井的 62.5%，生产特征表现为：产液量上升，产油量上升，含水稳定或下降。②中等见效井 2

口，占总生产井的 16.67%，生产特征表现为：产油量稳定。③弱见效井 2 口，占总生产井的 8.33%，生产特征表现为：产油量递减趋势变缓。④未见效井 3 口，占总生产井的 12.5%。

坪 59-2、坪 59-6 两个井组油井全部见效。

2018 年 7 月注入 SKD201 表面活性剂后，油井最快 1 个月即可见效，最长 10 个月后见效，平均见效周期为 3 个月。其中，10 口井 1 个月后即见效，3 口井的见效周期大于 5 个月。具体结果见表 8-6、图 8-16、图 8-17、表 8-7。

表 8-6　单井实施效果分类统计表

见效程度	强见效	中等见效	弱见效	未见效	总数
井数/口	15	4	2	3	24
比例/%	62.50	16.67	8.33	12.50	100.00

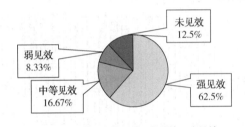

图 8-16　试验区单井实施效果分类统计图

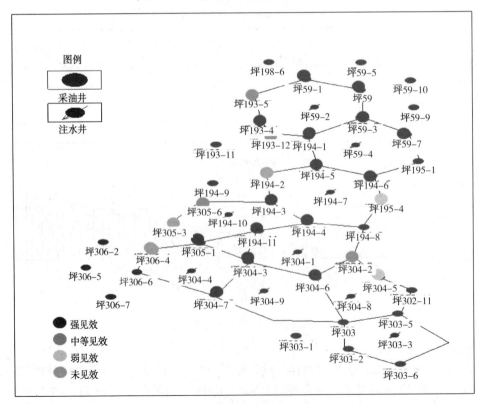

图 8-17　井组分类见效示意图

表 8-7　单井实施效果见效特征统计表

油　井	见效特征	见效时间/月	产量/(t/d)	见效后平均产量/(t/d)	见效后最高产量/(t/d)	平均增幅/%
坪 59	强见效	3	0.15	0.22	0.32	46.67
坪 59-1	强见效	1	0.54	0.85	1.09	57.41
坪 59-3	强见效	1	0.39	0.58	0.72	48.72
坪 194-1	强见效	1	0.27	0.57	1.22	111.11
坪 193-4	强见效	10	0.07	0.75	1	971.43
坪 194-5	强见效	1	0.56	1.05	1.56	87.50
坪 194-6	强见效	4	0.48	0.53	0.62	10.42
坪 59-7	强见效	1	0.36	0.68	1.49	88.89
坪 194-4	强见效	9	0.54	0.73	0.92	35.19
坪 194-3	强见效	7	0.49	1.5	1.75	206.12
坪 305-1	强见效	1	0.22	0.32	0.35	45.45
坪 194-11	强见效	1	0.37	0.62	0.74	67.57
坪 304-6	强见效	1	0.22	0.36	0.45	63.64
坪 304-7	强见效	3	0	0.02	0.05	
坪 304-3	强见效	2	0.5	0.53	0.66	6.00
坪 193-12	中等见效	2	1.22	1.23	1.83	0.82
坪 305-6	中等见效	1	0.26	0.26	0.28	
坪 304-2	中等见效	1	1.11	1.08	1.19	
坪 193-5	中等见效	3	0.67	0.67-1.12	1.44	
坪 195-4	弱见效	6	0.97	0.83	0.94	
坪 304-5	弱见效	1	0.44	0.47	0.54	
坪 194-2	未见效					
坪 305-3	未见效					
坪 306-4	未见效					

3）油井分类生产特征

（1）强见效井，生产特征表现为：产液量上升，产油量上升，含水稳定或下降。强见效井 15 口，具体生产曲线见图 8-18~图 8-32。

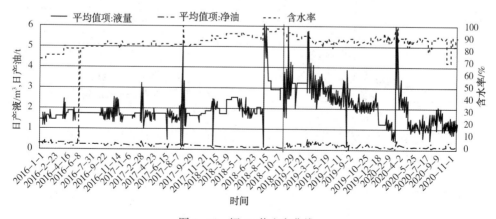

图 8-18　坪 59 井生产曲线

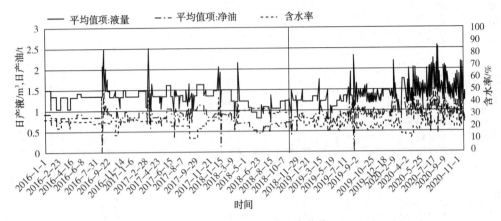

图 8-19　坪 59-1 井生产曲线

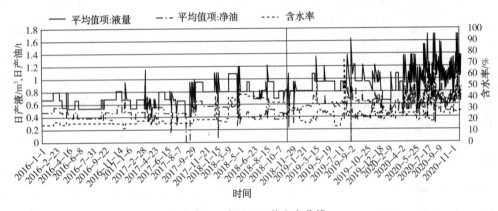

图 8-20　坪 59-3 井生产曲线

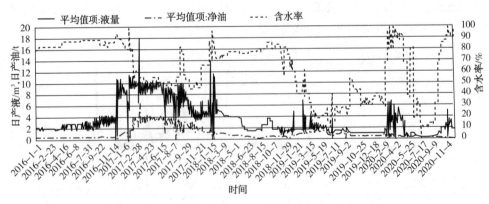

图 8-21　坪 59-7 井生产曲线

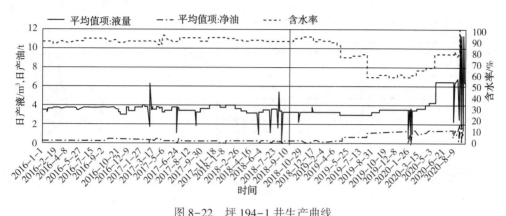

图 8-22　坪 194-1 井生产曲线

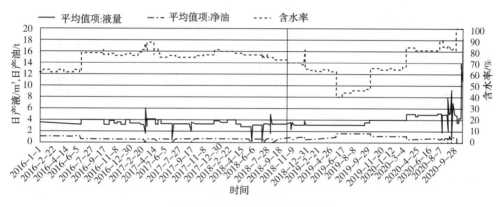

图 8-23　坪 194-5 井生产曲线

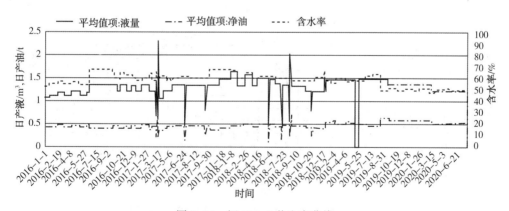

图 8-24　坪 194-6 井生产曲线

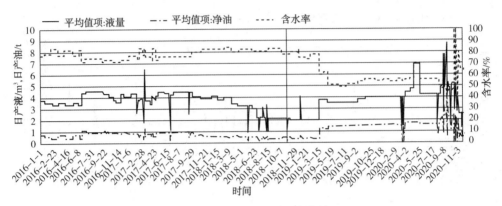

图 8-25 坪 194-3 井生产曲线

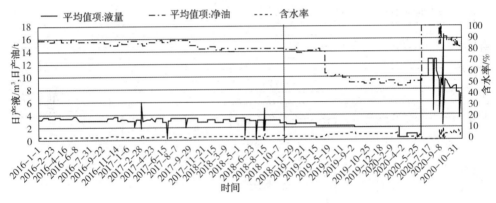

图 8-26 坪 194-4 井生产曲线

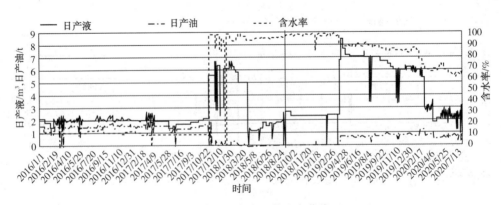

图 8-27 坪 193-4 井生产曲线

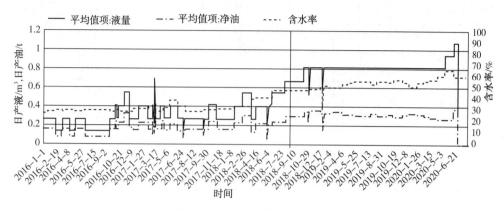

图 8-28　坪 305-1 井生产曲线

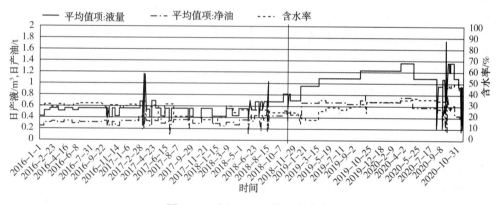

图 8-29　坪 194-11 井生产曲线

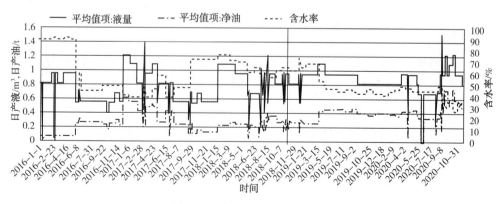

图 8-30　坪 304-6 井生产曲线

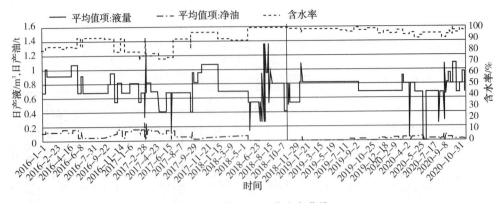

图 8-31　坪 304-7 井生产曲线

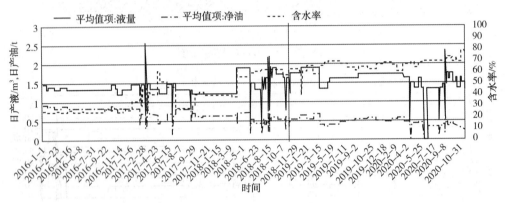

图 8-32　坪 304-3 井生产曲线

（2）中等见效井，生产特征表现为：产油量稳定，中等见效井 4 口，具体生产曲线见图 8-33～图 8-36。

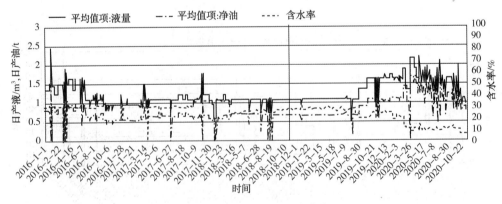

图 8-33　坪 193-5 井生产曲线

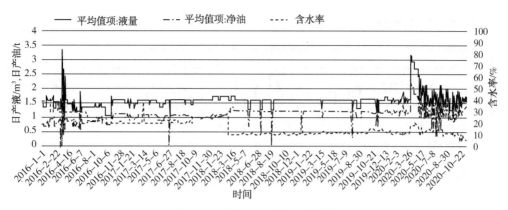

图 8-34 坪 193-12 井生产曲线

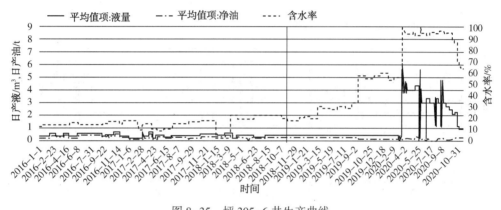

图 8-35 坪 305-6 井生产曲线

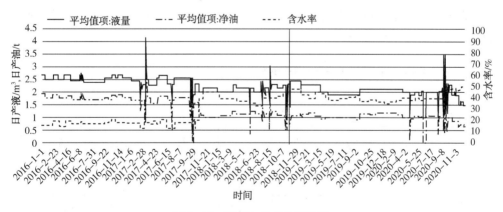

图 8-36 坪 304-2 井生产曲线

（3）弱见效井，生产特征表现为：产油量递减趋势变缓，弱见效井 2 口，具体生产曲线见图 8-37 和图 8-38。

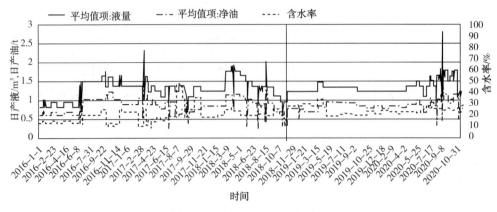

图 8-37 坪 195-4 井生产曲线

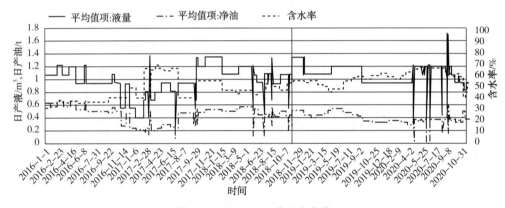

图 8-38 坪 304-5 井生产曲线

（4）未见效井，生产特征表现为：产油量递持续下降，未见效井 3 口，具体生产曲线见图 8-39~图 8-41。

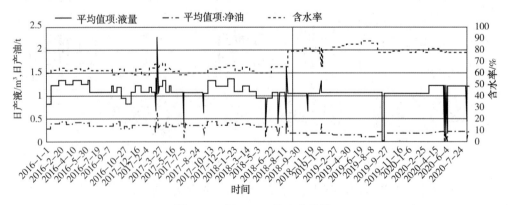

图 8-39 坪 194-2 井生产曲线

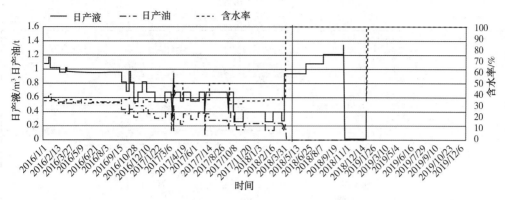

图 8-40　坪 305-3 井生产曲线

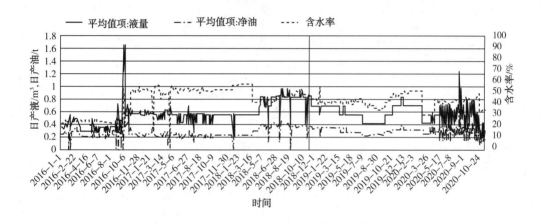

图 8-41　坪 306-4 井生产曲线

8.2　王 214 生物活性复合驱矿场试验

杏子川采油厂长 2^1 注水示范区位于安塞县王家湾乡银山峁村王 214 注水站,组建于 2004 年 11 月,注采井网见图 8-42,现有注水井 9 口,受益井 43 口,含油面积 3.687km²,水驱控制面积 2.27km²,区块地质储量 274×10⁴t,注水水源为洛河层水,采用油井转注,注采层位为三叠系延长组长 2^1 油层;油层平均有效厚度 17.3m,孔隙度为 17%,渗透率为 7.96×10⁻³μm²,地层原油体积系数为 1.029,地层原油黏度为 16.056mPa·s,为低孔、低渗储层。目前平均注水压力 9MPa,平均单井日注水量 24.22m³,累计注水量 34.88×10⁴m³,累计产油 19.78×10⁴t,综合含水 50%,采油速度 1.16%,采出程度 7.21%,累计注采比 0.79,累计亏空 94424m³,目前地层压力 4.22MPa,试验区综合递减率为 7%。

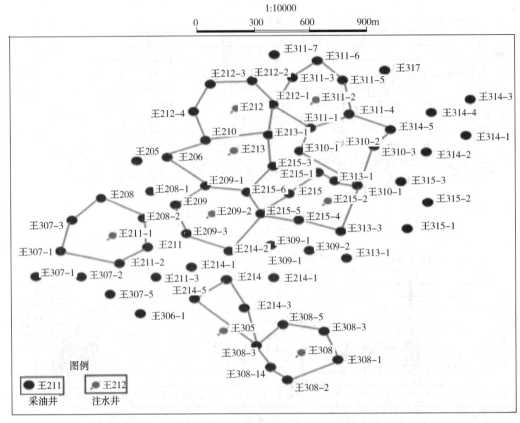

图 8-42 王家湾注水开发试验区注采井网图

8.2.1 试验前开发动态分析

1. 注水井吸水状况

水井吸水状况良好，地层吸水不均匀。2008 年对 18 口注水井进行了吸水剖面测试，从测试结果看（表 8-8），目前试验区全部水井注入层段均为一段注入，油层具有良好的吸水性，无明显水窜，层段吸水率均为 100%，单井吸水强度范围为 $3.22 \sim 5.14\text{m}^3/\text{m}$，平均吸水强度为 $3.98\text{m}^3/\text{m}$。从吸水剖面吸水情况看，少数井纵向上吸水不均匀，吸水剖面呈尖形（图 8-43、图 8-44），存在着较高的吸水峰值，说明在层内存在高渗透条带或微裂缝，储层非均质较严重。

表 8-8 2009 年水井吸水剖面测试结果

井　号	注水层段/m	测试时间	油压/MPa	注水量/（m^3/d）	吸水层段/m	吸水厚度/m	吸水量/（m^3/d）	相对吸水量/%
王 209-2	910.0~913.0	7.28	4.8	23	910.0~914.6	4.6	20	100
王 211-1	923.0~925.0	7.28	1.0	17	923.3~926.0	3.7	17	100
王 212	870.0~872.0	7.28	8.0	16	868.0~873.0	5.0	16	100
王 213	888.0~895.3	7.28	2.5	17.0	888.5~895.7	7.2	17.0	100

续表

井　号	注水层段/m	测试时间	油压/MPa	注水量/(m³/d)	吸水层段/m	吸水厚度/m	吸水量/(m³/d)	相对吸水量/%
王 215-2	891.0~894.0	7.28	0.6	18.0	890.8~894.3	3.5	18.0	100
王 305	876.0~879.0	7.28	8.0	20.0	875.0~880.0	5	20.0	100
王 308	887.0~890.0	7.28	9.0	18.0	886.4~890.0	3.6	18	100
王 310-2	869.0~874.0	7.28	0	23.2	868.0~875.2	7.2	23.2	100
王 311-2	903.0~906.0	7.28	5.0	20.0	901.9~907	5.1	20.0	100

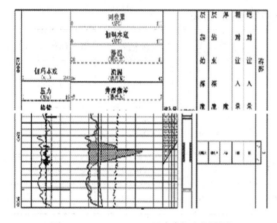

图 8-43　王 215-2 吸水剖面成果图　　　　图 8-44　王 311-2 井吸水剖面成果图

2. 地层压力保持水平

试验区地层压力保持水平较高,2004 年投入开发时平均地层压力为 7.12MPa,,目前地层压力为 4.22MPa,从试验区压力监测井压力测试情况看(图 8-45),虽然该区 2004 年注水,但是由于采取温和的注水方式,注采比较小,同时采液量较大,地层压力逐渐下降,应当适当调整注水量。

3. 水驱见效情况

2009 年,为了认识油层水驱见效情况,

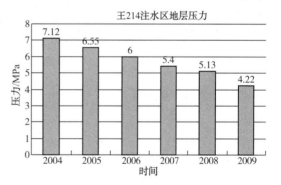

图 8-45　王 214 注水区历年地层压力测试结果

在王 214 注水示范区选了 4 口水井做水驱前缘测试,2 口水井做示踪剂测试,测试结果见表 8-9~表 8-11 和图 8-46~图 8-51,通过分析测试结果,初步认为目前水驱情况如下:

(1)注水井水驱没有砂岩油藏注水开发中常见的指进现象,油井见效程度相对较高,4 口水井注水效果均已得到不同程度的体现。

(2)平面上不同井组微裂缝发育程度及分布不均衡,发育程度差别较大。

(3)由于注水井水线推进存在一定的方向性及对应油井所处方位、注采井距的差异性,油井见效状况、见效程度差别较大:4 口水井共对应 22 口油井,明显见效油井 9 口,占 40.9%;见效井 7 口,占 31.8%;未见效油井 6 口,占 27.27%。说明该地区总体见效状况

目前看比较理想。

（4）井区已出现高渗透条带，储层平面及纵向非均质性随着井区开发的延续在不断加剧。

（5）注入水分配计算结果表明，对应油井在井组中注入水分配不均，注入水的分配不均，导致井区产量和压力分布不均，注入水能量得不到充分发挥，若采取适当综合措施，可以封堵高渗带，提高注水井的波及体积，提高剩余油挖潜潜力。

（6）井区目前渗透率较开发初期渗透率发生了几十甚至几百倍的变化，已出现高渗透条带。分析原因认为，由于注水开发或增产措施的实施激活了低渗油藏存在的微裂缝，使得井区注入水推进速度加快，对应油井产水率较快增长。

表 8-9 微地震水驱前缘监测成果表

井 号	注水井段/m	优势方位/(°)	波及长度/m	波及宽度/m	波及面积/$10^4 m^2$
王 211-1	9230~925.0	346.0、67.6 257.0	175.0	96.0	1.38
王 305	863.9~882.8	321.1 29.9、315.0	191.0	150.0	1.95
王 213	875.4~895.3	58.6、115.1、211.1、258.6、299.9	253	207.0	3.61
王 310-2	869.1~874.0	13.1、64.9、91.7、255.6、306.0	202.0	143.0	2.17

表 8-10 王 214 注水区水驱前缘监测对应油井见效分类表

注水井号	油 井	高含水	明显见效	见 效	未受效井
王 211-1	6	无	王 208-2	王 208 王 307-1	王 211-2 王 307-3 王 211-3
王 305	4	无	王 305-3	王 214-3 王 214-5	王 214
王 213	6	无	王 215-3 王 209-1 王 206 王 210	王 213-1	王 215-6
王 310-2	6	无	王 310-1 王 311-1 王 311-4	王 314-5 王 310-3	王 310-4

表 8-11　王 211-1 井组对应油井动态监测情况表

注水井	对应油井	油水井井距/m	示踪剂突破时间/d	前缘水线推进速度/(m/d)	备注
王 211-1	王 211 井	204	24.0	8.5	
	王 307-3 井	246			未监测到
	王 307-1 井	300			未监测到
	王 211-2 井	193	25.0	7.7	
	王 208 井	266	28.0	9.5	
	王 208-2 井	203	18.0	11.3	
王 308	王 308-1 井	202	21.0	9.6	
	王 305-3 井	245	13.0	18.8	
	王 308 2 井	196			关井
	王 308-3 井	189	13.0	14.5	
	王 308-4 井	186			关井
	王 308-5 井	220			关井

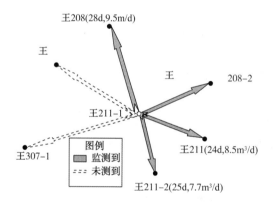

图 8-46　王 211-1 井组示踪剂产出动态监测响应图

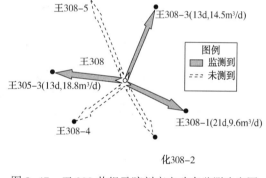

图 8-47　王 308 井组示踪剂产出动态监测响应图

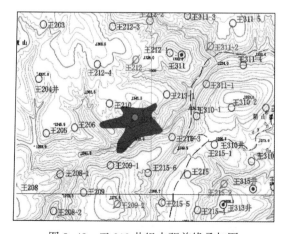

图 8-48　王 213 井组水驱前缘叠加图

图 8-49　王 305 井组水驱前缘叠加图

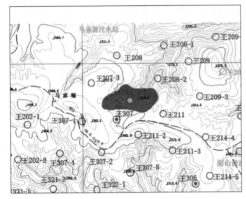
图 8-50　王 211-1 井组水驱前缘叠加图

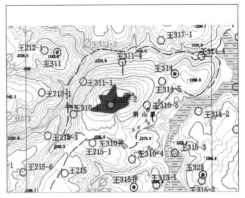
图 8-51　王 310-2 井组水驱前缘叠加图

4. 注采动态分析

王 214 注水区自 2004 年 11 月开始注水，最初 7 口注水井、34 口采油井，从 2006 年开始，9 口注水井常年稳定注水，40 口油井正常生产，3 口油井因水淹而关井。单井日注 20～30m³ 左右，区块液量逐年下降，综合含水缓慢上升，维持在 60% 左右，累计注采比目前基本在 0.79 左右。区块日产液量和日产油量仍然呈下降态势，说明了区块地层能量补充不足，地下亏空较严重，油井未达到最佳生产状态(图 8-52)。

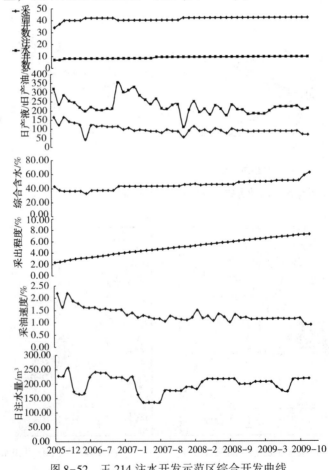
图 8-52　王 214 注水开发示范区综合开发曲线

从试验区各井生产数据看出：区块生产初期各井生产能力较高，含水相对较低，多数井含水在 30% 左右，区块日产油在 120t 以上；目前各井综合含水多数达到 50% 以上，月产液量下降，区块日产油在 85t 左右。

5. 含水变化分析

从油井含水变化规律看：区块注水前，区块综合含水在 35% 左右，自 2004 年投入注水后，注水区域的综合含水缓慢增加，2005 年升至 36.12% 左右，计算 2006 年含水上升到 36.37%，2007 年含水上升到 42.90%，2008 年含水上升到 45.27%，2009 年含水上升到 51.16%，区块油井含水率逐步上升，见图 8-53。

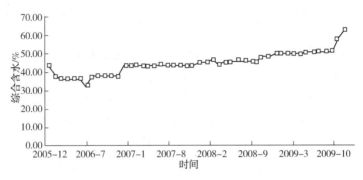

图 8-53　王 214 历年综合含水变化趋势

6. 注采平衡状况

注采比指注入量与采出量（含油和水）的地下体积之比，存水率是指注水量减去采出水量，再与注水量的比值。注采比和存水率均是反映地下能量状况和水驱状况的油田开发指标。一般来说，注采比越大，存水率越高，地下能量越充足，水驱状况越好。

王 214 长 2^1 油藏月注采比由 2006 年的 0.57 上升到 2009 年 12 月的 0.78，2008 年 8 月为 0.97，累积存水率由 0.13 上升到 0.30，2009 年 12 月地层累积亏空 94424m^3（图 8-54、图 8-55）。

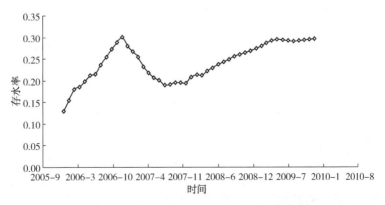

图 8-54　王 214 试验区历年存水率变化曲线

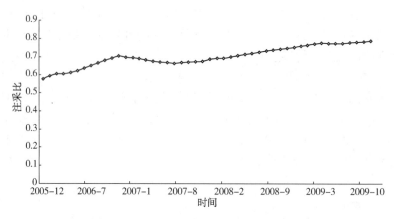

图 8-55　王 214 试验区月注采比变化曲线

由以表 8-12、表 8-13 中数据看出，王 214 长 2^1 油藏年注采比在 1.0 以下，注水补充能量速度较慢，年存水率保持在一定水平，累积注采比和累积存水率逐年增加，但总体来看，地层累积亏空严重，注采不平衡，有待调整注水弥补亏空体积，补充地层能量，进一步提高开发效果。

表 8-12　王 214 长 2_1 油藏注采平衡状况分析数据表

时　间	年累积注水/m³	历年累积注水/m³	年产油/t	年产水/m³	累积产油/t	累积产水/m³
2006	74703	148575	44117	39936	107825	104273
2007	59532	208107	33343	63151	141168	167425
2008	74402	282509	31895	39501	173063	206927
2009	72442	354951	29692	43135	202755	250062

表 8-13　王 214 长 2_1 油藏注采平衡状况分析数据表

时　间	年注采比	累积注采比	年存水率	累积存水率	年亏空/m³	累积亏空/m³
2006	0.89	0.69	0.47	0.29	−9351.64	−60462
2007	0.62	0.68	−0.06	0.19	−36962.6	−97080
2008	1.04	0.75	0.47	0.27	3005.259	−94039
2009	0.99	0.78	0.40	0.30	−385.059	−94424

7. 递减情况分析

从整体开发效果看，在注水井投注之后，地层得到了能量补充，注水初期油井出现一定的稳产势态，油井产油量保持相对稳定，但是随着后期注水工作的进行，没有更好地解决区块油井产量下降的问题。通过对该区生产井的动态进行对比分析，由于 2006 年到 2007 年单井月产油量由 129.0t 下降到 92.6t，年递减 24%，2007 年到 2008 年单井月产油量由 92.6t 下降到 88.6t，试验区的递减率 4.3%，递减明显减缓，2008 年到 2009 年单井月产油量由 88.6t 下降到 82.48t，试验区的递减率 7%（图 8-56）。

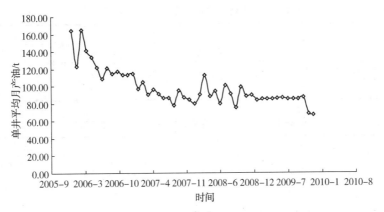

图 8-56　王 214 试验区产量递减曲线

8. 采收率预测

根据 2006 年以来的生产数据，利用甲型水驱规律曲线预测：$\ln W_p = a + b N_p$，其中 $a = 0.7903$，$b = 0.0304$，计算的水驱控制储量为 $234.48 \times 10^4 \mathrm{t}$，试验区油藏注水开发可采储量为 $67.59 \times 10^4 \mathrm{t}$，计算水驱采收率为 28.83%（图 8-57）。

9. 注水开发存在问题

（1）注采动态表明，试验区注采比小于 1，存水率较低，存水率虽然呈逐年上升趋势，总体来说地下亏空严重。

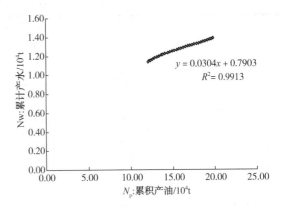

图 8-57　试验区水驱采收率预测

（2）储层局部具有高渗透条带，容易形成油井水淹，例如王 308-2、王 308-4、王 308-5。

（3）试验区储层非均质性强，综合含水上升快，采出程度低，如何做好油田"稳油控水"和进一步提高采收率成为油田发展的主要工作。

8.2.2　试验效果评价

1. 现场注入参数

1）注入配方体系与注入段塞组合

根据室内研究成果和其他油田现场应用经验，表面活性剂分多段塞注入。先注入 7d 非离子表面活性剂段塞，再注 7d 水，之后再注 7d 的生物表面活性剂段塞，紧接着按照正常注水 7d，完成一个周期的注入，以后类推。每个段塞处理储层半径约为 15～20m。表面活性剂注入浓度为 0.5%，生物表面活性剂注入浓度为 0.5%。

2）注入速度

根据本区试验前注水情况，按照油水井注采比在 1～1.2，大多数井的日配注量基本保持原注水量，对王 7 井注水量进行下调，这样区块日注水量为 233m³。各个井注入参数及计算加药量数据见表 8-14～表 8-16。

表 8-14　试验区生物表面活性剂注入速度表

井　号	配注/(m³/d)	生物酶主剂/(t/d)	辅剂/(t/d)	注水量/(m³/d)
王 214	218	1.09	0.109	216.801
王 7	15	0.075	0.0075	14.9175
合计	233	1.165	0.1165	231.7185

表 8-15　试验区非离子表面活性剂注入参数表

井　号	配注/(m³/d)	注表面活性剂/(t/d)	注水量/(m³/d)
王 214	218	1.09	216.91
王 7	15	0.075	14.925
合计	233	1.165	231.835

表 8-16　试验区注入井日配注量设计表

序　号	井　号	投注时间	注入层段/m	配水量/(m³/d)
1	王 209-2	2004-11	910.0~913.0	26
2	王 211-1	2004-11	923.0~925.0	27
3	王 212	2004-11	869.7~874.7	25
4	王 213	2004-11	891~894	24
5	王 215-2	2004-11	891.0~894.0	28
6	王 305	2004-11	876.0~879.0	23
7	王 311-2	2005-11	903.0~906.0	23
8	王 310-2	2007-8	869.0~874	24
9	王 308	2004-11	887.0~890.0	18
10	王 7	2002-06	928~933.5	15

3）注入总量

根据室内试验研究成果，驱油溶液注入量为 0.3PV 时可提高驱油效率 10%以上。按照室内研究成果，考虑现场注入状况，确定本次试验总体注入总量为 0.3PV，取试验区孔隙度 17.3%、油层饱和度 35%，射孔厚度 2m，控制含油面积 2.27km² 计算，地层孔隙体积为 771800m³，注入溶液总体积为 231540m³，按照目前的注入速度，完成此试验需要注入 2.95 年。

4）最大注入压力

根据国内低渗透油田注水开发实践，一般建议注水时最大注入压力应小于或等于地层破裂压力，根据该区长 21 油层压力时测试其破裂压力为 24MPa，油层埋深 780m，故按照（注入压力=井口压力+液柱压力-管损压力+0.5）计算，该区最大注入压力约为 16MPa。所以，注水中，井口注入压力小于 16MPa。

5）注入工艺流程

注入方式采取在现有注水配水间管线上外加注入药剂加药装置。药剂自储罐由注入泵按照一定速度泵入各个注入井的单井注入管线中，与注入水混合注入地下。加药流程见图 8-58，主要由 0.5m³ 的带搅拌的加药罐 2 个、柱塞泵 3 台(用 2 备 1)、加药泵 2 台、闸门 2 套(用 1 备 1)、不锈钢管线若干、管线接头若干等组成。

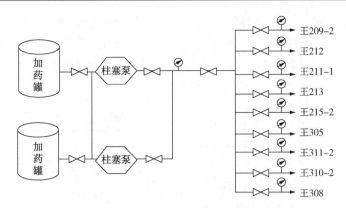

图 8-58　王 214 试验区药剂加药流程图

2. 效果评价

自 2010 年 5 月 27 日，王 214 试验区长 2 油层开始注入生物活性复合驱油剂，开始生物活性复合驱试验，目的是改善区块注水开发效果，扩大注入水波及体积，注入水的驱替效率，提高洗油效率，降低受益油井的含水上升速度，提高单井产油量，增加可采储量，提高原油采收率。试验共注入 9 口注入井，实施表面活性剂和生物酶驱油剂交替、多段塞注入。每个驱油剂交替注入天数为 7d，一个完整的段塞周期为 28d。为先注入表活剂 7d，然后正常注水 7d，再生物表活剂 7d，然后正常注水 7d，完成一个周期的注入。日注入驱油剂浓度为 0.3%~0.5%，约加入驱油剂 0.88t/d。截至 2011 年 11 月底，共注入生物表面活性剂主剂 186.5t，生物表面活性剂辅剂 18.62t，非离子表面活性剂 64.68t。

1）区块整体效果

王 214 试验区共有注水井 10 口，一线受益井 41 口，自注入驱油剂 20d 后，个别单井出现日产液稳定、含水下降、日产油量增加的现象，随后油井逐步见效，区块整体表现出"日产液上升、日产油上升，综合含水稳中有降"的特征（图 8-59）。日产液有所提高，试验前日产液量为 229.13m³，统计时为 265m³；综合含水试验前为 60.7%，统计时为 59.75%，保持稳定；区块评价单井日产油量自 2010 年 8 月底开始逐步上升，由试验前的 2.15t/d，最高曾经达到 3.09t/d，统计时维持在 2.60t/d 左右，比试验前增加 0.55t/d。

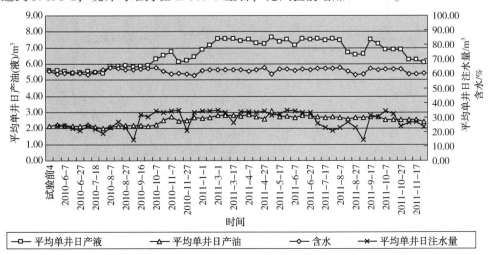

图 8-59　王 214 试验区生产曲线

区块日产油于试验开展 4 个月的 2010 年 9 月后大幅增加，产油量由 88.09m³/d 增加到 114.72m³/d，增加了 23.21%。统计至 2011 年 11 月 30 日，区块累计净增油 6833.47t，考虑试验前区块自然递减 12.5%，生物活性复合驱矿场试验累计增油 10338.79t（图 8-60）。

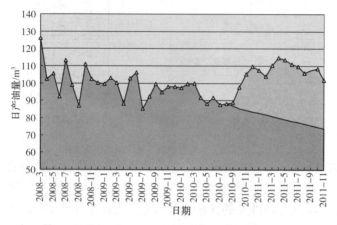

图 8-60　王 214 试验区增产油量图

王 214 自试验以来，受第一次配注调整，加大注水量的需要，注入井注入压力均不同程度的上升。但第二次配注调整后，可以看出大部分井的注水压力持续下降，反映表面活性剂的注入达到了降压增注的效果。王 214 试验区单井注水压力变化曲线以及平均单井日注水运行曲线见图 8-61、图 8-62。

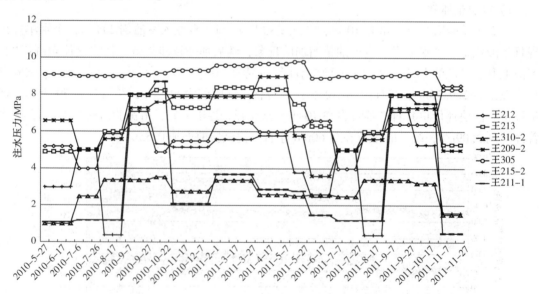

图 8-61　王 214 试验区单井注水压力变化曲线

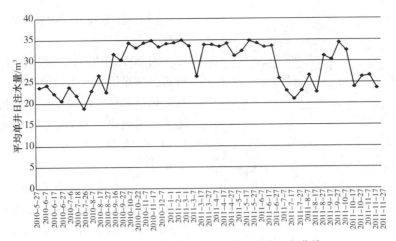

图 8-62 王 214 试验区平均单井日注水运行曲线

注水井吸水特征、水驱推进特征：2009 年和 2010 年分别对试验区 6 口注水井进行了吸水剖面测试，从测试结果分析，通过注入药剂使得试验区油层具有良好的吸水性，无明显水窜。但是从吸水剖面吸水情况看，部分井纵向上吸水不均匀，吸水剖面呈尖形（图 8-63），存在着较高的吸水峰值，后期可以考虑对此类水井进行调剖或者调驱措施。

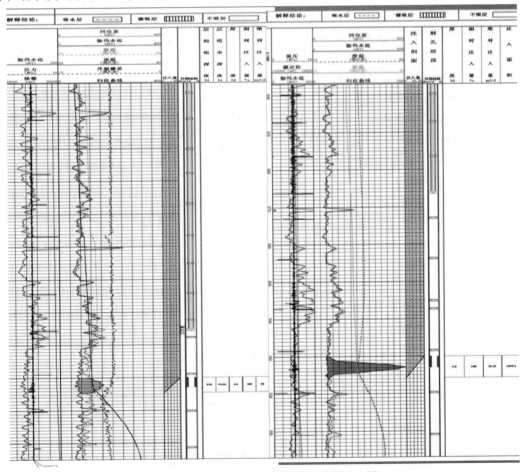

图 8-63 王 209-2 吸水剖面测试成果对比图

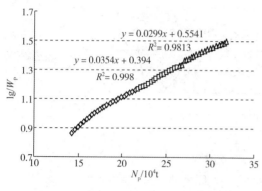

图 8-64　王 214 试验区水驱曲线

（1）水驱特征曲线预测最终水驱采收率。

对 2005 年以来的试验区生产数据进行分析，满足甲型水驱规律特征，自 2010 年 5 月开始试验后，曲线出现明显拐点，说明最终水驱采收率得到提高（图 8-64）。预测增加可采储量 16.68×10^4 t，提高采收率 6.08%。

（2）存水率与采出程度的关系：

存水率是评价注水开发油田注水状况及注水效果的重要指标。存水率的定义表明，它是反映油田注水利用率的一个指标，亦即为注入水存留在地层中的比率。

油藏开发初期，随着注采比的增加，油藏含水下降，注水利用率增大。存水率的计算公式为：

$$W_f = \frac{W_i - W_p}{W_i} \times 100\% \tag{8-3}$$

式中　W_f——存水率，%；

　　　W_i——累积注水量，m^3；

　　　W_p——累积产水量，m^3。

根据王 214 区块油层开发过程中存水率变化曲线（图 8-65），进行试验前后存水率对比，试验前区块存水率在 0.3 以下，注入生物活性驱油剂后，区块存水率上升趋势明显，基本大于 0.3，说明试验改善了注水效果。

2）井组动态分析

（1）整体动态分析。

试验区共有 10 个注采井组，和试验前井组动态数据对比结果进行动态特征分类（表 8-17），可以看出，试验后有 60% 的井组动态表现为日产液上升、含水稳定或下降、日产油上升，以王 212 井组为代表，见效明显（图 8-66）；见效不明显的有 3 个井组，包括王 305、王 308 和王 7；王 311-2 井组的产油量下降，不见效。

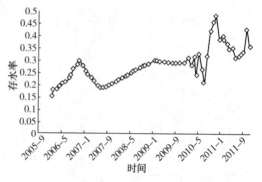

图 8-65　杏子川采油厂王 214 试验区存水率曲线

表 8-17　王 214 试验区注采井组动态特征分类表

动态特征	注采井组	井组数量
液升、含水稳或降、油升	王 209-2，王 211-1，王 212，王 213，王 215-2，王 310-2	6

续表

动态特征	注采井组	井组数量
液升、含水升、油稳	王 7	1
液稳、含水稳、油稳	王 305，王 308	2
液稳、含水升、油降	王 311-2	1

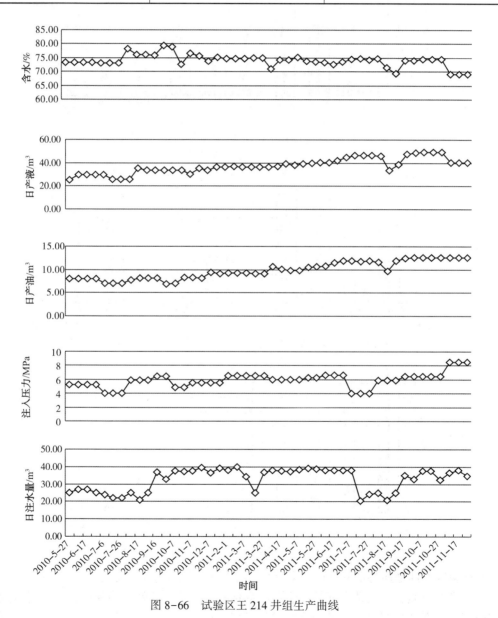

图 8-66 试验区王 214 井组生产曲线

（2）井组见效特征分析：

王 214 目前共有 10 个注水井组，表现为：①产液上升、产油上升、含水下降；②产液上升、产油上升、含水下升；③产液上升、产油上升、含水稳定；④产液上升、产油下降、含水上升 4 种生产动态特征。产油量上升的井组有 7 个，占总井组数的 70%。日产油下降的井组有 3 个，主要原因为含水上升。各井组产液量、产油量和含水率的变化情况见图 8-67~图 8-69。

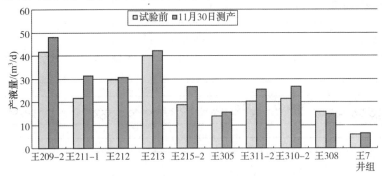

图 8-67　王 214 试验区各井组试验前和统计时日日产液量对比图

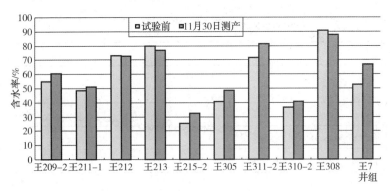

图 8-68　王 214 试验区各井组试验前和统计时日含水率对比图

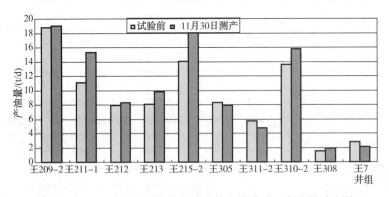

图 8-69　王 214 试验区各井组试验前和统计时日产油量对比图

从试验区石油地质特征和生产动态反映特征分析，该区井组见效分析如下：

砂岩厚度及油层物性是影响井组整体效果的主要因素，见效好的井组长 21 砂体厚度均在 40m 以上，位于主砂体上，孔隙度和渗透率相对较好，王 305、王 308、王 311-2 井组和王 7 井组处于砂体边部，原始含油饱和度低，注水期间为低产液，高含水，注水效果一般（图 8-70~图 8-72）。

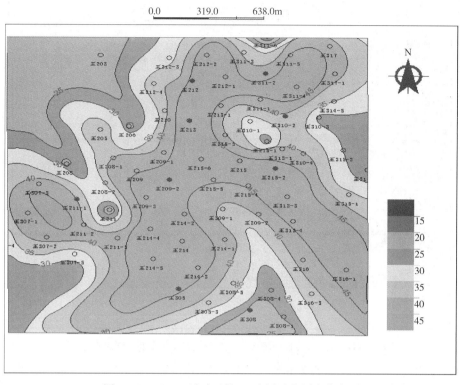

图 8-70   王 214 试验区长 21 油层砂岩厚度分布图

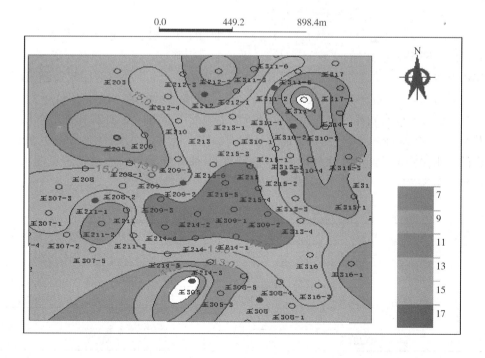

图 8-71   王 214 试验区长 21 油层孔隙度分布图

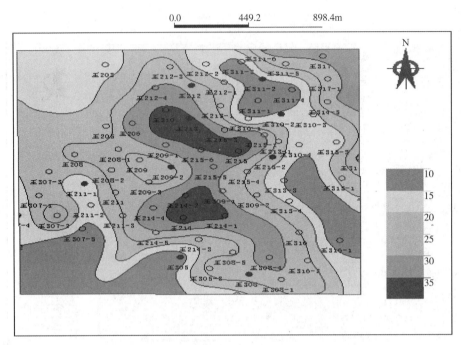

图 8-72 王 214 试验区长 21 油层含油饱和度分布图

注水开发时，注入压力偏高的井组，注水效果不好的井组如王 305、王 308 井组注入压力一直居高，王 311-2 井组注驱油剂时压力上升较快，效果差。

根据试验井组注入动态来看，井组注采比为 1.19，日注入量由试验前的 23m³ 上升到 30m³，注入压力由试验前的 4MPa 上升到统计时的 9.7MPa，视吸水指数由试验前的 5.75m³/MPa 下降到统计时的 3.09m³/MPa，吸水能力下降。

2010 年 9 月 22 日，王 311-2 井投加硝酸铵。周边 6 口油井示踪剂跟踪监测表明，见到示踪剂井 4 口（表 8-18），王 311-3、王 311-4 井测试未见示踪剂，说明王 311-3 和王 311-4 井与王 311-2 井没有明显的对应关系。分析注水分配率看出：王 212-1 油井分配得的注水量占井组总注水量的 82%，王 311-5 油井分配得的注水量占总注水量的 9%，王 311-6 油井分配得的注水量占该井组总注水量的 6%，王 311-1 油井分配得的注水量占总注水量的 3%（表 8-19、图 8-73）。

表 8-18 王 311-2 监测井组对应油井动态监测情况

注水井	对应油井	油水井井距/m	示踪剂突破时间/d	前缘水线推进速度/(m/d)
王 311-2	王 311-1	200	17	11.76
	王 311-5	180	17	1059
	王 311-6	260	19	13.68
	王 212-1	230	18	12.78
	其他油井	王 311-3、王 311-4 无硝酸铵产出		

表 8-19　王 311-2 井组注入水分配情况表

注水井	对应油井	示踪剂产出量/10⁻⁶t	注入水分配比/%	注入水分配量/(m³/d)
王 311-2	311-1	4.50	3	1.05
	311-5	12.13	9	2.83
	311-6	7.69	6	1.80
	212-1	106.52	82	24.86
合计		130.84	100.00	30.54

2010 年 9 月 30 日，王 212 井投加硫氰酸铵。示踪剂跟踪监测表明，王 212-1 油井分配得的注水量占井组总注水量的 65%，其他 3 口油井分配得的注水量占总注水量的 35%。(图 8-74)

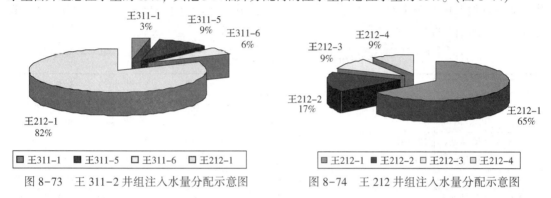

图 8-73　王 311-2 井组注入水量分配示意图　　　图 8-74　王 212 井组注入水量分配示意图

结合该区油层厚度分布图，根据王 311-2 井组栅状图(图 8-75)可以看出，该井组在王 212-1 井方向油层厚度及渗透性优于其他井方向。

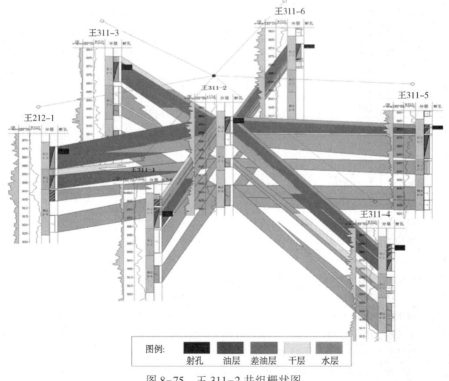

图 8-75　王 311-2 井组栅状图

由以上说明王212-1井在王212至王311-2间存在着高渗透通道,致使大量的注入水沿高渗透层流动,导致井组其他井注水效果较差。

3) 单井动态分析

王214试验区一线注水受效油井共有41口,全部正常生产。注入驱油剂后油井陆续见到效果,截至统计时共有见效井31口(表8-20),占总井数的75.6%;其中明显见效井17口,表现为"产液上升、产油量持续上升、含水稳定或下降"的特征(图8-76);一般见效井9口,表现为"产液上升、产油上升、但增幅相对较小,且持续时间不长"的特征(图8-77);微弱见效井4口,表现为"产液上升、产油稳定、含水上升或稳定"的特征(图8-78)。

统计不见效油井的生产动态特征,不见效油井主要为单向受益井,主要影响为含水率上升。从不见效井的分布来看,"产液降、含水升"的井主要涉及王311-2、王7井组;"产液稳或升、含水升"的井主要涉及王211-1、王209-3井组。

表8-20 王214井区见效井统计数据表

井 号	见效类型	见效日期	见效前生产数据			见效后最高产量			对 比		
			产液/ m^3	含水/ %	产油/ m^3	产液/ m^3	含水/ %	产油/ m^3	产液/ m^3	含水/ %	产油/ m^3
王313-3	明显见效	2010-12-1	3.46	4.00	3.32	6.28	10.08	5.65	2.82	6.08	2.32
王313-1	明显见效	2010-8-1	2.16	4.14	0.07	4.86	5.11	4.61	2.70	0.97	2.54
王311-1	明显见效	2011-1-1	3.42	73.00	0.92	5.38	61.95	2.05	1.96	-11.05	1.12
王310-4	明显见效	2010-10-1	3.08	14.06	2.65	5.60	10.08	5.04	2.52	-3.97	2.39
王307-1	明显见效	2011-1-1	1.63	8.00	1.50	4.05	10.24	3.64	2.48	2.24	2.13
王315-6	明显见效	2010-12-1	3.22	12.00	2.83	7.50	6.82	6.99	4.28	-5.18	4.16
王215-5	明显见效	2010-12-1	7.19	54.00	3.31	13.23	51.00	6.48	6.04	-3.00	3.18
王215-1	明显见效	2010-12-1	5.87	12.00	5.16	8.64	15.03	7.34	2.77	3.03	2.18
王214-5	明显见效	2010-7-20	2.06	24.00	1.57	8.95	3.00	2.86	0.89	-21.00	1.30
王214	明显见效	2011-3-1	5.89	60.05	2.35	6.61	40.67	3.92	0.72	-19.38	1.57
王213-1	明显见效	2011-1-1	3.51	34.00	2.31	7.15	38.35	4.41	3.65	4.35	2.010
王212-4	明显见效	2011-1-1	12.72	79.00	2.67	18.81	77.99	4.14	6.09	-1.01	1.47
王212-3	明显见效	2011-1-1	4.08	34.00	0.69	4.13	59.27	1.68	0.05	-23.73	0.99
王212-2	明显见效	2011-3-1	3.91	69.00	1.21	9.43	74.97	2.36	5.52	5.96	1.15
王210	明显见效	2011-1-1	3.37	46.00	1.82	8.64	42.01	5.01	5.27	-3.99	3.19
王209-1	明显见效	2010-12-1	10.45	81.00	1.99	14.70	66.07	4.99	4.25	-14-93	3.00
王208	一般见效	2011-1-1	5.01	60.00	2.00	9.45	55.06	4.25	4.44	-4.94	2.24
王314-5	一般见效	2010-10-1	2.16	38.00	1.29	8.84	50.29	1.41	0.68	10.20	0.12
王311-4	一般见效	2011-1-1	3.15	38.00	1.95	4.12	52.03	1.98	0.97	14.03	0.02
王311-5	一般见效	2011-7-1	7.15	75.79	0.61	7.80	86.00	1	0.65	-5.44	0.48
王311-3	一般见效	2011-3-1	2.43	75.79	0.59	6.34	69.94	1.91	3.91	-5.85	1.32
王310-3	一般见效	2010-10-1	2.50	30.35	1.74	4.05	20.12	3.24	1.55	-10.24	1.49
王310-1	一般见效	2010-10-1	9.94	58.10	4.16	10.43	55.11	4.68	0.49	-2.99	0.52
王308-3	一般见效	2010-10-1	2.60	75.11	0.65	6.48	78.75	1.38	3.88	3.65	0.73
王307-3	一般见效	2011-1-1	1.77	32.00	1.20	3.27	35.60	2.11	1.50	3.60	0.90
王314-2	一般见效	2011-2-1	11.49	89.04	1.26	15.02	76.00	3.60	3.53	-13.04	2.35

续表

井　号	见效类型	见效日期	见效前生产数据			见效后最高产量			对　比		
			产液/ m³	含水/ %	产油/ m³	产液/ m³	含水/ %	产油/ m³	产液/ m³	含水/ %	产油/ m³
王 211	微弱见效										
王 209-3	微弱见效										
王 209	微弱见效										
王 208-2	微弱见效										

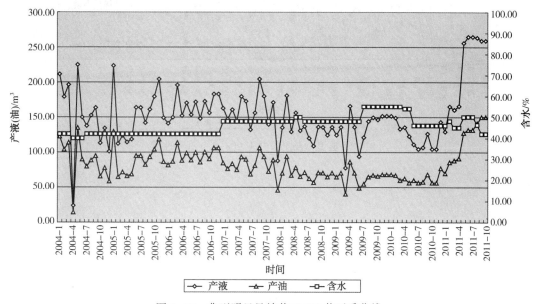

图 8-76　典型明显见效井王 210 井开采曲线

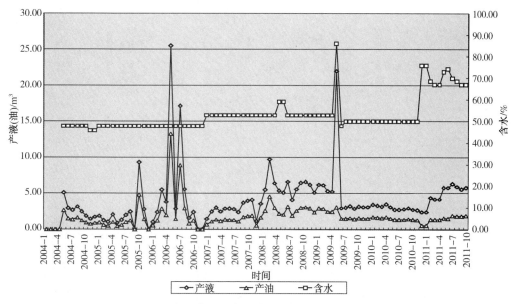

图 8-77　典型一般见效井王 210 井开采曲线

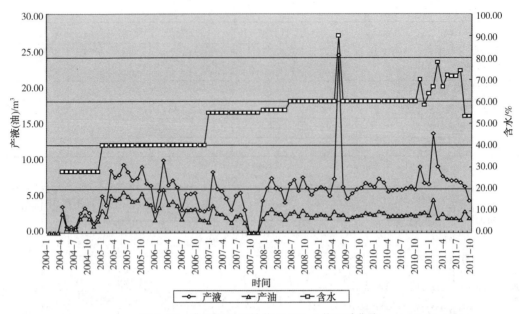

图 8-78　典型微弱见效井王 208-2 井开采曲线

参 考 文 献

[1] 张海林，邓南涛，张枝焕，等．鄂尔多斯盆地南部中生界原油地球化学特征及油源分析[J]．高校地质学报，2014，(002)：309-316.

[2] 王道富．鄂尔多斯盆地特低渗透油田开发[M]．石油工业出版社，2007.

[3] 何小曲．鄂尔多斯盆地道沟区油藏质特征认识及注水开发方案研究[D]．西北大学，2017.

[4] 杨华，李士祥，刘显阳．鄂尔多斯盆地致密油、页岩油特征及资源潜力[J]．石油学报，2013，34 (001)：1-11.

[5] 张凤奇，严小鳊，武富礼，等．鄂尔多斯盆地延长组长1油层组古地貌特征与油气富集规律--以陕北 W地区为例[J]．石油与天然气地质，2013，000(005)：619-624.

[6] 郭强，夏玲燕，侯宝宁，等．陕北斜坡中部TBC地区侏罗系延安组延10与延9沉积相研究[J]．西北地质，2009(02)：89-94.

[7] 晏晓龙．陕北斜坡西北部高庙湾延安组延10储层特征研究[D]．西安石油大学，2016.

[8] 党犇，赵虹，康晓燕，等．鄂尔多斯盆地陕北斜坡中部延长组深部层系特低渗储层敏感性微观机理[J]．中南大学学报(自然科学版)，2013(03)：239-246.

[9] 陈蓉，王峰，田景春．鄂尔多斯盆地中西部延长组碎屑岩物源分析及储层特征[J]．沉积与特提斯地质，2009(01)：23-28.

[10] 吴军，王飞，薛向春．鄂尔多斯盆地延长油田东部油区上三叠统长6段储层成岩非均质性[J]．中国石油和化工标准与质量，2014(12)：146-146.

[11] 董翔．延长油田原油性质分析研究[D]．西安石油大学，2016.

[12] 喻建，韩永林，凌升阶．鄂尔多斯盆地三叠系延长组油田成藏地质特征及油藏类型[J]．中国石油勘探，2001(04)：17-23.

[13] 王尤富，凌建军．低渗透砂岩储层岩石孔隙结构特征参数研究[J]．特种油气藏，1999，006(004)：25-28.

[14] Fatt I．The Network Model of Porous Media[J]．Transactions of the AIME，1956，207(1)．

[15] 莫德．欧几里得几何学思想研究[M]．内蒙古教育出版社，2002.

[16] Mandelbrot，Benoit B．The Fractal Geometry of Nature[J]．American Journal of Physics，1998，51(3)：468 p.

[17] Katz A J，Thompson A H．Fractal Sandstone Pores：Implications for Conductivity and Pore Formation[J]．Physical Review Letters，1985，54(12)：1325-1328.

[18] 李克文，秦同洛．分维几何及其在石油工业中的应用[J]．石油勘探与开发，1990，017(005)：109-114.

[19] 屈世显，张建华．分形与分维及在地球物理学中的应用[J]．西安石油大学学报(自然科学版)，1991 (02)：8-13.

[20] 吴苗法，姜涌，李婧源．超高压压裂泵液缸测试装置及试验方法[J]．石油机械，2015，043(001)：103-105，111.

[21] 刘义坤，王永平，唐慧敏，等．毛管压力曲线和分形理论在储层分类中的应用[J]．岩性油气藏，2014(3)：89-92.

[22] 覃小丽．鄂尔多斯盆地东南缘延长组超低渗储层微观孔隙结构特征[C]// 中国地质学会；中国石油学会．中国地质学会；中国石油学会，2015.

[23] 魏赫鑫，赖枫鹏，蒋志宇，等．延长致密气储层微观孔隙结构及流体分布特征[J]．断块油气田，2020，027(002)：182-187.

[24] 蔡建超，赵春明，谭吕，等．低渗储层多孔介质渗吸系数的分形分析[J]．地质科技情报，2011(05)：54-59.

[25] Mavko G , Nur A . The effect of a percolation threshold in the Kozeny－Carman relation［J］. Geophysics, 1997, 62(5)：1480-1482.

[26] 郁伯铭. 多孔介质输运性质的分形分析研究进展[J]. 力学进展, 2003, 33(3)：333-346.

[27] 李留仁, 赵艳艳, 李忠兴, 等. 多孔介质微观孔隙结构分形特征及分形系数的意义[J]. 石油大学学报(自然科学版), 2004, 28(003)：105-107, 114.

[28] 李兆敏, 孙茂盛, 林日亿, 等. 泡沫封堵及选择性分流实验研究[J]. 石油学报, 2007, 28(004)：115-118.

[29] 于忠良, 熊伟, 高树生, 等. 致密储层应力敏感性及其对油田开发的影响[J]. 石油学报, 2007, 28(004)：95-98.

[30] 刘晓旭, 胡勇, 朱斌, 等. 储层应力敏感性影响因素研究[J]. 特种油气藏, 2006(3)：18-21.

[31] 史謌, 沈文略, 杨东全. 岩石弹性波速度和饱和度、孔隙流体分布的关系[J]. 地球物理学报, 2003(01)：138-142.

[32] 徐守余, 李红南. 储集层孔喉网络场演化规律和剩余油分布[J]. 石油学报, 2003(04)：51-56.

[33] 杨朝蓬, 吴志伟, 孙盈盈, 等. 低渗致密气藏束缚水条件下应力敏感性[J]. 大庆石油地质与开发, 2015(5 期)：68-72.

[34] 杨满平, 李允, 李治平. 气藏含束缚水储层岩石应力敏感性实验研究[J]. 天然气地球科学, 2004(03)：27-29.

[35] Li Yj, Huang JC, et al. Experimental Study on 3D Geometrical and Fractal Characteristics of Fracture Surface of Rock－Like Materials Based on GIS Technique［J］. Journal of Donghua University(English Edition), 2010, 04(v. 25；No. 140)：38-46.

[36] 刘曰武, 丁振华, 何凤珍. 确定低渗透油藏启动压力梯度的三种方法[J]. 油气井测试(4)：1-4.

[37] 洪舒娜, 王勤, 李闽, 等. 确定低渗致密气藏气井无阻流量的方法[J]. 大庆石油地质与开发, 2010, 029(002)：79-81.

[38] 王友启, 于洪敏, 刘平, 许关利, 张莉, 聂俊. 低渗透油藏聚合物驱启动压力梯度研究[J]. 中国石油大学学报(自然科学版), 2015(39)：126-130.

[39] 徐德敏, 黄润秋, 刘永平, 等. 非达西渗流拟启动压力梯度推算[J]. 工程地质学报, 2011(2)：225-230.

[40] 宋付权, 刘慈群. 低渗透油藏水驱采收率影响因素分析[J]. 大庆石油地质与开发, 2000.

[41] 汤苑楠. 非稳态管流特征及所致管流测试偏差规律研究[D]. 中国石油大学(华东), 2017.

[42] 张洪艳. 低渗水敏性储层单相, 油水两相渗流特征实验研究[D]. 西安石油大学, 2014.

[43] 孟展, 杨胜来, 王璐, 等. 致密油藏边界层厚度优化校正新方法[J]. 石油化工高等学校学报, 2018, 31(02)：68-72.

[44] 邵维志, 解经宇, 迟秀荣, 等. 低孔隙度低渗透率岩石孔隙度与渗透率关系研究[J]. 测井技术, 2013.

[45] 宋付权, 刘慈群, 李凡华. 低渗透介质含启动压力梯度一维瞬时压力分析[J]. 应用数学和力学, 1999, 20(1)：25-32.

[46] 汪全林, 唐海, 吕栋梁, 等. 低渗透油藏启动压力梯度实验研究[J]. 油气地质与采收率, 2011, 18(001)：97-100.

[47] 王雨, 祁丽莎, 张承洲, 等. 低渗透油藏启动压力梯度实验研究[J]. 石油化工应用, 2013(09)：56-60.

[48] 郝斐, 程林松, 李春兰, 周体尧, 姚运杰. 特低渗透油藏启动压力梯度研究[J]. 西南石油大学学报(自然科学版)(6)：29-32.

[49] 李松泉, 程林松, 李秀生, 等. 特低渗透油藏非线性渗流模型[J]. 石油勘探与开发, 2008, 35(005)：606-612.

[50] 刘晓丽, 梁冰, 薛强. 多孔介质渗透率的分形描述[J]. 水科学进展, 2003.

[51] 熊伟，雷群，刘先贵，等．低渗透油藏拟启动压力梯度[J]．石油勘探与开发，2009，036（002）：232-236.

[52] 连承波，钟建华，渠芳，等．低孔低渗透储层流体性质的识别方法[C]// 全国特种油气藏技术研讨会．中国石油学会，2008.

[53] 王尤富，吴刚，安淑凯，等．低渗透油层岩石启动压力梯度影响因素的试验研究[J]．石油天然气学报，2006（03）：112-113.

[54] 曹维政，肖鲁川，曹维福，等．特低渗透储层油水两相非达西渗流特征[J]．大庆石油地质与开发，2007（05）：61-63.

[55] 石京平，向阳，张丽萍，等．榆树林油田低渗透储层微观孔隙结构特征及渗流特性[J]．沉积与特提斯地质，2003，23（1）：90-90.

[56] 宋延杰，杨汁，刘兴周，等．基于有效介质与等效岩石元素理论的特低渗透率储层饱和度模型[J]．测井技术，2014（05）：510-516.

[57] 任晓娟．低渗砂岩储层孔隙结构与流体微观渗流特征研究[D]．西北大学（2006）.

[58] 廖明光，郭芸菲，姚泾利，等．鄂尔多斯盆地华池—合水地区长31储层孔喉结构特征[J]．岩性油气藏，2018，v.30（03）：17-26.

[59] 张晴．鄂尔多斯盆地W区致密砂岩油藏压裂液渗吸机理研究[D]．西安石油大学.

[60] 赵越超．多孔介质中 CO_2 与油（水）两相渗流的MRI研究[D]．大连理工大学，2011.

[61] 何梦莹．致密砂岩渗吸规律研究[D]．长江大学，2017.

[62] 张星．低渗透砂岩油藏渗吸规律研究[M]．中国石化出版社，2013.

[63] 王牧邦，蒋林宏，包建银，等．渗吸实验描述与方法适用性评价[J]．石油化工应用，2015（12）：102-105.

[64] 吴婷婷．低渗透致密油藏注水开发方式研究[D]．西南石油大学，2015.

[65] 刘秀婵，陈西泮，刘伟，等．致密砂岩油藏动态渗吸驱油效果影响因素及应用[J]．岩性油气藏，2019，v.31（05）：117-123.

[66] 李莉，董平川，张茂林，等．特低渗透油藏非达西渗流模型及其应用[J]．岩石力学与工程学报，2006，25（11）.

[67] Reiss H，Frisch H L，Helfand E，et al. Aspects of the Statistical Thermodynamics of Real Fluids[J]. Journal of Chemical Physics，1960，32（1）：119-124.

[68] 王学武，杨正明，时宇，等．核磁共振研究低渗透砂岩油水两相渗流规律[J]．科技导报，2009，27（0915）：56-58.

[69] 高汉宾，张振芳．核磁共振原理与实验方法（精）[D]．武汉大学出版社，2008.

[70] 黄远峰，刘堂晏，许峰．球板模型核磁共振弛豫机制的理论研究[C]．中国地球物理学会第二十五届年会.

[71] 文彩琳．新疆油田 H 油藏表面活性剂驱油实验研究[D]．西南石油大学，2017.

[72] 冯斌，李大全，廖国威．改进的油气管道风险专家评分方法[J]．油气储运，2008，027（011）：4-8.

[73] 姬东朝，宋笔锋，喻天翔．基于模糊层次分析法的决策方法及其应用[J]．火力与指挥控制，2007（11）：38-41.

[74] 杨艳慧，刘东，贺子延，等．基于响应面法（RSM）的锻造预成形多目标优化设计[J]．稀有金属材料与工程，2009（06）：1019-1024.

[75] 姚敏，黄燕君．模糊决策方法研究[J]．系统工程理论与实践，1999，19（11）：61-64.

[76] 霍良安．模糊多属性决策方案优先权重的确定[D]．广西大学，2007.

[77] 王成俊．特低渗油藏表面活性剂驱适应性评价及应用基础研究[D]．陕西科技大学.

[78] 王飞．基于隶属函数特征参数相似性的模糊推理方法[D]．西南交通大学，2011.

[79] 郭金玉, 张忠彬, 孙庆云. 层次分析法的研究与应用[J]. 中国安全科学学报, 2008, 18(005): 148-153.

[80] 阎平凡, 张长水. 人工神经网络与模拟进化计算[M]. 清华大学出版社, 1900.

[81] 郭森. 基于 BPNN 的水源热泵对水环境影响评价模型的设计及系统开发[D]. 重庆大学.

[82] 王倩. 低渗油藏表面活性剂驱降压增注及提高采收率实验研究[D]. 中国石油大学, 2010.

[83] 马宝东. 表面活性剂提高油田污水回注效率的机理研究[D]. 山东大学, 2014.

[84] 陈洪. 油气开采用表面活性剂的合成及性能研究[D]. 西南石油学院, 2004.

[85] 康晓东, 覃斌, 李相方, 等. 凝析气藏考虑毛管数和非达西效应的渗流特征[J]. 石油钻采工艺, 2004, 26(004): 41-45.

[86] 王成俊, 李小瑞, 高瑞民, 等. 异常低压油藏表面活性剂提高采收率影响因素分析[J]. 陕西科技大学学报, 2016, 34(006): 116-119.

[87] 陈晓明. 利用高分子/表面活性剂聚集体为探针研究有机小分子与表面活性剂之间相互作用. 中国科学技术大学, 2010.

[88] 吴晓丽. 甲基丙烯酸酯类高分子表面活性剂的合成, 表征, 溶液性质及其在乳液聚合中的应用[D]. 苏州大学, 2007.

[89] 刘蕊. MPEG/PTMG 嵌段型水性聚氨酯表面活性剂的合成及应用研究[D]. 中北大学.

[90] 曹晓荣. 水溶性高分子表面活性剂聚集行为[D]. 山东大学, 2007.

[91] 徐坚. 高分子表面活性剂的分子设计[J]. 高分子通报, 1997(02): 90-94.

[92] 方晓雯, 靳志强, 毛诗珍, 等. 三种不同分子结构阴离子表面活性剂胶束微结构的 NMR 研究[J]. 高等学校化学学报, 2003, 24(005): 854-857.

[93] 张玉华, 彭勤纪. 磷酸酯类阴离子表面活性剂的波谱分析[J]. 分析测试学报, 1995, 000(004): 16-21.

[94] 方云, 刘雪锋, 夏咏梅, 等. 十二烷基硫酸钠-水溶性非离子大分子间团簇化作用部位的 1H 和 13C 及 2D NMR 表征[J]. 高等学校化学学报, 2006(04): 151-154.

[95] 杨明桃, 边峰, 刘雪锋, 等. 阴离子表面活性剂 SDS 与离子液体的相互作用研究[J]. 化学与生物工程, 2008(08): 17-20.

[96] 唐善法, 王力, 郝明耀, 等. 双子表面活性剂表面活性与驱油效率研究[J]. 钻采工艺, 2007(04): 127-129.

[97] 姜海峰. 黏弹性聚合物驱提高驱油效率机理的实验研究. 大庆石油学院, 2008.

[98] 郭瑞. 表面张力测量方法综述[J]. 计量与测试技术, 2009, 036(004): 62-64.

[99] 柏洁, 张玉珍, 王爱芳, 等. 旋滴法测定界面张力实验现象分析与方法探讨[J]. 油田化学, 2016, 33(01): 181-185.

[100] 郭东红, 辛浩川, 崔晓东, 等. ROS 驱油表面活性剂在高温高盐油藏中的应用[J]. 精细石油化工, 2008(05): 17-19.

[101] 方洪波, 罗澜, 张路, 等. 界面张力弛豫方法研究复合驱油水界面膜的扩张性质[J]. 石油勘探与开发, 2004.

[102] 韩霞, 程新皓, 王江, 等. 阴阳离子表面活性剂体系超低油水界面张力的应用[J]. 物理化学学报, 2012, 28(1): 146-153.

[103] 郭东红, 李森, 袁建国. 表面活性剂驱的驱油机理与应用[J]. 精细石油化工进展, 2002(07): 39-44.

[104] 康万利, 刘桂范, 李金环. 油水乳化液流变性研究进展[J]. 日用化学工业, 2004, 034(001): 37-39.

[105] 赖小娟, 张育超, 郭亮, 等. 超低界面张力表面活性剂的驱油性能研究[J]. 精细石油化工, 2014, 31(004): 40-44.

[106] 孙琳, 蒲万芬, 吴雅丽, 等. 表面活性剂高温乳化性能研究[J]. 油田化学, 2011(03): 41-45.

[107] 胡小冬. 低界面张力泡沫驱油体系研究与性能评价[D]. 长江大学, 2012.

[108] 吕鑫, 张健. 化学驱油剂界面特性和流变性对石油采收率的影响研究[C]// 中国化学会第十三届胶

体与界面化学会议论文摘要集.2011.

[109] 田燕，万云洋，穆红梅，等.中国不同油藏微生物多样性研究[C]// 第六届全国微生物资源学术暨国家微生物资源平台运行服务研讨会.

[110] 方嘉禾.中国生物种质资源保护现状与行动建议[J].中国农业科技导报，2001，003（001）：77-80.

[111] 刘杰，王超，孙朝阳.微生物驱油在油田的应用[J].化工设计通讯，2019，45（01）：41.

[112] 邱浩然，赵霞，王晓春，等.现代分子生物学技术在活性污泥微生物菌群多样性研究中的应用[J].四川环境，2013，32（006）：129-132.

[113] 许文涛，郭星，罗云波，等.微生物菌群多样性分析方法的研究进展[J].食品科学，2009，30（7）：258-265.

[114] 刘长国，罗军，杨公社.DNA 标记技术研究进展[J].中国牛业科学，2001，27（006）：41-45.

[115] 刘赛.基于 16S rRNA 序列可变区的微生物物种鉴定及分析[D].西安电子科技大学.

[116] 张晓丹，武海萍，陈之遥，等.碱基序列标记法结合焦磷酸测序测定不同来源基因表达量[J].分析化学，2009（08）：16-21.

[117] 丁君，窦妍，徐高蓉，等.基于 454 焦磷酸测序分析虾夷扇贝外套膜菌群多样性[J].应用生态学报，2014，25（11）：3344-3348.

[118] 李滢，孙超，罗红梅，等.基于高通量测序 454 GS FLX 的丹参转录组学研究[J].药学学报，2010，45（004）：524-529.

[119] 郭凤莲，陈存社.产淀粉酶枯草芽孢杆菌的 16SrRNA 测序鉴定[J].中国酿造，2007（8）.

[120] 刘亚妮，朱宏伟，黄荣新，等.曝气生态滤池中微生物群落组成及物种多样性[J].中国环境科学，2020，040（003）：1075-1080.

[121] 胡冲，吕言，石鹏.基于 16S rRNA 高通量测序分析阿坝地区东方蜜蜂肠道菌群多样性[J].应用与环境生物学报，2020，26（05）：1-12.

[122] 张立敏，高鑫，董坤，等.生物群落 β 多样性量化水平及其评价方法[J].云南农业大学学报（自然科学），2014（29）：578-585.

[123] 张洋.不同施肥条件下黄瓜连作土壤微生物多样性分析[D].扬州大学，2016.

[124] 赵建华.基于多元 t 分布的概率主成分分析及其应用[D].东南大学，2002.

[125] 吴帆，李石君.一种高效的层次聚类分析算法[J].计算机工程，2004（09）：70-71.

[126] 张建辉.K-means 聚类算法研究及应用[D].武汉理工大学，2007.

[127] 张菲，田伟，孙峰，等.丹江口库区表层浮游细菌群落组成与 PICRUSt 功能预测分析[J].环境科学，2019，040（003）：1252-1260.

[128] 吴超.内源微生物激活体系筛选、优化及评价方法研究[D].中国科学院研究生院（渗流流体力学研究所），2008.

[129] 朱维耀，田英爱，汪卫东，等.油藏内源乳化功能微生物对剩余油的微观驱替机理[J].中南大学学报（自然科学版），2016（47）：3280-3288.

[130] 曹美娜.新疆油田解烃菌性能分析及内源微生物激活效果评价[D].南开大学，2012.

[131] 王士玮，刘利刚，张举勇，等.基于稀疏模型的曲线光顺算法[J].计算机辅助设计与图形学学报，2016，28（012）：2043-2051.

[132] 胡冲，吕言，石鹏.基于 16S rRNA 高通量测序分析阿坝地区东方蜜蜂肠道菌群多样性[J].应用与环境生物学报，2020，26（05）：1-12.

[133] 顾静馨.土壤微生物生态网络的构建方法及其比较[D].扬州大学，2015.

[134] 薛媛，高怡文，洪玲，等.内源激活剂驱油藏内微生物菌群结构变化分析[J].科学技术与工程，2019，19（08）：40-46.

[135] 刘海军，万真真，刘赵文，等.油藏内源微生物群落结构特征研究[J].环境科学与技术，2016，

039(011)：20-25.

[136] 宋永亭．油藏内源产表面活性剂微生物的选择性激活[D]．中国海洋大学，2012.

[137] 胥卫平，陈红梅．油藏资源开发过程中环境影响经济评价——以延长油田为例[J]．干旱区资源与环境，2013(12)：30-34.

[138] 梅博文，袁志华．地质微生物技术在油气勘探开发中的应用[J]．天然气地球科学，2004，15(002)：156-161.

[139] 李世强，张喜凤，高瑞民，等．延长油田西区采油厂裂缝型油藏微生物采油技术的室内评价[C]第五届全国化工年会.

[140] 张晓华，姜岩，岳希权，等．生物表面活性剂驱油研究进展[J]．化工进展，2016，35(07).

[141] 马歌丽，彭新榜，马翠卿，等．生物表面活性剂及其应用[J]．中国生物工程杂志，2003(05)：42-45.

[142] 丁立孝，何国庆，孔青，等．微生物产生的生物表面活性剂及其应用研究[J]．生物技术，2003.

[143] 周素蕾，王红武，马鲁铭．生物表面活性剂及其在环境工程中的应用[J]．水处理技术，2009，35(011)：33-36.

[144] 杨葆华，黄翔峰，闻岳，等．生物表面活性剂在石油工业中的应用[J]．油气田环境保护，2005，15(003)：17-20.

[145] 赵国文，张丽萍，白利涛．生物表面活性剂及其应用[J]．日用化学工业，2010.

[146] 李欣欣．鼠李糖脂作为牺牲剂对大庆油田三元复合体系抗吸附性能及驱油效果的评价[J]．中外能源，2016，021(005)：35-39.

[147] 吴虹，汪薇，韩双艳．鼠李糖脂生物表面活性剂的研究进展[J]．微生物学通报，2007，34(1)：0148-0152.

[148] 崔长征，沈萍，张甲耀，等．鼠李糖脂的结构表征及理化性质[J]．环境科学学报，2010，30(010)：2030-2034.

[149] 张祥胜，许德军．铜绿假单胞菌 Z1 产鼠李糖脂理化性质的研究[J]．安徽农业科学，2012(34)：16545-16547.

[150] 徐兆林，廖美德，石梦滢，等．鼠李糖脂的应用及其制备方法:，CN110551782A[P]．2019.

[151] 卢国满，刘红玉，曾光明，等．鼠李糖脂快速定量分析方法及其影响因素研究[J]．微生物学通报，2006，33(004)：106-111.

[152] 杨利娟．表面活性剂产生菌及石油烃降解菌在石油烃降解中的作用[D]．汕头大学，2008.

[153] 孟令一．一株产糖脂类表面活性剂菌株的筛选、纯化及其产物分析[D]．东北师范大学，2015.

[154] 刘洋，钟华，刘智峰，等．生物表面活性剂鼠李糖脂的纯化与表征[J]．色谱，2014，32(003)：248-255.

[155] Mata-Sandoval J C，Karns J，Torrents A．Influence of rhamnolipids and triton X-100 on the biodegradation of three pesticides in aqueous phase and soil slurries.[J]．J Agric Food Chem，2001，49(7)：3296-3303.

[156] 黄文．生物表面活性剂生产菌株培养条件优化的研究[J]．华中师范大学学报：自然科学版，2012(04)：473-476.

[157] 郝东辉．采油微生物筛选、鼠李糖脂产脂性能及关键酶基因克隆与表达研究[D]．山东大学，2008.

[158] 郭利果，苏荣国，梁生康，等．鼠李糖脂生物表面活性剂对多环芳烃的增溶作用[J]．环境化学，2009(04)：510-514.

[159] 闫乐乐，梁生康，宋丹丹，等．鼠李糖脂生物表面活性剂胶束性质研究[J]．中国海洋大学学报(自然科学版)，2016(12)：68-72.

[160] 闫建荣，杨亚玲，赵红芳．NaCl 对阴离子/非离子复配表面活性剂的性能影响[J]．云南化工，2008，035(002)：4-6.

[161] 霍丹群，易志红，侯长军．响应面法优化鼠李糖脂生物表面活性剂[J]．2009.

[162] 方国庆，樊建明，何永宏，等．致密砂岩油藏热水+表活剂驱提高采收率机理及其对产能贡献的定量评价[J]．西安石油大学学报（自然科学版），2012（06）：57-60．

[163] 代宸宇，王重善，陈青松，等．川中致密砂岩油藏表面活性剂驱油机理数值模拟[J]．石油与天然气化工，2017（2）．

[164] 许维武，江绍静，王成俊，等．基于改进分流理论的气驱、泡沫驱、表活剂驱提高采收率潜力快速评价模型[J]．地下水，2017（2）．

[165] 周冶鋆．油藏提高采收率潜力快速评价软件开发及应用[D]．北京：中国石油大学（北京）．

[166] 苏玉亮，姜妙伦，孟凡坤，等．基于分流理论的低渗透油藏 CO_2 泡沫驱渗流模拟[J]．深圳大学学报（理工版），2018，035（002）：187-196．

[167] 梁光跃，廖新维．复合驱油藏非线性渗流试井模型的影响因素[J]．科技导报，2010，28（007）：77-82．

[168] 周志斌．二元复合驱后三相泡沫驱室内实验与渗流机理研究[D]．中国石油大学（华东），2019．

[169] 高春光．各向异性储层渗流理论研究与应用[D]．中国地质大学（北京），2006．

[170] 李再钧，宫鹏骐，王宇，等．多裂缝渗流场流线模拟方法[J]．断块油气田，2012（02）：225-227．

[171] 蒲军．基于流线积分法的注水井网非稳态产量模型[J]．西南石油大学学报（自然科学版），2016，38（5）：97-106．

[172] 徐传德，李桂英．一种油水两相"过渡"相对渗透率曲线计算方法[J]．石油勘探与开发，1984（04）：75-79．

[173] 王玉霞，周立发，焦尊生，等．基于三参数非线性渗流的低渗透砂岩油藏 CO_2 非混相驱相渗计算模型[J]．西北大学学报（自然科学版），2018，48（001）：107-114，131．

[174] 伍家忠．复合驱中混合表面活性剂体系吸附和色谱分离的理论模型[D]．中国石油勘探开发科学研究院，2004．

[175] 鹿守亮，李道山，纪常杰．在表面活性剂驱中木质素磺酸盐作为吸附牺牲剂的评价[J]．石油石化节能，2001，17（5）：1-6．

[176] 王玉斗，陈月明，侯健，等．高温、低界面张力体系下油水相对渗透率研究[J]．江汉石油学院学报，2002，24（3）：50-52．

[177] 陈刚，宋莹盼，唐德尧，等．表面活性剂驱油性能评价及其在低渗透油田的应用[J]．油田化学，2014（3）：410-413．

[178] 杨菁华，李刚，柳朝阳，等．YC-3 表面活性剂驱技术及其应用[J]．非常规油气，2015（03）：50-53．

[179] 郑浩，苏彦春，张迎春，等．聚合物-表面活性剂驱数值模拟技术理论与实践[J]．科技导报，2013，31（16）：30-34．

[180] 白远，云彦舒，田丰，等．延长油田低渗透油藏高含水综合治理数值模拟研究及应用[J]．石油地质与工程，2018，032（004）：72-74，78．

[181] 王天源．微生物驱数值模拟研究进展[J]．中南大学学报（自然科学版），2019（6）．

[182] 方国庆，樊建明，何永宏，等．致密砂岩油藏热水+表活剂驱提高采收率机理及其对产能贡献的定量评价[J]．西安石油大学学报（自然科学版），2012（06）：57-60．

[183] 杨欢，张永刚，魏开鹏，等．特低渗油藏表面活性剂改善水驱实验研究及应用[J]．油气藏评价与开发，2014（4）．

[184] 饶良玉，韩冬，吴向红，等．中低渗油藏化学驱方案优化与矿场对比评述[J]．西南石油大学学报，2012（05）：107-113．

[185] 吴婷婷．低渗透致密油藏注水开发方式研究[D]．西南石油大学，2015．

[186] 李颖，李海涛，马庆庆，等．低渗致密砂岩油藏注水过程中动态毛管效应及其影响下的渗流特征[C]．第十届全国流体力学学术会议论文摘要集，2018．

[187] 斯容．致密特低渗油藏扩孔增喉药剂体系研究与评价[J]．石油化工应用，2020，39.220（03）：10-

14+30.

[188] 李志鹏，林承焰，董波，等．影响低渗透油藏注水开发效果的因素及改善措施［J］．地学前缘，2012，19(002)：171-175.

[189] 董凤龙．深层特低渗油藏气驱油藏工程设计［J］．化工管理，2020，No.545(02)：218-219.

[190] 景成．裂缝性特低渗油藏逐级调控井间波及动态规律研究［D］．中国石油大学(华东)，2019.

[191] 邓学峰，张永刚，赵静．渭北油田特低渗油藏表面活性剂降压增注矿场试验与评价［J］．钻采工艺，2016，39(001)：103-106.

[192] 陈明强，任龙，李明，等．鄂尔多斯盆地长7超低渗油藏渗流规律研究［J］．断块油气田，2013，20(002)：191-195.

[193] 王鹏．影响低渗透油藏注水开发效果的因素及改善措施［J］．中国石油石化，2016(14).

[194] 王秋邦，杨胜来，吴润桐，等．致密油藏渗吸采油影响因素及作用机理［J］．大庆石油地质与开发，2018，37(06)：161-166.

[195] 冯明华，郝恒泽．低渗油藏注水保护技术研究［J］．内蒙古石油化工，2012，000(007)：83-84.

[196] 任德强．低渗油藏注水工艺研究与应用［J］．中国化工贸易，2015，7(033)：464.

[197] 张景皓，李建勋．低渗透油藏注水开发概述［J］．石化技术，2016(12).